普通高等院校智能建造专业新工科系列精品教材

# 土木工程材料

主　编　周　健
副主编　张　默

中国建材工业出版社

图书在版编目（CIP）数据

土木工程材料/周健主编．--北京：中国建材工
业出版社，2023.9
ISBN 978-7-5160-3728-7

Ⅰ.①土… Ⅱ.①周… Ⅲ.①土木工程－建筑材料－
高等学校－教材 Ⅳ.①TU5

中国国家版本馆 CIP 数据核字（2023）第 020408 号

## 内容简介

本书针对土木工程智能建造方向，在传统土木工程材料的理论知识基础上加入了 3D 打印混凝土、新型胶凝材料、混凝土性能人工智能预测等内容。全书共十一章，包括对土木工程与土木工程材料的介绍、土木工程材料基本性质、建筑钢材、无机胶凝材料、普通混凝土、特种混凝土、建筑砂浆、沥青和沥青混合料、砌筑材料、建筑功能材料、基于人工智能的混凝土抗压强度预测等内容。

本书可作为普通高等学校土木工程、道路工程等专业本科生学习土木工程材料专业基础课程的教科书或参考书，也可供土木工程相关从业人员参考。

土木工程材料

TUMU GONGCHENG CAILIAO

主　编　周　健

副主编　张　默

出版发行：中国建材工业出版社

地　　址：北京市海淀区三里河路 11 号

邮　　编：100831

经　　销：全国各地新华书店

印　　刷：北京印刷集团有限责任公司

开　　本：787mm×1092mm　1/16

印　　张：17.5

字　　数：410 千字

版　　次：2023 年 9 月第 1 版

印　　次：2023 年 9 月第 1 次

定　　价：68.00 元

# 本书编委会

主　编：周　健

副主编：张　默

编　委：潘　竹　黄轶淼　李　辉
　　　　徐名凤　张俊飞

# 前　　言

随着国家重大基础设施的建造和"双碳"目标的践行，土木工程材料在满足轻质、高强、耐久性要求的同时，向低碳化、生态化、高性能化、功能化和智能化方向发展。在此背景下，新型建筑材料、创新建造手段、智能设计方法层出不穷，从材料方面为实际工程问题提供了更多解决方案，为土木工程建设提供了更多可能性，同时对土木工程相关专业的人才培养提出新的挑战。本书是普通高等院校智能建造专业新工科系列精品教材，按照"高等学校土木工程本科指导性专业规范"要求编写，针对智能建造专业人才培养和课程需求，兼顾建筑学专业和土建类其他相关专业建筑材料课程需要，具有鲜明的专业特色和较宽的适用范围。

本书着重介绍土木工程材料的基本知识、组成、性能、技术要求、用途及检验方法等；运用理论与试验相结合的方法，对土木工程材料性能及其在传统建筑和智能建造中的应用进行了较为深入的阐述；针对新型智能建造技术，增加特殊材料及主要建筑材料特殊要求的相关知识；突出各类土木工程材料在3D打印、装配式建筑等智能建造中的应用和性能要求。本书对重点内容辅以相应的试验作为指导，加强了实践运用的力度；加入课程思政内容，为培养学生成为具有爱国情怀、有责任有担当的工程人才提供教学内容。

本书内容较为全面，包括土木工程材料基本性质、建筑钢材、无机胶凝材料、普通混凝土、特种混凝土、建筑砂浆、沥青和沥青混合料、砌筑材料、建筑功能材料、基于人工智能的混凝土抗压强度预测、土木工程材料试验。每章均涵盖基础理论知识，反映其在工程实践中的应用，特别增加了近年来国内外土木工程材料发展的新成果。

本书由河北工业大学教师合作编写，参加编写工作的有：周健教授（第一章、第二章、第三章、试验一）、徐名凤博士（第四章、第十章）、李辉博士（第五章、第九章、试验二、试验三）、潘竹教授（第六章）、张默副教授（第七章、第八章）、张俊飞副教授（第十一章）。

土木工程材料发展迅速，新材料、新工艺、新方法不断涌现，作者水平有限，书中疏漏和不当之处难免，敬请广大师生和读者不吝指正。

编者
2023 年 6 月

# 目　录

# 1 绪 论

## 1.1 土木工程与土木工程材料

土木工程是建造各类土木工程设施的科学技术统称，即建造直接或间接为人类生活、生产、军事等服务的各种工程设施，例如房屋、道路、铁路、隧道、桥梁、港口、机场、给水排水以及防护工程等。

土木工程所使用的各种材料统称为土木工程材料。土木工程材料是土木工程的物质基础。土木工程材料关系到土木工程的质量、造价和寿命。土木工程的可靠度很大程度上取决于土木工程材料的性能和质量，以及对材料的选择、生产和施工等环节都应进行严格的控制。因此，土木工程从业人员都应掌握土木工程材料的基础知识。

## 1.2 土木工程材料的分类

### 1.2.1 按材料物理化学性质分类

根据材料的物理化学性质，土木工程材料可分为金属材料、无机非金属材料、有机材料和复合材料，见表 1-1。

表 1-1 土木工程材料的物理化学性质分类

| | | |
|---|---|---|
| 金属材料 | 黑色金属材料 | 钢、铁等 |
| | 有色金属材料 | 铜、铝、铝合金等 |
| 无机非金属材料 | 无机胶凝材料 | 水泥、石灰、石膏等 |
| | 天然石材 | 大理石、花岗岩等 |
| | 烧土制品 | 陶瓷、砖、瓦等 |
| | 熔融制品 | 玻璃、玻璃制品等 |
| 有机材料 | 植物材料 | 木材、竹材等 |
| | 高分子材料 | 塑料、橡胶、涂料等 |
| | 沥青材料 | 石油沥青、煤沥青等 |
| 复合材料 | 金属-非金属复合材料 | 钢筋混凝土、钢纤维混凝土等 |
| | 无机非金属-有机复合材料 | 沥青混凝土、聚合物混凝土、纤维增强复合材料（FRP）等 |

### 1.2.2 按使用功能分类

按照材料的使用功能，土木工程材料可分为承重结构材料、非承重结构材料和功能材料。

承重结构材料主要指制作柱、梁、板、承重墙、基础等承重构件所用的建筑材料，如钢材、混凝土、砌块等。

非承重结构材料主要指制作隔墙、填充墙、围护结构等非承重构件所用的建筑材料。

功能材料指具有某些非结构功能的材料，如保温隔热材料、防水材料、吸声材料、装饰材料等。

# 1.3 土木工程材料的发展方向

土木工程材料的发展紧扣着社会与时代主题，它与生产力同行，与人类生活密切相关。土木工程材料领域的创新推动了土木工程技术的革新，进而推动了社会的进步。同时，相关领域的发展，也推动了土木工程材料的进步，如钢材冶炼技术的革新、水泥的发明、玻璃的发明都促进了这些材料在土木工程领域的使用。

随着社会和科技的进步，建筑行业对土木工程材料提出了更高的要求，这推动了土木工程材料的可持续发展，以下几个方向是土木工程材料今后的发展重点。

1. 低碳化

科学研究表明，碳排放的增加是诱发全球气候变暖、温室效应，以及出现极端恶劣天气，例如台风、高温、暴雨、泥石流、干旱等自然灾害的直接因素，而且随着近几年全球气候变暖的趋势加剧，南、北极冰雪也在加速融化，海平面逐年上升，严重破坏了生态环境。2009 年，美国环保署也首次承认了碳排放增加导致的温室气体将会直接危害人们的身体健康和生活质量。2020 年，我国政府在第七十五届联合国大会上提出："中国将提高国家自主贡献力度，采取更加有力的政策和措施，二氧化碳排放力争于2030 年前达到峰值，努力争取 2060 年前实现碳中和。"

建筑材料行业具有体量大、应用广的特点，同时也伴随着碳排放和有害物排放巨大的问题。2017 年建材工业年废气排放总量 659 万 t，其中烟尘、二氧化硫、氮氧化物的排放分别占全国工业排放总量的 10.3%、13.9% 和 16.0%；水泥行业二氧化碳年排放量约 12 亿 t，仅次于发电行业，居工业行业第二位，占整个工业排放总量的 20% 左右。可以说建材行业能否做好节能减排、实现绿色低碳发展事关全国大气污染防治攻坚战的成败，也事关建材行业的发展方向和生死存亡。

经统计发现，建筑材料行业的碳排放主要集中在原材料生产过程中的能源消耗碳排放，例如水泥生产过程中的煅烧以及建筑用砖砌体的烧结过程中的能源消耗碳排放；在建筑材料制品生产过程中也会产生碳排放，例如水泥装配式构件生产时需要高温蒸养，这一过程消耗大量能源，也带来了大量的碳排放；在建筑工程施工过程中使用机械等也会带来碳排放。

为保证建筑材料行业尽早达峰、快速减排、全面中和三个实施阶段任务的顺利完成，实现建筑材料行业的低碳化，建筑材料行业的科研人员与工作者们对低碳建材展开了一系列的探索，例如推广烧成温度低的硫铝酸盐水泥（1300~1350℃）代替硅酸盐水泥（烧成温度约 1450℃）以减少煅烧过程中的能源使用，采用再生混凝土材料代替部分混凝土以减少新原材料的使用，开发免蒸养混凝土预制构件生产技术等。

### 2. 生态化

生态化建材，又称绿色建材、环保建材和健康建材，是健康型、环保型、安全型的建筑材料，在国际上也被称为"健康建材"或"环保建材"。生态化建材不是指单独的建材产品，而是对建材"健康、环保、安全"品性的评价。它注重建材对人体健康和环保所造成的影响及安全防火性能。它具有消磁、消声、调光、调温、隔热、防火、抗静电的功能，并且它是可调节人体机能的特种新型功能建筑材料。

随着城市化、工业化进程的加快，全球资源化匮乏和能源短缺情况变得愈发严重。生态化建材采用清洁生产技术、少用天然资源和能源、大量使用工业或城市固态废物生产的无毒害、无污染、无放射性、有利于环境保护和人体健康的建筑材料。例如，粉煤灰、矿渣等工业固体废弃物在水泥混凝土行业的大规模应用，减少水泥用量以降低水泥生产过程中有害物排放的同时，还解决了大宗工业固体废弃物的处理问题。再比如，近年来，一些研究将 $TiO_2$、$ZnO$ 等加入到混凝土中，制成光催化混凝土材料，这种材料在紫外线照射下可氧化还原氮氧化物，从而减少大气污染，使建筑结构具有净化空气的作用。

### 3. 高性能化

随着建筑工程的不断发展，建筑行业对建筑材料的性能要求越来越高，高性能建筑材料的发展速度也越来越快。

近年来，随着高效减水剂等外加剂的出现，高性能混凝土材料得以快速发展。高性能混凝土是指除了具有高强、高耐久性和体积稳定性等优良性能外，还兼具良好的工作性、适用性和经济性的混凝土材料。高性能混凝土材料的出现对高层结构泵送、严苛地区结构耐久性以及复杂环境施工等都具有重要意义。例如，在世界第一高楼哈利法塔（迪拜塔）的施工过程中，要求把混凝土垂直泵送至逾 606m 的地方，只有采用高性能泵送混凝土，才可实现该要求。

### 4. 功能化

由于建筑材料的应用环境各异，除基本工作性能、强度、耐久性等要求外，根据结构所处环境不同，对建筑材料也提出了更多额外的功能化需求，一些具有特殊功能的建筑材料也应运而生。例如，在核电厂等对防辐射有严格要求的建筑中，一般采用密度较大，对 γ 射线、X 射线或中子辐射具有屏蔽能力，不易被放射线穿透的混凝土；在对保温、隔热有重点要求的结构中（诸如冷库墙壁），会采用纤维增强多孔混凝土，保证强度的同时，提高结构的隔热性能。再比如，为了降低降水对出行不便的影响，多孔透水砖和透水混凝土也被广泛应用于人行道等地坪工程中。建筑材料的功能化体现了建筑行业的人性化、精细化设计，也为建筑行业的发展提供了更广阔的舞台。

### 5. 智能化

建筑材料的智能化涵盖了建筑材料设计智能化、建筑材料施工智能化以及建筑材料功能智能化等多个方面。

传统建筑材料设计（如混凝土材料设计）多靠人工经验判断，设计过程中存在很多主观判断，这样设计建筑材料不仅费时费力，而且存在隐患。近年来，随着信息技术的不断发展，人工智能技术的日趋成熟，基于人工智能的建筑材料设计也被应用于传统建筑行业，诸如基于人工神经网络的混凝土材料强度预测、基于大数据的地下开挖等，不仅减少了人工计算量，还降低了人为判断带来的设计偏差，增加了结构的安全性。

除建筑材料设计智能化外，建筑材料施工也在向智能化、自动化的方向发展。近年来，随着 3D 打印技术等智能建造技术的兴起，诸如物联网技术、机器人制造技术以及 3D 打印技术等在建筑材料施工过程中的广泛应用，例如河北工业大学的 3D 打印赵州桥、基于 BIM 系统的施工组织设计以及智能机器人管道修补技术等，都标志着智能化施工离我们的生活越来越近。

所谓智能化建筑材料是指材料本身具有自我诊断和预告失效、自我调节和自我修复并可继续使用的功能，它与建筑材料的功能化有所重叠，但仍有差异。当这类材料的内部发生异常变化时，材料能将其内部状况反映出来，以便在材料失效前采取措施，甚至材料能够在材料失效初期进行自我调节，恢复材料的使用功能。如自动调光玻璃，根据外部光线的强弱，自动调节透光率，保持室内光线的强度平衡，既避免了强光对人的伤害，又可调节室温和节约能源；基于 3D 打印技术设计的超材料拥有一些特别的性质，比如让光、电磁波改变它们的通常性质，而这样的效果是传统材料无法实现的，因此，其在道路吸声、屏蔽结构等方面都有广阔的前景。

# 1.4　土木工程材料的技术标准

从国家技术标准体系层级来看，我国标准依照 2017 年新修订的《中华人民共和国标准化法》分为国家标准、行业标准、地方标准、团体标准和企业标准五个层次。

（1）国家标准分为强制性国家标准和推荐性国家标准，代号分别为 GB 和 GB/T，如 GB 175《通用硅酸盐水泥》为强制性国家标准。强制性国家标准由国务院批准发布或者授权批准发布；推荐性国家标准由国务院标准化行政主管部门制定。

（2）行业标准由国务院有关行政主管部门制定，报国务院标准化行政主管部门备案。土木工程材料相关的主要行业标准包括建材行业标准（代号为 JC）、建筑工程行业标准（代号为 JG）、交通运输行业标准（代号为 JT）、水利行业标准（代号为 SL）。

（3）地方标准由省、自治区、直辖市人民政府标准化行政主管部门制定，代号为 DB。

（4）国家鼓励学会、协会、商会、联合会、产业技术联盟等社会团体协调相关市场主体共同制定满足市场和创新需要的团体标准，由本团体成员约定采用或者按照本团体的规定供社会自愿采用，国务院标准化行政主管部门会同国务院有关行政主管部门对团体标准的制定进行规范、引导和监督。土木工程材料相关的主要团体标准包括中国建筑材料联合会团体标准（代号为 T/CBMF）、中国工程建设标准化协会标准（代号为 CECS）。

（5）企业可以根据需要自行制定企业标准，或者与其他企业联合制定企业标准，代号为 QB。

推荐性国家标准、行业标准、地方标准、团体标准、企业标准的技术要求不得低于强制性国家标准的相关技术要求。国家鼓励社会团体、企业制定高于推荐性国家标准相关技术要求的团体标准、企业标准。

## 1.5 课程学习内容与学习方法

土木工程材料是土木工程专业和智能建造专业的重要专业基础课之一。学生将通过对该课程的学习，掌握常用土木工程材料的性质、用途、制备和使用方法以及检测和质量控制方法，了解材料性质与材料结构的关系以及性能调控的手段，为以后的专业课学习积累专业基础知识，也为今后从事专业技术工作奠定必要的理论和技能基础。

土木工程材料课程涉及的材料品种繁多，内容庞杂，每种材料包括组成、性能及其影响因素、技术要求、制备和使用方法，以及材料的质量检测和质量控制方法。要求学生通过本课程的学习，学会针对不同的工程，合理选用材料，并能与后续课程紧密联系，了解材料与设计参数及施工措施的相互关系。

本课程涵盖理论基础知识和工程实践。实验教学是土木工程材料课程中重要的教学环节，学生通过实验，能够验证基本理论，学习试验方法，锻炼实践动手能力、科学研究能力，并养成严谨的科学态度。

# 2 土木工程材料基本性质

本章介绍了土木工程材料不同层次的组成和结构特征、基本物理性质、基本力学性质和耐久性；阐述了土木工程材料的强度、孔隙率、密度、与水相关的性质和热学性质等；总结了土木工程材料的组成、结构和性能之间的关系。

## 2.1 土木工程材料基本理论

### 2.1.1 材料的四要素

材料科学与工程是研究材料的组成、结构、加工、性质、使用以及它们之间相互关系的一门学科。在材料科学与工程中，材料的组成与结构、合成与加工、固有性质和使用性能被称为材料的四要素，如图 2-1 所示。

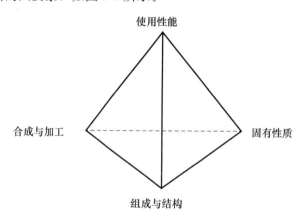

图 2-1　材料的四要素

材料的组成、结构、加工、性质和使用之间的关系是密切相关的。材料的合成与加工可以决定材料的组成与结构，从而影响材料的性质。在材料的四要素关系之中，最基本的是组成、结构和性能之间的关系，而材料科学的主要任务就是研究材料的组成、结构和性能之间的关系。

### 2.1.2 材料的组成

材料的各种性质主要取决于材料的组成和结构，这是材料科学与工程的基本理论。不同组成的材料往往会呈现出不同的性质，而相同组成的材料也会因结构差异表现出不同的性质。材料的组成是决定土木工程材料物理化学性质的重要因素之一。材料的组成分为化学组成、矿物组成和相组成。

#### 2.1.2.1 化学组成

化学组成是指构成材料的化学元素及化合物的种类和数量。例如，普通玻璃的化学组成主要为 $SiO_2$、$CaO$ 和 $Na_2O$ 等。材料的化学组成一般可采用 X 射线荧光光谱（XRF）测定。土木工程材料的诸多性质都与其化学组成有关，化学组成对材料的耐火性、耐久性和力学性能等有重要的影响。例如，混凝土受环境中各种盐类物质的侵蚀和钢结构发生锈蚀等，这些都与材料的化学组成密切相关。

#### 2.1.2.2 矿物组成

在无机非金属材料中，通常将具有固定化学成分和确定内部结构的单质或化合物称为矿物。矿物组成是指构成材料的矿物种类和数量。材料的矿物组成可采用 X 射线衍射（XRD）测定。无机非金属材料的矿物组成是决定其性质的重要因素。例如，硅酸盐水泥中硅酸三钙的含量越高，则水化速度越快，越有利于早期强度发展。

#### 2.1.2.3 相组成

材料中通常将物理性质和化学性质相同的均匀部分称为相。大多土木工程材料都是由多相构成的固体材料。例如，纸面石膏板是一种以石膏为夹芯，两面为纸复合而成的板材；混凝土可以看作是一种水泥浆体填充在骨料间隙的复合材料。此外，复合材料的性质与各相之间的界面密切相关，这种相界面通常是材料性质的薄弱区域。

### 2.1.3 材料的结构

材料的结构也是决定材料性质的重要因素。按照尺度范围，材料的结构通常分为宏观结构（macrostructure）、细观结构（mesostructure）和微观结构（microstructure）三个层次。

#### 2.1.3.1 宏观结构

宏观结构是指用肉眼或放大镜能分辨出的组织结构，其尺寸范围在 $10^{-3}$ m 以上。

按孔隙特征，土木工程材料的宏观结构分为：

（1）致密结构。致密结构的材料内部完全或基本不存在孔隙的结构。一般而言，这类材料具有强度高、抗渗性好等特点。如天然石材、玻璃和金属材料等。

（2）微孔结构。微孔结构的材料内部主要具有微细孔隙的结构。这类材料密度相对较低、导热系数较小。如石膏制品和烧制黏土砖瓦等。

（3）多孔结构。多孔结构的材料内部存在较多粗大孔隙，一般为轻质材料。多孔材料通常具有较好的保温隔热性和隔声吸声性。如加气混凝土和泡沫玻璃等。

按构造特征，土木工程材料的宏观结构分为：

（1）纤维结构。纤维结构主要由纤维状物质构成，其内部结构具有一定的方向性，因此纤维结构的材料性质往往呈各向异性。如木材、石棉和玻璃钢等。

（2）层状结构。层状结构由多层材料叠合而成。这种结构可以充分利用每一层材料的性质优势，从而显著提高材料的整体性能。如复合墙板、胶合板和纸面石膏板等。

（3）散粒结构。散粒结构由松散的颗粒状物质构成，并且颗粒之间存在大量空隙。如砂石骨料、高炉粒化矿渣、陶粒、膨胀珍珠岩等。散粒结构的空隙率取决于颗粒的级配。例如，在制备超高性能混凝土（UHPC）时，通常要求颗粒呈最紧密堆积状态。

（4）聚集结构。聚集结构由骨料和胶结材料结合而成。如混凝土、砂浆和陶瓷等。

### 2.1.3.2 细观结构

细观结构（也称介观结构或亚微观结构）是指用光学显微镜或扫描电子显微镜能观察到的结构，其尺度范围在 $10^{-6} \sim 10^{-3}$ m。对于不同的土木工程材料，在细观结构层次上研究的对象通常有所不同。就水泥石而言，通常研究水泥石的水化产物、未水化水泥颗粒和孔隙特征等；就金属材料而言，通常研究金属材料的金相组织，包括晶粒尺寸和晶界等；就木材而言，通常研究木材的木纤维、导管髓线和树脂道等。

从细观结构层次来看，材料的各种组织结构往往具有不同的性质，这些组织的特征、数量、分布和各组织间的界面特性均对材料的性能有着重要的影响。例如，水泥石的孔隙数量越多，其强度越低，抗渗性越差。

### 2.1.3.3 微观结构

材料的微观结构是指材料在原子或分子层面的组织形式，其尺度范围在 $10^{-6}$ m 以下。按微观结构特征，材料分为晶体（crystal）和非晶体（amorphous）。

#### 1. 晶体

晶体是指内部质点（原子、离子和分子）在三维空间呈周期性重复排列的固体，即结构长程有序。晶体是各向异性的均匀物质，通常具有规则的几何形状。按质点和化学结合键不同，晶体可分为原子晶体、离子晶体、分子晶体和金属晶体，见表 2-1。晶体内质点及其结合方式对材料的性能有着重要的影响。

表 2-1　晶体结构类型及特性

| 晶体类型 | 结合方式 | 常见材料 | 主要特性 |
| --- | --- | --- | --- |
| 原子晶体 | 由中性原子通过共价键构成 | 石英、金刚石 | 强度高、硬度高、熔点高 |
| 离子晶体 | 由正负离子通过离子键构成 | 氯化钠、石膏 | 强度高、硬度高、熔点高 |
| 分子晶体 | 由分子通过分子间作用力构成 | 有机化合物 | 硬度小、熔点低 |
| 金属晶体 | 由金属阳离子和自由电子通过金属键结合 | 钢、铁、合金 | 导电性好、导热性好 |

#### 2. 非晶体

非晶体是指结构无序或近程有序而长程无序的物质，组成物质的质点在三维空间作不规则排列。非晶体没有固定的几何外形，其物理化学性质具有各向同性。

非晶体由熔融的物质（高能量状态）迅速冷却而形成，具有化学不稳定性。由于内部质点在迅速冷却时来不及按一定的规则排列，系统不能达到稳定的低能状态，部分能量只能以内能的形式储存起来，从而使材料处于热力学介稳状态。因此，非晶体结构的物质通常化学活性较高，容易与其他物质发生化学反应。例如，粉煤灰、粒化高炉矿渣和火山灰等均为非晶体结构，在碱激发的作用下能发生化学反应。这些非晶体结构的材料在水泥行业常用作辅助胶凝材料。

## 2.2　土木工程材料物理性质

### 2.2.1　材料的孔隙率与密实度

材料内部的孔隙可分为开口孔隙和闭口孔隙，如图 2-2 所示。孔隙率（porosity）

是指固体材料中孔隙体积（开口孔隙和闭口孔隙体积之和）占材料在自然状态下总体积的百分率。按下式计算：

$$P = \frac{V_k + V_b}{V_0} \times 100\%$$ (2-1)

式中：$P$——孔隙率，%；

$\quad\quad V_k$——开口孔隙体积，$m^3$；

$\quad\quad V_b$——闭口孔隙体积，$m^3$；

$\quad\quad V_0$——材料在自然状态下的体积，即固体物质、开口孔隙和闭口孔隙体积之和，$m^3$。

密实度是与孔隙率相对应的概念，指固体物质的体积占固体材料在自然状态下体积的百分率，即材料内部固体物质的充实程度。按下式计算：

$$D = 1 - P = \frac{V}{V_0} \times 100\%$$ (2-2)

式中：$D$——密实度，%；

$\quad\quad V$——材料在绝对密实状态下的体积，即固体物质的体积，$m^3$。

$\quad\quad V_0$——材料在自然状态下的体积，即材料的表观体积，$m^3$。

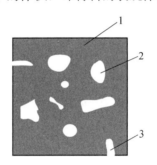

图 2-2　固体材料内孔隙示意图
1—固体物质；2—闭口孔隙；3—开口孔隙

按孔径大小，孔隙可分为微孔（<2 nm）、中孔或介孔（2~50 nm）和大孔（>50 nm）。中、微孔的孔隙率和孔径分布可采用气体吸附法测定，而大孔和部分中孔可采用压汞法测定。应当注意的是，气体吸附法和压汞法只能测定开口孔隙的孔隙率和孔径分布。在土木工程材料中，孔隙率的测量还可参照标准 GB/T 9966.3—2020《天然石材试验方法 第 3 部分：吸水率、体积密度、真密度、真气孔率试验》测定。

材料孔隙大小、分布和连通性等是影响其性质的重要因素。一般而言，材料的孔隙率越大，则表观密度越小，强度越低，抗渗性和耐久性越差，保温性和吸声性越好。

### 2.2.2　材料的空隙率与填充率

空隙率是指散粒结构的材料在堆积状态下颗粒间空隙体积占堆积体积的百分率。按下式计算：

$$P' = \frac{V_1 - V_0}{V_1} \times 100\%$$ (2-3)

式中：$P'$——空隙率，%；

$V_0$——材料在自然状态下的体积，$\text{m}^3$；

$V_1$——材料在堆积状态下的体积，$\text{m}^3$。

填充率是指材料在堆积状态下颗粒体积占堆积体积的百分率。按下式计算：

$$D'=1-P'=\frac{V_0}{V_1}\times100\%\qquad(2\text{-}4)$$

式中：$D'$——填充率，%。

在土木工程材料中，空隙率可以作为控制混凝土或砂浆骨料级配的参考依据。对于级配良好的石英砂，其空隙率约为 33%。

### 2.2.3 材料的密度

密度（density）是指材料单位体积的质量。按物体的体积状态，密度分为真密度、表观密度和堆积密度，如图 2-3 所示。

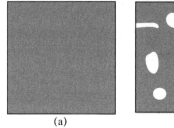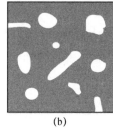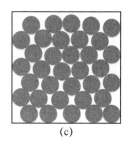

图 2-3 材料的体积状态示意图

(a) 绝对密实状态：真密度；(b) 自然状态：表观密度；(c) 堆积状态：堆积密度

#### 2.2.3.1 真密度

真密度（real density）是指材料在绝对密实状态下单位体积的质量。按下式计算：

$$\rho=\frac{m}{V}\qquad(2\text{-}5)$$

式中：$\rho$——真密度，$\text{kg/m}^3$；

$m$——材料的质量，$\text{kg}$；

$V$——材料在绝对密实状态下的体积，$\text{m}^3$。

在测定接近于绝对密实状态材料（如金属和玻璃）的真密度时，可直接测其体积。对于含有孔隙的材料，应先将其磨成细粉，干燥后用李氏瓶测定体积。例如，水泥真密度可参照标准 GB/T 208—2014《水泥密度测定方法》进行测定；石材真密度可参照标准 GB/T 9966.3—2020《天然石材试验方法 第 3 部分：吸水率、体积密度、真密度、真气孔率试验》进行测定。一般来说，材料磨得越细，测得的体积越接近材料在绝对密实状态下的体积。

#### 2.2.3.2 表观密度

表观密度（apparent density）是指材料在自然状态下单位体积的质量。按下式计算：

$$\rho_0=\frac{m}{V_0}\qquad(2\text{-}6)$$

式中：$\rho_0$——表观密度，$kg/m^3$；

　　　$V_0$——材料在自然状态下的体积，$m^3$。

对于形状规则的材料，可直接测量材料的尺寸，然后通过计算得到体积。对于形状不规则的材料，可采用排液法、封蜡排液法或静水称重法测定体积。当材料内部孔隙含水时，尤其是含有开口孔隙的材料，其表观密度会随着含水情况的不同而发生变化。因此，表观密度又分为干表观密度、气干表观密度和湿表观密度等。

#### 2.2.3.3　堆积密度

堆积密度（bulk density）是指散粒结构材料在堆积状态下单位体积的质量。按下式计算：

$$\rho_1 = \frac{m}{V_1} \tag{2-7}$$

式中：$\rho_1$——堆积密度，$kg/m^3$；

　　　$V_1$——材料在堆积状态下的体积，$m^3$。

材料在堆积状态下的体积包括固体物质体积、孔隙体积和空隙体积。散粒结构材料的堆积体积可通过已标定容积的容器计量获得。按材料堆积的紧密程度，堆积密度又分为松堆积密度和紧堆积密度。按自然堆积状态体积计算得到密度称为松堆积密度，按振实或捣实体积计算得到的密度称为紧堆积密度。

### 2.2.4　材料与水有关的性质

土木工程中的建筑物和工程设施常与水相接触。不同土木工程材料与水分接触时产生的相互作用，结果往往有所不同。

#### 2.2.4.1　润湿现象和毛细现象

**1. 润湿现象**

润湿是固、液界面上的重要行为，对土木工程材料的生产与应用十分重要。当水与固体材料表面相接触时，固、液界面的水分一方面受到内部水分子的作用（内聚力），同时受到固体材料分子的作用（附着力）。若水分子之间的内聚力小于水分子与固体材料分子之间的附着力，则材料表面可以被水润湿，这种材料称为亲水性材料。反之，若水分子之间的内聚力大于水分子与固体材料分子之间的附着力，则材料表面不能被水润湿，这种材料称为憎水性材料。

材料的润湿程度可用润湿角（接触角）来衡量。如图 2-4 所示，在固体材料、水和空气三相接触点处，存在三个界面张力，即 $\sigma_{sv}$、$\sigma_{lv}$ 和 $\sigma_{sl}$。其中 $\sigma_{lv}$ 和 $\sigma_{sl}$ 之间的夹角被称为润湿角（$\theta$）。当润湿角 $\theta \leqslant 90°$ 时，材料表现为亲水性，如图 2-4（a）所示，木材、砖、石、混凝土等均为亲水性材料；当润湿角 $\theta > 90°$ 时，材料表现为憎水性，如图 2-4（b）所示，石蜡、沥青、塑料等均为憎水性材料。润湿角越小，表示材料的亲水性越好，憎水性越差。

**2. 毛细现象**

毛细现象是指毛细管插入液体中管内液面自动上升或下降的现象。当毛细管管壁为亲水性材料时，水在毛细管中将会自动上升一定高度，如图 2-5（a）所示；当毛细管管壁为憎水性材料时，水在毛细管中将会自动下降一定高度，如图 2-5（b）所示。

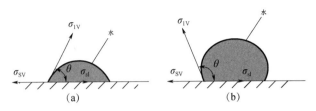

图 2-4　材料的润湿现象

（a）亲水性材料的润湿现象；（b）憎水性材料的润湿现象

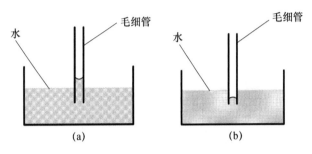

图 2-5　材料的毛细现象

（a）亲水性材料；（b）憎水性材料

许多土木工程材料的应用与毛细现象密切相关。例如，混凝土内部含有大量毛细孔，孔壁表面具有亲水性，憎水剂的掺入可使孔壁表面具有憎水性，阻碍水分进入孔隙，从而提高混凝土的防水性。

### 2.2.4.2　吸水性与吸湿性

#### 1. 吸水性

吸水性是指材料在水中吸收水分的性质。材料在吸水饱和状态时的含水率，即吸水率，可用于表征材料的吸水性。吸水率有质量吸水率和体积吸水率两种表示方法。

材料在吸水饱和状态下所吸收水分的质量与材料在干燥状态下的质量之比称为质量吸水率。按下式计算：

$$W=\frac{m_1-m}{m}\times100\%$$
(2-8)

式中：$W$——材料的质量吸水率，%；

$m$——材料在干燥状态下的质量，kg；

$m_1$——材料在吸水饱和状态下的质量，kg。

对于木材或其他吸水性强的轻质材料，其质量吸水率往往大于 100%，因而常用体积吸水率表示其吸水性。体积吸水率是指材料吸水饱和时，所吸收水分体积占材料干燥体积的百分率。按下式计算：

$$W_0=\frac{m_1-m}{V_0}\times\frac{1}{\rho_w}\times100\%$$
(2-9)

式中：$W_0$——材料的体积吸水率，%；

$V_0$——材料在自然状态下的体积，$m^3$；

$\rho_w$——水的密度，常温下取 1g/$cm^3$。

除材料表面的物理化学性质外，材料的吸水性主要取决于材料的孔隙率和孔隙特征。若材料内部具有细小且连通的毛细孔隙，则吸水率大。对于材料内部的闭口孔隙，水分不易渗入。水分虽能进入粗大孔隙，但仅能润湿孔壁表面，无法在孔隙中留存。因此，含闭口孔隙和粗大孔隙的材料吸水率往往较低。

2. 吸湿性

吸湿性是指材料在潮湿空气中吸收水分的性质，常用含水率表征。材料中所含水分的质量与材料在干燥状态下的质量之比称为含水率。按下式计算：

$$W_1 = \frac{m_2 - m}{m} \times 100\%$$ (2-10)

式中：$W_1$——材料的含水率，%；

$m_2$——材料在含水状态下的质量，kg。

材料的含水率会随环境温度和湿度的变化而变化。一般而言，吸湿作用是可逆的，也就是说材料既能吸收空气中的水分，也能向空气中释放水分。材料湿度与空气湿度达到平衡时的吸水率称为平衡吸水率。

材料在吸水或吸湿后，绝大多数性能将会变差。例如，材料的强度降低，表观密度和导热性增加，体积略有膨胀，保温性和吸声性下降。此外，水分可作为侵蚀性离子进入材料内部的载体，降低材料的耐久性。

2.2.4.3　耐水性

耐水性是指材料抵抗水的破坏作用的能力。水对材料性能的破坏体现在不同方面，如对材料的力学性能、装饰性能、光学性能等的劣化作用，其中最明显的表现就是材料力学性能的降低。材料的耐水性可用软化系数表示。其按下式计算：

$$K_f = \frac{f_w}{f_d}$$ (2-11)

式中：$K_f$——材料的软化系数，%；

$f_w$——材料在吸水饱和状态下的强度，MPa；

$f_d$——材料在干燥状态下的强度，MPa。

材料吸水后，其内部质点之间的结合力被削弱，导致材料强度有不同程度的降低。不同材料的软化系数差别很大，软化系数的波动范围为0～1。软化系数越大，说明材料的耐水性越好。对于长期在水中浸泡或处于潮湿环境的工程结构，应选用软化系数大于 0.85 的材料。

2.2.4.4　抗渗性

抗渗性是指材料抵抗压力水渗透的性质。材料的抗渗性可用渗透系数表示。渗透系数可按下式计算：

$$K = \frac{Qd}{AtH}$$ (2-12)

式中：$K$——渗透系数，cm/h；

$Q$——透水量，$cm^3$；

$d$——试件厚度，cm；

$A$——透水面积，$cm^2$；

$t$——时间，h；

$H$——水头高度（水压力），cm。

渗透系数越小，说明材料的抗渗性越好。

### 2.2.5 材料的热学性质

材料及其制品在使用过程中将对不同的温度做出反应，表现出不同的热物理性质，这些热物理性质称为材料的热学性质。材料的热学性质主要包括热容、热膨胀和热传导等。

#### 2.2.5.1 热容

材料在温度发生变化时需要吸收或释放能量，在没有相变和化学反应发生的条件下，物体温度升高1℃所需要的能量称为热容。单位质量材料的热容又称比热容。比热容可按下式计算：

$$C=\frac{Q}{m\Delta T} \tag{2-13}$$

式中：$C$——材料的比热容，J/（kg·℃）；

$Q$——材料吸收或释放的热量，J；

$m$——材料的质量，kg；

$\Delta T$——温度变化，℃。

在材料质量和温差相同的条件下，材料的比热容越大，所吸收或释放的热量越多。材料的比热容是建筑结构选材的重要参数。例如，选用比热容相对较大的土木工程材料，可保证建筑物室内温度的稳定性；水的比热容大，因此在我国北方常用水作为供暖的介质。

#### 2.2.5.2 热膨胀

热膨胀是指在压力不变的条件下材料的长度或体积随温度的升高而增大的现象。材料的热膨胀性能常用热膨胀系数表示。热膨胀系数又可分为线膨胀系数和体积膨胀系数。线膨胀系数是指材料升高1℃时单位长度的变化率。按下式计算：

$$\alpha_L=\frac{\Delta L}{L_0\Delta T} \tag{2-14}$$

式中：$\alpha_L$——线膨胀系数，℃$^{-1}$；

$\Delta L$——材料的长度变化，m；

$L_0$——材料的初始长度，m；

$\Delta T$——温度变化，℃。

体膨胀系数是指材料升高1℃时单位体积的变化率。按下式计算：

$$\alpha_V=\frac{\Delta V}{V_0\Delta T} \tag{2-15}$$

式中：$\alpha_V$——体膨胀系数，℃$^{-1}$；

$\Delta V$——材料的体积变化，m；

$V_0$——材料的初始体积，m；

$\Delta T$——温度变化，℃。

一般来说，材料的长度或体积变化与温度变化成正比，即热膨胀系数为正值。混凝土主要由硬化水泥浆体和骨料构成，水泥浆体的线膨胀系数变化范围为 $11\times10^{-6}$～

$20 \times 10^{-6}/℃$，明显高于骨料的线膨胀系数。

#### 2.2.5.3　热传导

当固体材料一端的温度比另一端高时，热量会自动从高温端传向低温端，这种现象称为热传导。根据傅里叶定律，在材料各点温度不随时间变化的条件下，传热量可按下式计算：

$$Q = -\lambda \frac{\Delta T}{D} A t \tag{2-16}$$

式中：$Q$——传热量，J；

　　　$\lambda$——导热系数（热导率），J/（m・s・℃）；

　　$\Delta T$——材料两端的温差，℃；

　　　$D$——材料的厚度，m；

　　　$A$——材料传热方向的横截面积，$m^2$；

　　　$t$——传热时间，s。

导热系数是表示材料导热能力的度量，其物理意义是单位温度梯度下单位时间内通过材料单位垂直横截面积的热量。导热系数越小，则材料的绝热保温性能越好。

## 2.3　土木工程材料力学性能

### 2.3.1　强度

材料在外力作用下抵抗破坏的能力称为强度。当材料受外力作用时，其内部产生应力，随着外力逐渐增加，应力也相应增加，直到材料内部质点间的结合力不能够承受时，材料即发生破坏。材料破坏时应力达到的极限值就是材料的强度。

根据外力（荷载）作用方式不同，材料的强度分为抗压强度（compressive strength）、抗拉强度（tensile strength）、抗弯强度（flexural strength）和抗剪强度（shearing strength）等，如图 2-6 所示。

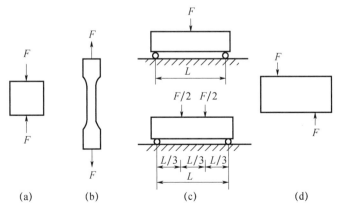

图 2-6　材料受力示意图

（a）压缩；（b）拉伸；（c）弯曲；（d）剪切

材料的抗压强度、抗拉强度和抗剪强度的计算公式如下：

$$f = \frac{F_{\max}}{A} \tag{2-17}$$

式中：$f$——材料的强度，MPa；

$F_{\max}$——材料破坏时的最大荷载，N；

$A$——试件受力截面面积，$mm^2$。

材料的抗弯强度（抗折强度）与所用测试方法有关，一般采用三点弯曲法或四点弯曲法。土木工程中，水泥胶砂的抗折强度常采用三点弯曲法测定，而混凝土的抗折强度常采用四点弯曲法测定。三点弯曲法和四点弯曲法试验分别按式（2-18）和式（2-19）计算：

$$f = \frac{3F_{\max}L}{2bh^2} \tag{2-18}$$

$$f = \frac{F_{\max}L}{bh^2} \tag{2-19}$$

式中：$f$——材料的抗弯强度，MPa；

$F_{\max}$——材料破坏时的最大荷载，N；

$L$——两支点的距离，mm；

$b$——试件截面宽度，mm；

$h$——试件截面高度，mm。

材料的强度主要由材料的组成和结构决定。一般而言，同种材料的孔隙率越大，则强度越低。对于均质的固体材料，材料的强度和孔隙率之间的关系可用下式表示：

$$f = f_0 e^{-kp} \tag{2-20}$$

式中：$f$——材料的强度，MPa；

$f_0$——材料的本征强度，MPa；

$p$——材料的孔隙率，%；

$k$——系数，无量纲。

不同种类的材料，强度也存在明显差异。例如，混凝土、石材和砖等的抗压强度很高，而抗拉强度和抗折强度较低。钢材的抗压强度和抗拉强度都很高。因此，土木工程中应根据结构的受力特点合理选用材料。

土木工程材料常按其强度大小划分为若干不同的等级。脆性材料，如混凝土、普通烧结砖等，按抗压强度划分；钢材按屈服强度划分。土木工程材料划分强度等级对于掌握材料的性能、合理选用材料、正确进行设计和控制工程施工质量均有重要的意义。

### 2.3.2 弹性与塑性

弹性是指材料在外力作用下保持原来形状和尺寸的能力，以及在外力去除后恢复原来形状和尺寸的能力。这种可完全恢复的变形称为弹性变形。根据材料在弹性过程中应力和应变的相应关系，弹性可分为理想弹性和非理想弹性。对于理想弹性的材料，应力和应变之间的关系可用胡克定律表示：

$$\sigma = E\varepsilon \tag{2-21}$$

式中：$\sigma$——材料所受应力，MPa；

$E$——弹性模量，MPa；

ε——材料的应变，无量纲。

弹性模量是表征材料抵抗弹性变形的能力的性能指标，即材料的刚度。弹性模量越大，材料在相同应力作用下产生的弹性变形就越小。在设计建筑结构时，为了保证结构不产生过大的弹性变形，通常需要考虑所用材料的弹性模数。

塑性是指材料在外力作用下发生不可逆的永久变形的能力。这种不可恢复的变形称为塑性变形。材料的塑性可用断后伸长率或断面收缩率表征。金属材料和高分子材料可以进行塑性变形，而陶瓷材料很难塑性变形。

### 2.3.3 脆性与韧性

脆性是指材料在外力作用下突然发生破坏，且破坏时无明显塑性变形的性质。脆性材料的特点是抗压强度远远大于抗拉强度，且破坏时的变形量非常小。几种典型材料的力-伸长曲线如图 2-7 所示。绝大多数的无机非金属材料，如混凝土、玻璃、陶瓷、石材和砖等，均属于脆性材料。脆性材料不能抵抗冲击荷载和承受震动作用。

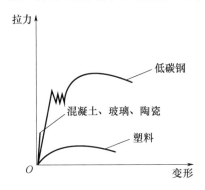

图 2-7　几种典型材料的力-伸长曲线

韧性是指材料在外力作用下能吸收较大能量，同时发生一定变形而不破坏的性质。材料的韧性越好，发生脆性破坏的可能性越小。建筑钢材、木材和塑料等都属于典型的韧性材料。在设计路面、桥梁及有抗震要求的结构时，都要考虑材料的韧性。

### 2.3.4 硬度和耐磨性

硬度（hardness）是指材料对局部塑性变形、压痕或划痕的抵抗能力，是表示材料软硬程度的一种性能。不同种类材料的硬度测试方法往往不同，常用的硬度测试方法包括压入法、回弹法和划痕法。金属材料的硬度常采用压入法测定，可用布氏硬度、洛氏硬度和维氏硬度表示。陶瓷材料的硬度常用划痕法测定，可用莫氏硬度表示。混凝土材料的硬度常用回弹法测定，可用肖氏硬度表示。一般而言，材料的硬度和强度之间存在一定关系。例如，土木工程中常通过测定混凝土的硬度间接推算其强度。

耐磨性是指材料表面抵抗磨损的能力。材料的耐磨性常用磨损率表示。土木工程中，道路路面和桥面等部位常年受高速行驶车辆的摩擦作用，在选择材料时应考虑其耐磨性。

## 2.4　土木工程材料耐久性

材料的耐久性（durability）是指材料在使用过程中，抵抗其自身和自然环境双重因素长期破坏作用的能力。土木工程结构所处的环境复杂多变，其材料会与周围环境中的各种自然因素发生相互作用。这些作用可概括为物理作用、化学作用、机械作用和生物作用。

物理作用一般是指温度变化、湿度变化、冻融循环等，这些作用可使材料的体积发生膨胀或收缩，使材料内部产生裂缝并且逐渐扩展，从而导致材料发生破坏。

化学作用包括各种酸、碱、盐的水溶液或有害气体的腐蚀作用，这些物质可与材料发生化学反应，使材料的化学组成发生变化而导致材料破坏。

机械作用包括各种持续荷载的作用，以及各种交变荷载作用引起的冲击、疲劳、磨损和磨耗等。

生物作用包括各种菌类、昆虫等的侵害作用。

实际上，土木工程材料在使用过程中的破坏往往是多种因素共同作用的结果，即耐久性是一项综合性质。提高土木工程材料的耐久性，可以延长工程结构的使用寿命，对于减少维护费用、节约自然资源，具有十分重要的意义。

## 2.5　课后习题

1. 材料的四要素是指什么？简要阐述它们之间的关系。
2. 材料密度分为几类？它们的定义是什么？
3. 什么叫亲水性材料和憎水性材料？举例说明如何改变材料的亲水性和憎水性。
4. 根据外力作用方式，材料的强度可分为几类？如何计算？
5. 什么叫材料的耐久性？在工程结构设计时，考虑材料的耐久性有什么意义？

# 3　建筑钢材

本章介绍了建筑用钢材（construction steel）的基本性能，包括物理性能、化学性能、加工性能和力学性能；总结了钢材加工方法，包括钢材的冷加工和热处理；叙述了钢材的防火和防腐的原理以及处理方法；总结了混凝土中钢筋以及装配式建筑中的型钢种类及其特性。

## 3.1　钢材基本性能

### 3.1.1　钢材的物理性能

钢材的物理性能指钢材不发生化学变化就能表现出来的性能，主要有以下几点。

#### 3.1.1.1　密度

密度（density）是指材料在单位体积内的质量。对于不同的钢材，其化学成分不同，密度也有所差别。部分钢材的密度见表 3-1。

表 3-1　钢材密度表

| 名称 | 牌号 | 密度（g/cm³） |
|---|---|---|
| 普通碳素钢 | Q195、Q215、Q235、Q275 | 7.85 |
| 灰铸铁 | HT100～HT350 | 6.6～7.4 |
| 可锻铸铁 | KT30-6～KT270-2 | 7.2～7.4 |
| 铸钢 | ZG45、ZG35CrMnSi 等 | 7.8 |
| 工业纯铁 | DT1-DT6 | 7.87 |
| 优质碳素钢 | 05F、08F、15F | 7.85 |
| | 10、15、20、25、30、35、40、45、50 | |
| 碳素工具钢 | T7、T8、T9、T10、T12、T13、T7A、T8A、T9A、T10A、T11A、T12A、T13A、T8MnA | 7.85 |
| 易切钢 | Y12、Y30 | 7.85 |
| 低碳优质钢丝 | Zd、Zg | 7.85 |

#### 3.1.1.2　热膨胀性

钢材在温度升高时体积增加，而温度降低时体积收缩的性能称为热膨胀性（thermal expansivity）。热膨胀性通常用热膨胀系数 $\alpha$ 表征。热膨胀系数值越大，温度对钢材体积的影响越明显。热膨胀系数的定义是温度升高 1℃后，物体在某一方向上的相对伸长量。热膨胀系数并非常数，而是随温度的变化而变化。其计算方法如下式所示。

$$\alpha=\frac{L_2-L_1}{L_1(T_2-T_1)}=\frac{\Delta L}{L_1\Delta T} \tag{3-1}$$

式中：$\alpha$——平均热膨胀系数，$\text{℃}^{-1}$；

$L_1$、$L_2$——分别为原始长度与升温后长度，mm；

$T_1$、$T_2$——分别为原始温度与升温后温度，℃；

$\Delta L$——升温前后长度变化量，mm；

$\Delta T$——升温前后的温差，℃。

常见钢材的热膨胀系数见表3-2。热膨胀系数越大，受热后变形越大，反之则越小。

表3-2 部分钢材热膨胀系数（$10^{-6}\text{℃}^{-1}$）

| 材料 | 温度范围（℃） | | | | | | |
|---|---|---|---|---|---|---|---|
| | 20~100 | 20~200 | 20~300 | 20~400 | 20~600 | 20~700 | 70~1000 |
| 工程用钢 | 16.6~17.1 | 17.1~17.2 | 17.6 | 18~18.1 | 18.6 | | |
| 碳钢 | 10.6~12.2 | 11.3~13 | 12.1~13.5 | 12.9~13.9 | 13.5~14.8 | 14.7~15 | |
| 铸铁 | 8.7~11.1 | 8.5~11.6 | 10.1~12.2 | 11.5~12.7 | 12.9~13.2 | | 17.6 |

### 3.1.1.3 熔点

钢材从固态转变为液态时的温度称为钢材的熔点（melting point）。随着含碳量的增加，钢的熔点在下降。常见钢材熔点见表3-3。

表3-3 部分钢材熔点

| 材料 | 熔点·（℃） |
|---|---|
| 灰铸铁（含碳量2%~4%） | 1200 |
| 铸钢（含碳量0.15%~0.60%） | 1425 |
| 低碳钢（含碳量<0.25%） | 1400~1500 |

### 3.1.1.4 导电性

金属能够导电的性能叫作导电性（electrical conductivity）。钢材是常见的导体，其易导电原因是原子核对外层电子的束缚力较小，能够产生较多的可自由移动电子，同时铁原子外层电子较少，使得外来的电子自由地进入和移动，而这些自由电子在电场力的作用下定向移动而形成电流。衡量材料导电性能的指标是电阻率。电阻率越低，钢材导电性越好。铁在20℃下电阻率为$1.0\times10^{-7}\Omega\cdot\text{m}$。

### 3.1.1.5 导热性

钢材在加热和冷却时能够传导热量的性质叫作钢材的导热性（thermal conductivity）。一般来说，导电性好的材料导热性也好，因此钢材的导热性较好。衡量金属导热性的指标是导热系数。导热系数越高，导热性越好。部分金属导热系数见表3-4。

表3-4 部分金属导热系数

| 金属名称 | 温度（℃） | 导热系数［W/（m·K）］ |
|---|---|---|
| 铜 | 100 | 377 |
| 熟铁 | 18 | 61 |

| 金属名称 | 温度（℃） | 导热系数［W/（m·K）］ |
|---|---|---|
| 铸铁 | 53 | 48 |
| 钢（含碳量1%） | 18 | 45 |
| 不锈钢 | 20 | 16 |

### 3.1.2　钢材的化学性能

钢材的化学性能指钢材与其他物质发生化学变化的性能，主要有以下几点。

3.1.2.1　耐腐蚀性

耐腐蚀性是指钢材抵抗周围环境中的介质（空气、水蒸气、有害气体、酸、碱、盐等）的腐蚀能力（corrosion resistance）。钢材耐腐蚀性较差，例如钢材在空气中放置会发生生锈现象，钢材在海水中放置会发生电化学腐蚀。因此，钢材在使用过程中应做好防锈蚀措施，相关内容将在本章节第四部分进行详细论述。

3.1.2.2　抗氧化性

抗氧化性（oxidation resistance）是指钢材在加热时抵抗氧气氧化作用的能力。钢材在加热时氧化速度加快，例如在铸造、锻造、热处理和焊接等热加工时会发生氧化和脱碳，造成材料的损耗和各种缺陷。因此在加热时常在钢材周围制造一种还原气氛和保护气氛，以免钢材氧化。

### 3.1.3　钢材的可焊性

钢材的可焊性（weldability）是指在一定的工艺和构造条件下，钢材经过焊接后能够获得的性能。它是衡量钢材热加工性能的一项指标。焊接连接是钢材常用的连接形式。钢材焊接后在焊缝附近将产生热影响区，使钢材组织发生变化并产生很大的焊接应力。可焊性好是指焊接安全、可靠，不发生焊接裂缝，焊接接头和焊缝的冲击韧性以及热影响区的延伸性（塑性）和力学性能都不低于母材。

钢材的可焊性与化学成分的含量有关，例如对于碳含量低于0.27%的普通碳素钢，当含锰量低于0.7%、含硅量低于0.4%、硫和磷含量低于0.05%时，该钢材可认为具有优秀的可焊性。钢材含碳量过高、含硫量过高或加入了锰、钒元素，均会增加钢材的脆性，使得可焊性降低。

## 3.2　钢材力学性能

### 3.2.1　抗拉性能

3.2.1.1　钢材单向拉伸时的应力-应变曲线

抗拉性能（tensile properties）是建筑钢材最重要的技术性质。钢材标准试件在常温、静载条件下一次拉伸所表现的性能用来确定强度指标和变形性能的方法。图3-1为低碳钢受拉的应力-应变曲线。图中横坐标为试件的应变 $e$，纵坐标为拉伸应力 $R$。从

图 3-1 中曲线可以看出，钢材在单次拉伸过程可以分为以下几个阶段。

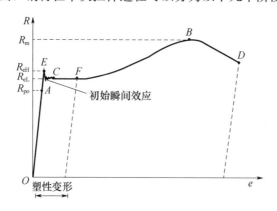

图 3-1　钢材的荷载-变形曲线

（1）弹性阶段（$OA$ 段）

在拉力加载初期，钢材所受应力随着应变的增加而增大，并且在拉力完全卸载后试件的变形能够完全恢复至与加载之前相同的状态，此阶段称为弹性阶段，即钢材发生弹性变形的阶段。$A$ 点的应力值称为弹性极限，用 $R_{po}$ 表示。特别地，$OA$ 段为一条斜直线，即应力与应变成正比，钢材在该阶段的应力与应变关系符合胡克定律，此时应力与应变比值称为弹性模量，用 $E$ 表示，即 $E=\sigma/\varepsilon$。弹性模量反映了钢材的刚度，是计算钢材结构变形的重要指标，土木工程中常用钢材的弹性模量为 $(2.0\sim2.1)\times10^5$ MPa。

（2）屈服阶段（$ECF$ 段）

当钢材所受应力超过弹性极限后进入屈服阶段，变形增加较快，应力与应变不再成正比关系，除了产生可恢复的弹性变形外，还产生部分塑性变形，试件在完全卸载后不能完全恢复原来的长度。此时钢材内部组织纯铁晶粒发生滑移，塑性应变急剧增加，应力与应变呈锯齿形波动，这种现象称为屈服，这一阶段称为屈服阶段。屈服开始时总是形成曲线的上下波动，波动最高点称上屈服点 $R_{eH}$，最低点称下屈服点 $R_{eL}$。上屈服点指试件发生屈服而力首次下降前的最大应力，下屈服点指屈服期间，不计初始瞬时效应时的最小力。

下屈服点的数值对试验条件不敏感，并形成稳定的水平线，所以计算时一般以下屈服点作为强度取值的依据，称为屈服点，即 $C$ 点对应的应力值 $R_{eL}$，设计中用符号 $f_y$ 表示。屈服阶段的应变幅度称为流幅，流幅越大，钢材塑性越好。

（3）强化阶段（$FB$ 段）

钢材在屈服阶段后，内部晶粒重新排列并且其抵抗塑性变形的能力重新提高。此时钢材弹性并未完全恢复，塑性特性明显，该阶段称为强化阶段。在该阶段中钢材应力-应变曲线最高点 $B$ 所对应的应力 $R_m$ 称为钢材的抗拉强度（或极限强度），设计中作为材料抗力用 $f_u$ 表示。

（4）颈缩阶段（$BD$ 段）

钢材在达到抗拉强度后，在试件有杂质或缺陷处，截面出现横向收缩，截面面积显著减小，塑性变形迅速增大，这种现象称为颈缩现象。此时钢材应力下降，应变迅速增加，直至 $D$ 点试件断裂。

3.2.1.2　钢材的力学性能指标

（1）弹性极限 $R_{po}$

弹性极限 $R_{po}$ 是钢材弹性变形阶段最大应力值，拉伸过程中钢材所受应力小于弹性极限时卸去拉力试件可恢复至原长度。

（2）屈服点 $R_{eL}$

下屈服点 $R_{eL}$ 为产生屈服现象时的最小应力值，是建筑钢材的一个重要力学特征。屈服点是结构计算中的材料强度标准，或材料抗力标准。当应力达到屈服点 $R_{eL}$ 时对应的应变（约为 0.15%）与弹性极限对应的应变（约为 0.1%）较为接近，因此在计算钢结构时可以认为钢材的弹性工作阶段以屈服点为上限。与此同时，钢材在达到屈服点后产生较大的变形而应力却不再增加，表示结构暂时丧失了继续承担更大荷载的能力，因此以屈服点 $R_{eL}$ 作为弹性计算时的强度指标。

钢材在屈服点之前应力-应变关系近乎为一条直线，而在屈服点之后存在应变增加而应力几乎不变的流幅阶段，该阶段近乎于理想塑性体，并且该阶段应变变化范围很大，足够用来考虑结构和构件塑性变形发展，因此钢材可以视为理想的弹性-塑性材料，如图 3-2 所示。该简化应力-应变模型为钢结构计算理论提供了基础。

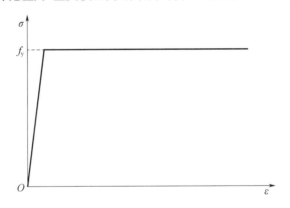

图 3-2　理想弹性-塑性体应力-应变曲线

（3）抗拉强度 $R_m$

抗拉强度 $R_m$ 是指材料在拉断前承受最大应力值。钢材在屈服到一定程度后，由于内部晶粒重新排列，其抵抗变形的能力又有所增加，此时应力随着应变的增加而增大，但应变增长速度超过了应力增长速度，使得应力-应变呈曲线关系，直到应力达到钢材的抗拉强度 $R_m$。此后，钢材抵抗变形的能力开始降低，并在薄弱处发生较大塑性变形直至颈缩而破坏。钢材在达到抗拉强度时由于变形很大导致失去了使用性能，但是高抗拉强度可以增加结构的安全保障，因此 $R_m$ 是材料的安全储备。钢材的抗拉强度与屈服强度的比值 $R_m/R_{eL}$ 称为强屈比，强屈比越高，钢材的安全储备越大，因此规范规定用于塑性设计的钢材必须有 $R_m/R_{eL} \geqslant 1.2$ 的强屈比。

（4）塑性

钢材的塑性是指钢材在外力作用下能保持永久变形而不破坏其完整性（不断裂、不破损）的能力，通常用伸长率和截面收缩率来表示。

伸长率 $\delta$ 是应力-应变曲线中的最大应变值，等于试件（图 3-3）拉伸断裂后原始标距的伸长与原始标距之比的百分率。取圆形试件直径 $d_0$ 的 5 倍或 10 倍为标定长度，当 $l_0/d_0=10$ 时，伸长率用 $\delta_{10}$ 表示；当 $l_0/d_0=5$ 时，伸长率用 $\delta_5$ 表示。伸长率由下式计算：

$$\delta=\frac{l_1-l_0}{l_0}\times100\%\qquad(3\text{-}2)$$

式中：$\delta$——伸长率，%；

    $l_0$——试件原标记长度，mm；

    $l_1$——试件拉断后标距间长度，mm。

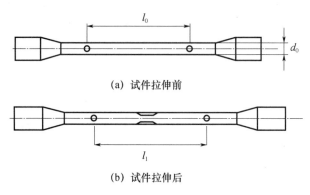

(a) 试件拉伸前

(b) 试件拉伸后

图 3-3　钢材拉伸试件

截面收缩率 $Z$ 是指断裂后试件横截面积的最大缩减量与原始横截面积之比的百分率，由下式计算：

$$Z=\frac{S_0-S_1}{S_0}\times100\%\qquad(3\text{-}3)$$

式中：$Z$——截面收缩率，%；

    $S_0$——试件原来的截面面积，$mm^2$；

    $S_1$——试件拉断后颈缩区的断面面积，$mm^2$。

伸长率和截面收缩率均表示钢材断裂前经受塑性变形的能力。伸长率越大或截面收缩率越高，说明材料能承受较大的塑性变形而不破坏。钢材的塑性变形在一定程度上可以调整其内部的应力，避免了因局部应力集中所致破坏而导致整个结构发生破坏。钢材优异的塑性不仅使得其便于加工，同时使得钢材在发生破坏前会发生明显的变形，并且该变形能够持续较长的时间，能够及时发现与补救，保证生命与财产安全，因此钢材的塑性指标比强度指标更为重要。

### 3.2.2　冷弯性能

冷弯性能（cold-bending behavior）指钢材在冷加工（在常温下加工）产生塑性变形时，对发生裂缝的抵抗能力。钢材的冷弯性能指标用试件在常温下能够承受的弯曲程度表示，弯曲程度则通过试件被弯曲的角度和弯心直径对试件厚度的比值来区分。

根据国家标准 GB/T 232—2010《金属材料 弯曲试验方法》的规定，冷弯试验通过冷弯压头加压（图 3-4），当试件弯曲至 180°时［图 3-4 (c)］检查试件弯曲部分外表面、里面和侧面，若无裂纹、鳞落或断裂现象，即认为钢材冷弯性能合格。

钢材的冷弯试验可以用来检验钢材的质量，例如在试件弯曲处会产生不均匀塑性变形，能在一定程度上揭示钢材是否存在内部组织的不均匀、内应力、夹杂物、未熔合和微裂纹等缺陷。同时钢材在焊接过程中产生的局部缺陷也可以通过钢材冷弯发现，因此冷弯性能能够反映钢材的冶炼质量和焊接质量。冷弯试验常作为静力拉伸试验和冲击试验等的补充试验，是衡量钢材力学性能的综合指标。

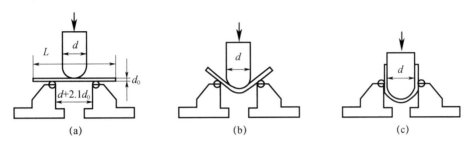

图 3-4　冷弯试验示意图
(a) 安装试件；(b) 弯曲 90°；(c) 弯曲 180°

### 3.2.3　冲击韧性

冲击韧性（impact toughness）是指材料在冲击荷载作用下吸收塑性变形功和断裂功的能力，反映材料内部的细微缺陷和抗冲击性能。在土木工程结构设计中，除静力荷载外，结构往往还会受到冲击荷载，例如吊车设备的振动等。冲击荷载的特点是作用时间短、作用速度快，因此用静载试验得到的指标如强度和塑性等描述材料抗冲击荷载的性能有很大的局限性。钢材的韧性是用来衡量其抗冲击性能的指标，是强度与塑性的综合表现。钢材的韧性指标由冲击韧性 $a_k$ 表示，通过冲击试验获得。根据国家标准 GB/T 229—2020《金属材料 夏比摆锤冲击试验方法》，在冲击试验中，标准尺寸冲击试件长度为 55mm，横截面积为 10mm×10mm，在试件长度的中间位置设置有缺口，如图 3-5 (a) 所示，试件与摆锤冲击试验机支座及砧座相对位置示意图如图 3-5 (b) 所示。冲击韧性的大小与试件所设缺口形式有关，常见的缺口形式为梅氏（Mesnager）U 形缺口 [图 3-6 (a)] 和夏氏（Charpy）V 形缺口 [图 3-6 (b)]。

将试件放置在提锤式冲击试验机上进行冲击韧性试验，冲断试件后，由下式求出冲击韧性值。

$$a_k = \frac{A_k}{A_n} \tag{3-4}$$

式中：$a_k$——冲击韧性，$N \cdot m/cm^2$（或 $J/cm^2$）；

　　　$A_k$——冲击功，$N \cdot m$（或 J），由刻度盘上读出或按 $A_k = W(h_1 - h_2)$ 计算；

　　　$W$——摆锤重，N；

　　$h_1$、$h_2$——分别为冲断前后摆锤高度，m；

　　　$A_n$——试件缺口处净截面面积，$cm^2$。

冲击韧性与钢材的化学成分、冶炼方法、内在缺陷、加工工艺以及环境温度有关。冲击韧性受钢材内部缺陷影响十分明显，例如钢材内部的气泡、裂纹、夹杂物都会使其冲击韧性值明显降低。冲击韧性值随温度的降低而减小，且在某一温度范围内，冲击韧

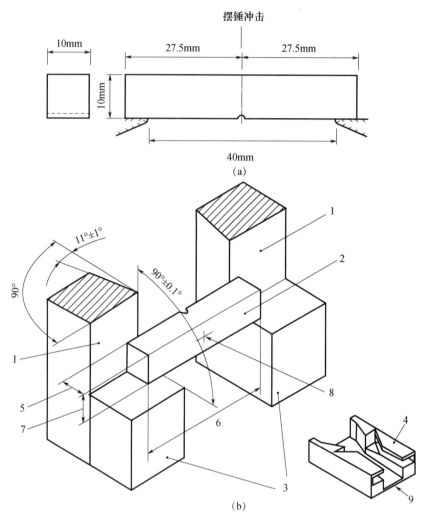

说明:

1—砧座;                4—保护罩;              7—试件厚度, $B$;

2—标准尺寸试件;        5—试件宽度, $W$;        8—打击点;

3—试件支座;            6—试件长度, $L$;        9—摆锤冲击方向

注: 保护罩可用于U形摆锤试验机, 用于保护断裂试件不回弹到摆锤和造成卡锤。

图 3-5  冲击试验示意图

(a) 冲击试验试件示意图; (b) 试件与摆锤冲击试验机支座及砧座相对位置示意图

性值发生急剧降低, 这种现象称为冷脆, 因此在设计钢结构构件时, 特别是受到动载作用的结构, 要注意温度对钢构件冲击韧性的影响。

### 3.2.4  硬度

硬度 (hardness) 是指钢材抵抗较硬物体压入产生局部变形的能力。测定钢材硬度常用布氏法。

根据国家标准 GB/T 231.1—2018《金属材料 布氏硬度试验 第 1 部分: 试验方法》

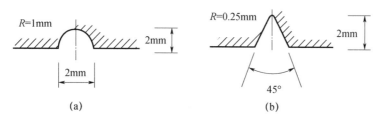

图 3-6　冲击试验缺口形式

(a) U 形缺口；(b) V 形缺口

的规定，布氏法测硬度是用规定大小的荷载 $P$（N）把直径为 $D$ 的碳化钨合金球压入被测材料表面（图 3-7），持续规定时间后卸除荷载，用放大镜测出压痕直径 $d$（mm），以压痕表面积（$mm^2$）除荷载 $P$，荷载 $P$ 与压痕表面积的比值即为布氏硬度值，记作 HB。HB 值越大，表示钢材硬度越高。

布氏硬度 HBW 的表达方法如下：

示例：600 HBW 1/30/20。其中布氏硬度值为 600；HBW 为硬度符号；1 表示球直径，单位为 mm；30 表示施加试验力对应的 kgf 值，30kgf＝294.2N；20 表示试验力保持时间，单位为 s。

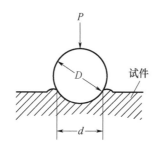

图 3-7　布氏硬度测定方法示意图

### 3.2.5　疲劳强度

钢材在交变应力的反复作用下，应力远小于材料的强度极限甚至屈服极限时就发生破坏，这种现象称为疲劳破坏。钢材在疲劳破坏前，并没有明显变形，是一种突然发生的断裂，断口平直，属于反复荷载作用下的脆性破坏。钢材的疲劳强度（fatigue strength）通过疲劳试验确定。

根据钢材疲劳试验，当钢材、试件、试验环境条件相同，并且应力比 $\rho＝\sigma_{min}/\sigma_{max}$ 为定值时，随着应力循环次数 $n$ 的增加，钢材疲劳破坏时最大应力 $\sigma_{max}$ 降低。然而随着应力循环次数的增加，最大应力下降的趋势逐渐变缓，以至于趋近于一个应力 $\sigma_{ef}$（图 3-8），因此可以认为即使再增加应力循环次数，钢材疲劳破坏时最大应力也不会低于 $\sigma_{ef}$，此时 $\sigma_{ef}$ 表示应力循环无穷多次时试件不致发生疲劳破坏的循环应力 $\sigma_{max}$ 的极限值，称为钢材的疲劳极限或钢材的耐久疲劳强度。

钢材的疲劳强度极限与屈服强度之间存在一定的关系，一般来说，屈服强度越高，疲劳强度也越高。疲劳破坏是一个发展的过程，主要分为裂纹产生、裂纹延伸和断裂三

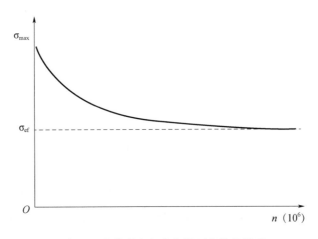

图 3-8　疲劳强度与应力循环次数的关系

个过程，同时疲劳破坏往往产生于局部应力集中处，钢材的疲劳强度极限不仅与其内部组织有关，也与表面质量有关。

## 3.3　钢材的加工

### 3.3.1　冷加工

将钢材在常温下进行冷拉、冷拔或冷轧，使其产生塑性变形，在改变其形状、尺寸以满足施工需求的同时，还能使其内部晶体结构发生变化，从而提高钢材的性能。该过程称为钢材的冷加工（cold forming）。

#### 3.3.1.1　冷拉

在常温条件下对钢材进行拉伸直至超过其屈服点，达到强化阶段内的一点 $f$ 处，再将拉伸荷载缓慢卸去，该过程称为冷拉。经过冷拉的钢材再次受到荷载时，屈服点较冷拉前有所提高，但是塑性变形能力有所下降（图 3-9）。钢材冷拉后产生塑性变形导致钢材受拉方向上长度发生伸长，在一定程度上可以减少钢材的使用量。因此，冷拉不仅可以提高钢材的屈服强度，还可以节约钢材。

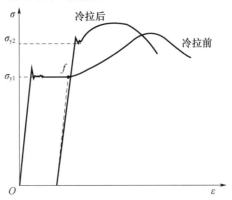

图 3-9　钢材冷拉前后应力-应变曲线

### 3.3.1.2 冷拔

将钢筋在常温下强力通过特制的直径逐渐减小的钨合金拔丝模孔，使钢筋产生塑性变形的过程称为冷拔（图 3-10）。相较于冷拉的纯线性拉伸应力，钢筋在冷拔过程中既受到拉伸应力又受到挤压应力，使得冷拔后的钢筋强度大幅提高，硬度也随之提高，但塑性显著降低。钢筋在冷拔后屈服强度可提高 40%～60%。

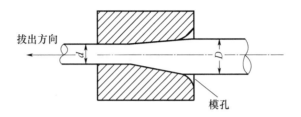

图 3-10　钢筋的冷拔示意图
（原直径为 $D$，冷拔后直径为 $d$）

### 3.3.1.3 冷轧

将圆钢在轧钢机上轧成断面形状规则的钢筋，可以提高强度及与混凝土的黏结力，该过程称为冷轧。钢筋在冷轧时横向与纵向同时发生变形，因而能够较好地保持其塑性和内部结构的均匀性。钢筋在冷拔后屈服强度可提高 30%～60%。

钢材在冷加工后产生强化，其原因为钢材在冷加工过程中发生的变形使得钢材内部晶粒发生滑移，晶粒形状发生改变，导致晶粒之间继续产生滑移所需外力增加，因此屈服强度增加。另一方面，晶粒滑移面上的有效面积减小，导致了钢材的塑性降低。钢材在变形期间产生的内应力造成了弹性模量降低。

## 3.3.2　热处理

热处理（heat treating）是指钢材在固态下通过加热、保温和冷却手段，获得预期组织和性能的一种热加工工艺。常用的钢材热处理方法有淬火、回火、退火、正火、调质、时效和化学热处理等。热处理过程如图 3-11 所示。

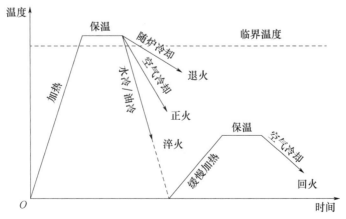

图 3-11　热处理过程

#### 3.3.2.1 淬火

将钢材加热至临界温度以上 40~60℃，保温一段时间，然后以大于临界冷却速度进行急剧冷却的热处理方法，称为淬火（quenching）。钢材经过淬火后其硬度、刚度、耐磨性、疲劳强度和韧性均有所提升，但是在淬火的过程中钢材内部会产生内应力，使得钢材变脆，因此需要回火处理加以消除。淬火处理方法主要有单液淬火、双液淬火、火焰表面淬火和表面感应淬火。

#### 3.3.2.2 回火

将淬火后的钢材加热到临界温度以下某一适当温度并保温一定时间，然后在空气中或油等介质中冷却的过程，称为回火（tempering）。回火一般紧接着淬火进行，可以消除钢材在淬火过程中产生的内应力，防止钢材产生变形和开裂，稳定钢材的组织和尺寸形状，同时能够降低钢材的脆性，增加塑性和韧性，调整硬度和强度。回火是钢材获得所需性能的最后一道重要工序，因此对钢材的各种性能起着决定性的影响。回火处理方法主要有低温回火（150~250℃）、中温回火（350~500℃）和高温回火（500~650℃）。

#### 3.3.2.3 退火

将钢材加热至临界温度以上 40~60℃，在此温度下停留一段时间（保温），然后缓慢冷却，这种热处理方法称为退火（annealing）。退火的目的是降低钢材的硬度、提高塑性、改善切削加工性能、降低残余应力、稳定尺寸、细化晶粒、消除组织缺陷、均匀材料组织和改善材料性能等。常用的退火方法有完全退火、球化退火和去应力退火等。

#### 3.3.2.4 正火

将钢材加热至临界温度以上 30~50℃，保温一定时间，然后在空气中冷却的热处理方法，称为正火（normalizing）。正火的冷却速度高于退火而低于淬火，并且在空气中冷却可以节约成本、提高效率。正火可以使钢材内部的结晶晶粒细化，不仅可以提高钢材的强度，还可以提高韧性，同时消除材料的内应力。正火常用于碳钢以替代退火。

#### 3.3.2.5 调质

钢材淬火后，再进行高温回火的热处理方法，称为调质（quenching and tempering）。调质可以细化钢材晶粒，使钢材既具有较高的强度，又拥有优良的韧性、塑性和切削性能等。调质与高温回火处理方法与目的均相同，不同的是高温回火是热处理的最终工序，而调质则是精加工前的预备工序，是对半成品而作的热处理操作。

#### 3.3.2.6 时效

钢材在加工后，在室温或较高温度放置以消除使用过程中因尺寸、形状发生改变而产生内应力的热处理方法，称为时效（ageing）。

消除钢材在长期使用中尺寸、形状发生变化而产生内应力的工艺方法，称为时效。钢材经过时效处理后可以消除淬火后内部组织产生的微应力以及机械加工后产生的残余应力。钢材的时效处理主要分为自然时效和人工时效。

室温下进行的时效处理方法称为自然时效。将钢材长期放置在室温或自然条件下，受到自然温度的调节，可以逐渐消除钢材内部应力。

将钢材加热至 100~150℃或更低的温度，长时间保温（5~10h），然后在空气中冷却的方法称为人工时效。时效温度一般比低温回火低，保温时间更长。

### 3.3.2.7 化学热处理

通过化学反应或化学物理反应相结合的方法改变钢材表面的特性，以得到性能更加优异钢材的热处理工艺，称为化学热处理（chemico-thermal treatment）。经化学热处理的钢材可视为一种特殊复合材料，内部仍为钢材，但表层则为渗入了一些其他元素的材料。化学热处理可以提高钢材的耐磨性、疲劳强度、耐腐蚀性和抗高温氧化性。化学热处理主要工艺有渗氮、渗硫、硫氮共渗、氧氮共渗等低温化学热处理和渗碳、渗硼、渗铝、碳氮共渗等高温化学热处理。

## 3.4 建筑钢材的防腐与防火

### 3.4.1 钢材的腐蚀与防治

钢材与周围环境中的氧、酸、盐等有害介质发生化学反应从而造成钢材性能下降的现象称为钢材腐蚀（也称锈蚀）（corrosion of steel）。钢材腐蚀一般发生在其表面，即与有害物质接触的地方。钢材腐蚀会对结构产生很大的损伤，会减少构件的有效截面面积，从而降低承载力；钢材锈蚀的部分会造成应力集中，导致构件局部发生破坏，从而影响整体结构的安全性；钢材腐蚀后机械性能有所下降，特别是受到冲击荷载、交变荷载后疲劳强度降低尤为明显，甚至出现脆性断裂；钢材锈蚀后会发生体积膨胀，特别是在钢筋混凝土中钢筋的膨胀会造成周围混凝土胀裂而剥落。钢材腐蚀可分为化学腐蚀和电化学腐蚀。

#### 3.4.1.1 化学腐蚀

化学腐蚀（chemical corrosion）是指钢材直接与周围介质发生化学反应而产生的腐蚀。钢材的化学腐蚀大多是与氧气反应发生氧化作用，还有部分硫化作用。钢材与氧或硫反应生成疏松的氧化物或硫化物附着在钢材表面，造成钢材腐蚀。在常温环境中，钢材表面会形成一层由 $FeO$ 组成的保护薄膜以起到隔绝有害介质的作用，从而减缓钢材腐蚀，因此钢材在干燥环境中的腐蚀较为缓慢，但是在高温和高湿度的环境中钢材的化学腐蚀速度加快。

#### 3.4.1.2 电化学腐蚀

电化学腐蚀（electrochemical corrosion）是指钢材与电解质溶液接触后发生氧化还原反应形成微电池而产生的腐蚀。钢材在水中浸泡或在潮湿环境中其表面会形成一层被电解质溶液覆盖的水膜，而钢材本身存在的铁、碳等元素就会因电极电位不同形成微电池。钢材中的铁元素在阳极区被氧化为 $Fe^{2+}$ 进入水膜，而溶解在溶液中的氧元素则被还原为 $OH^-$，二者反应生成不溶于水的 $Fe(OH)_2$，再与氧反应生成 $Fe(OH)_3$。生成的疏松易剥落的铁锈 $Fe(OH)_3$ 附着在钢材表面，使得钢材各项性能下降。钢筋混凝土结构中的钢筋最易发生电化学腐蚀。

#### 3.4.1.3 钢材防腐蚀方法

钢结构防止腐蚀的方法通常是金属覆盖加表面刷漆。镀或喷镀的方法覆盖在钢材表面，提高钢材的耐腐蚀能力。采用热浸镀锌、镀锡、镀铜、镀铬或镀锌后涂塑料涂层等措施。镀金属的作用是使钢材与其他介质隔离，同时镀层金属电位低于铁，起到牺牲阳极（镀层金属）保护阴极（铁）的作用。涂料的作用是将钢材整体与空气隔离，减缓腐蚀。

混凝土中钢筋防止腐蚀的方法根据结构的性质和所处环境并考虑混凝土质量要求来定。混凝土给钢筋提供了一个相对密闭的环境，一定程度上隔绝了周围环境中的有害物质，同时混凝土中的环境呈碱性，使得钢筋埋入后会在其表面形成碱性保护膜，阻止钢筋的腐蚀，因此混凝土中的钢筋不易腐蚀。然而，混凝土并非完全密实材料，孔隙和裂缝的存在仍会造成钢筋腐蚀，因此需要进行一定的钢筋防腐措施，主要有提高混凝土的密实度，保证足够的钢筋保护层厚度，限制氯盐外加剂的掺入量（氯离子会破坏钢筋表面保护膜从而加速钢筋腐蚀）。还可以通过在混凝土中掺加阻锈剂达到减缓锈蚀的目的。预应力钢筋一般含碳量较高，又多经变形加工或冷加工制成，因此对腐蚀破坏较为敏感，特别是高强度热处理钢筋，易发生腐蚀现象。因此对于重要的预应力混凝土结构，除了禁止掺用氯盐外，还应对原材料进行严格检验。

### 3.4.2 钢材的防火

钢材耐火性能差，其机械性能如屈服点、抗拉强度及弹性模量随温度的升高而降低，因此在高温下出现强度下降等问题。低碳钢在200℃以下拉伸性能变化不大，但在200℃以上弹性模量开始明显减小，500℃时弹性模量为常温下的一半，近700℃时弹性模量仅为常温的20%。屈服强度的变化大体与弹性模量变化类似，超过300℃后钢材应力-应变曲线没有明显的屈服台阶，在500℃后钢材内部再结晶，强度下降明显加快，在700℃时屈服强度已所剩无几。钢材在500℃时有一定的承载力，而达到700℃时基本失去承载力，因此700℃被认为是低碳钢失去强度的临界温度。

钢材防火的方法是在其表面涂覆防火材料进行隔火保护。其原理为：①涂层起到隔绝火焰的作用，避免钢材与火焰直接接触或暴露在高温环境中，防止钢材温度骤升。②涂层有吸收热量的作用，部分物质分解产生的水蒸气或其他不燃气体可以有效地消耗热量，同时消耗了大量的氧气，进一步阻止燃烧。③涂层轻质多孔，或受热膨胀后会形成泡沫层，疏松多孔的结构能够有效地降低热传导，使得钢材表面温升速率降低，延长了钢材受热温度升高至极限温度的时间。

#### 3.4.2.1 钢材的耐火极限

构件在耐火试验中，从受火的作用开始，到失去稳定性、完整性或绝热性止，这段抵抗火作用的时间称为耐火极限。根据国家标准 GB 51249—2017《建筑钢结构防火技术规范》中的规定，钢构件耐火极限不应低于表 3-5 的规定。

表 3-5　构件设计耐火极限（h）

| 构件类型 | 建筑耐火等级 | | | |
|---|---|---|---|---|
| | 一级 | 二级 | 三级 | 四级 |
| 柱、柱间支撑 | 3.00 | 2.50 | 2.00 | 0.50 |
| 楼面梁、楼面桁架、楼盖支撑 | 2.00 | 1.50 | 1.00 | 0.50 |

| 构件类型 | 建筑耐火等级 | | | | | |
|---|---|---|---|---|---|---|
| | 一级 | 二级 | 三级 | | 四级 | |
| 楼板 | 1.50 | 1.00 | 厂房、仓库 | 民用建筑 | 厂房、仓库 | 民用建筑 |
| | | | 0.75 | 0.50 | 0.50 | 不要求 |
| 屋顶承重构件、屋面支撑、系杆 | 1.50 | 1.00 | 厂房、仓库 | 民用建筑 | 不要求 | |
| | | | 0.50 | 不要求 | | |
| 上人平屋面板 | 1.50 | 1.50 | 不要求 | | 不要求 | |
| 疏散楼梯 | 1.50 | 1.50 | 厂房、仓库 | 民用建筑 | 不要求 | |
| | | | 0.50 | 不要求 | | |

### 3.4.2.2 防火保护材料

应用于钢材的防火保护材料主要有以下三种。

（1）防火涂料。防火涂料又分为膨胀型防火涂料和非膨胀型防火涂料。膨胀型防火涂料涂层厚度一般为 2~7mm，有一定的装饰效果，所含树脂和防火剂只在受热时有防火效果。当温度升至 150~350℃ 时，涂层能迅速膨胀 5~10 倍，从而形成保护层。非膨胀型防火涂料涂层为厚涂防火涂料，由耐高温硅酸盐材料、高效防火添加剂组成，是一种预发泡高效能防火涂料。涂层厚度一般为 8~50mm，通过改变涂层厚度可以满足不同的耐火极限要求。

（2）由厚板或薄板构成的外包层防火。常用的有石膏板、水泥石板、硅酸钙板和岩棉板，使用时通过胶黏剂或紧固件固定在钢构件上，胶黏剂应在预计耐火时间内受热而不失去黏结作用。

（3）外包混凝土保护层。可以现浇成型也可以用喷涂法，在外包层内埋设钢丝网或用小截面钢筋加强以限制收缩裂缝和遇火爆裂。

# 3.5 建筑用钢材

建筑结构中使用的钢材主要有碳素结构钢、低合金高强度结构钢和优质碳素结构钢三类加工而成。

## 3.5.1 碳素结构钢

碳素结构钢（carbon structural steel）是碳素钢中的一类，具有良好的塑性、韧性和冷弯性能，但杂质较多，强度较低。碳素结构钢生产工艺简单，价格低廉，常轧制成薄钢板、钢筋、焊接钢管等，主要用于铁道、桥梁、建筑等结构以及焊接件。碳素结构钢一般不经过热处理工序，而是直接在供应状态下使用。

钢材的牌号由代表屈服强度的字母、屈服强度数值、质量等级符号、脱氧方法符号四个部分按照顺序组成。例如，Q255BF。

其中：Q——钢材屈服强度代号；

255——钢材屈服强度数值；

A、B、C、D——钢材质量等级代号；

F——沸腾钢代号；

b——半镇静钢代号；

Z——镇静钢代号；

TZ——特殊镇静钢代号。

其中"Z"和"TZ"符号可以省略。

因此牌号 Q255BF 所表示的是屈服强度为 255MPa，钢材质量等级为 B 级的沸腾碳素结构钢。根据规定，碳素结构钢分为 Q195、Q215、Q235、Q255 和 Q275 五种。

根据钢材在冶炼过程中脱氧程度不同，钢材可分为沸腾钢、半镇静钢、镇静钢和特殊镇静钢，其脱氧程度依次升高，同时钢材质量也依次升高，即特殊镇静钢质量最佳，适用于特别重要的结构工程，而沸腾钢质量最低，适用于一般工程。

对于不同牌号的钢材，其用途也有所不同：

Q195、Q215 钢材具有良好的塑性、韧性以及焊接性能，同时具有一定的强度，可制成薄板、钢筋和焊接钢管等。

Q235、Q255 钢材强度较高，可制作条钢、型钢和钢筋等，质量较好的 C、D 级钢材可用于重要焊接结构。

Q275 钢材强度高，可部分代替优质碳素结构钢 25 钢、30 钢和 35 钢使用。

碳素结构钢力学性能要求见表 3-6；碳素结构钢冷弯性能见表 3-7。

### 3.5.2 低合金高强度结构钢

低合金高强度结构钢（high-strength low-alloy steel）是在碳素结构钢冶炼过程中加入少量合金元素制成，拥有高于碳素结构钢的韧性、适用范围和使用寿命，同时强度较高，耐腐蚀性、耐磨、耐低温以及切削性能较好，适用于制造建筑、桥梁、铁道以及大型钢结构和大型军事工程等方面的结构件。低合金高强度结构钢中除含有一定量的硅（Si）或锰（Mn）等基本元素外，还含有其他适合我国资源情况的元素，例如钒（V）、铌（Nb）、钛（Ti）、铝（Al）、钼（Mo）、氮（N）和稀土（RE）等微量元素，大多数元素可以提高钢材的强度和硬度，还可以改善韧性和塑性。

低合金高强度结构钢与碳素结构钢牌号的表示方法类似，同样是由钢材屈服强度字母（Q）、屈服强度数值以及质量等级符号（A、B、C、D、E）按照顺序组成，例如 Q355ND，即屈服强度为 355MPa，交货状态为正火或正火轧制，质量等级为 D 的低合金高强度结构钢。交货状态为热轧时，其代号 AR 或 WAR 可略去；交货状态为正火或正火轧制时，其代号均为 N。低合金高强度结构钢的分类及各项性能可参考国家标准 GB/T 1591—2018《低合金高强度结构钢》。

采用低合金高强度结构钢，可以减轻结构自重，节约钢材 20%～25%，增加使用寿命，适合于高层建筑、大柱网结构和大跨度结构。值得一提的是国家体育馆"鸟巢"主体钢架结构采用 Q460E 低合金高强度结构钢制造。

表3-6  碳素结构钢力学性能要求

| 牌号 | 等级 | 屈服强度a (N/mm², 不小于) 钢材厚度或直径 (mm) | | | | | | 抗拉强度b (N/mm²) | 断后伸长率 (%, 不小于) 钢材厚度或直径 (mm) | | | | | 冲击试验 (V形缺口) | |
|---|---|---|---|---|---|---|---|---|---|---|---|---|---|---|---|
| | | ≤16 | >16~40 | >40~60 | >60~100 | >100~150 | >150~200 | | ≤40 | >40~60 | >60~100 | >100~150 | >150~200 | 温度 (℃) | 冲击(纵向)吸收功 (J, 不小于) |
| Q195 | — | 195 | 185 | — | — | — | — | 315~430 | 33 | — | — | — | — | — | — |
| Q215 | A | 215 | 205 | 195 | 185 | 175 | 165 | 335~450 | 31 | 30 | 29 | 27 | 26 | — | — |
| | B | | | | | | | | | | | | | +20 | 27 |
| Q235 | A | 235 | 225 | 215 | 215 | 195 | 185 | 370~500 | 26 | 25 | 24 | 22 | 21 | — | — |
| | B | | | | | | | | | | | | | +20 | 27c |
| | C | | | | | | | | | | | | | 0 | |
| | D | | | | | | | | | | | | | −20 | |
| Q275 | A | 275 | 265 | 255 | 245 | 225 | 215 | 410~540 | 22 | 21 | 20 | 18 | 17 | — | — |
| | B | | | | | | | | | | | | | +20 | 27 |
| | C | | | | | | | | | | | | | 0 | |
| | D | | | | | | | | | | | | | −20 | |

a  Q195 的屈服强度值仅供参考,不作为交货条件。

b  厚度大于 100mm 的钢材,抗拉强度下限允许降低 20N/mm²,宽带钢 (包括剪切钢板) 抗拉强度上限不作交货条件。

c  厚度小于 25mm 的 Q235B 级钢材,如供方能保证冲击吸收功值合格,经需方同意,可不做检验。

**表 3-7 碳素结构钢冷弯性能**

| 牌号 | 试件方向 | 冷弯试验 180°，$B=2a$ [a] | | |
|---|---|---|---|---|
| | | 钢材厚度或直径 [b] （mm） | | |
| | | ≤60 | | >60~100 |
| | | 弯心直径 $d$ | | |
| Q195 | 纵 | 0 | | — |
| | 横 | 0.5a | | — |
| Q215 | 纵 | 0.5a | | 1.5a |
| | 横 | a | | 2a |
| Q235 | 纵 | a | | 2a |
| | 横 | 1.5a | | 2.5a |
| Q275 | 纵 | 1.5a | | 2.5a |
| | 横 | 2a | | 3a |

a $B$ 为试样宽度，$a$ 为试样厚度（或直径）。

b 钢材厚度（或直径）大于 100mm 时，弯曲试验由双方协商确定。

### 3.5.3 优质碳素结构钢

优质碳素结构钢（quality carbon structural steel）是含碳量小于 0.8％的碳素钢，其有害杂质元素（例如硫、磷等）含量低于碳素结构钢，一般小于 0.035％。优质碳素结构钢与普通碳素结构钢不同，一般需要经过热处理后使用，机械性能优良。优质碳素结构钢共有 28 个牌号，由平炉、氧气碱性转换炉和电弧炉冶炼。

优质碳素结构钢依靠调整含碳量的多少来控制钢材的机械性能。含碳量越高，钢材强度越高，但是塑性和韧性越低。因此根据含碳量不同，优质碳素结构钢可分为：

低碳钢——含碳量一般小于 0.25％，如 10 钢、20 钢等；

中碳钢——含碳量一般在 0.25％～0.60％，如 35 钢、45 钢等；

高碳钢——含碳量一般大于 0.60％。

优质碳素结构钢的牌号以平均含碳量的百分数来表示。含锰量较高的在牌号后面附加 "Mn"，例如：

20 钢——平均含碳量为 0.20％的钢。

45Mn 钢——平均含碳量为 45％的含锰量较高的钢。

优质碳素结构钢的分类及各项性能可参考国家标准 GB/T 699—2015《优质碳素结构钢》。

优质碳素结构钢成本较高，在工程中一般用于生产预应力混凝土用钢丝、钢绞线、锚具以及高强螺栓、重要结构的钢铸件等。

## 3.6 建筑用钢筋

混凝土是一种常用的建筑材料，但是低抗拉强度限制了其应用。钢材具有很高的抗拉强度和优秀的变形能力，因此将混凝土与钢材相结合形成钢筋混凝土，即在混凝土中加入钢筋（或钢丝）与之共同工作。钢筋混凝土中的混凝土承受压应力，钢筋（或钢丝）承受拉应力。钢筋混凝土具有良好的力学性能和工作性能，是当今用量最大的建筑材料。

钢筋混凝土结构用钢筋及钢丝是由碳素钢和低合金钢加工的，主要分为：热轧钢筋、冷轧带肋钢筋、预应力混凝土用热处理钢筋、预应力混凝土用钢丝及钢绞线等。

### 3.6.1 热轧钢筋

根据形状不同，热轧钢筋（hot-rolled steel bar）可分为热轧光圆钢筋和热轧带肋钢筋。

热轧光圆钢筋（hot rolled plain bars，HPB）经热轧成型，横截面通常为圆形，表面光滑。根据国家标准 GB/T 1499.1—2017《钢筋混凝土用钢 第 1 部分：热轧光圆钢筋》中的规定，依据屈服强度特征值热轧光圆钢筋牌号为 HPB300。

热轧带肋钢筋（hot rolled ribbed bars，HRB）是指经热轧成型且自然冷却的横截面为圆形且表面通常带有两条纵肋和沿长度方向均匀分布的横肋的钢筋，包括普通热轧钢筋和细晶粒热轧钢筋。细晶粒热轧钢筋（hot rolled bars of fine grains，HRBF）是指在热轧过程中，通过控轧和控冷工艺形成的细晶粒钢筋，其金相组织主要是铁素体加珠光体，不得有影响使用性能的其他组织存在。根据国家标准 GB/T 1499.2—2018《钢筋混凝土用钢 第 2 部分：热轧带肋钢筋》中的规定，依据屈服强度特征值热轧带肋钢筋可分为 HRB（HRBF）400、HRB（HRBF）500、HRB（HRBF）400E、HRB（HRBF）500E 和 HRB600，其中 E 代表地震（earthquake）。热轧钢筋力学性能和工艺性能见表 3-8。

表 3-8　热轧钢筋力学性能和工艺性能

| 表面形状 | 牌号 | 公称直径（mm） | 屈服强度（MPa） | 抗拉强度（MPa） | 断后伸长率（％） | 冷弯性能 | | 主要用途 |
|---|---|---|---|---|---|---|---|---|
| | | | 不小于 | | | 弯曲角度 | 弯心直径 | |
| 光圆 | HPB300 | 6～22 | 300 | 420 | 25 | | $a$ | |
| 月牙肋 | HRB400<br>HRBF400<br>HRB400E<br>HRBF400E | 6～25 | 400 | 540 | 16 | 180° | $4a$ | 非预应力 |
| | | 28～40 | | | | | $5a$ | |
| | | >40～50 | | | — | | $6a$ | |
| | HRB500<br>HRBF500<br>HRB500E<br>HRBF500E | 6～25 | 500 | 630 | 15 | | $6a$ | |
| | | 28～40 | | | | | $7a$ | |
| | | >40～50 | | | — | | $8a$ | |
| | HRB600 | 6～25 | 600 | 730 | 14 | | $6a$ | |
| | | 28～40 | | | | | $7a$ | |
| | | >40～50 | | | | | $8a$ | |

注：表中 $a$ 的含义为钢筋公称直径。

### 3.6.2　冷轧带肋钢筋

冷轧带肋钢筋（coldrolled ribbed bars，CRB）是由热轧圆盘条经冷轧或冷拔减径后，在表面冷轧成两面、三面或四面有肋的钢筋。钢筋冷轧后允许进行低温回火处理。根据国家标准 GB/T 13788—2017《冷轧带肋钢筋》中的规定，依据其屈服强度特征值不同冷轧带肋钢筋可分为：CRB550、CRB600H、CRB680H、CRB650、CRB800 和 CRB800H，其中 H 代表高延性（high elongation）。

冷轧带肋钢筋具有以下优点：

（1）冷轧后拥有较高的强度和塑性。

（2）与混凝土的握裹力增强。混凝土对冷轧带肋钢筋的握裹力为同直径冷拔钢丝的 3～6 倍。

（3）节约钢材，降低成本。以冷轧带肋钢筋替代Ⅰ级钢筋用于普通钢筋混凝土构件，可节约钢材 30％以上。

（4）提高构件整体质量，改善结构的延性。

普通混凝土用冷轧带肋钢筋应符合表 3-9 中所要求性能，其他牌号钢筋应满足表 3-10 中所要求性能。

表 3-9 普通混凝土用冷轧钢筋力学性能和工艺性能

| 表面形状 | 牌号 | 公称直径（mm） | 抗拉强度（MPa） | 断后伸长率（%） | 弯曲试验180° |
|---|---|---|---|---|---|
| | | | 不小于 | | 弯心直径 |
| 月牙肋 | CRB550 | 4～12 | 550 | 11.0 | 3d |
| | CRB600 | | 600 | 14.0 | |
| | CRB680H | | 680 | 14.0 | |

注：表中 d 的含义为钢筋公称直径。

表 3-10 预应力混凝土用冷轧钢筋力学性能

| 牌号 | 公称直径（mm） | 抗拉强度 $R_m$（MPa） | 断后伸长率（%） | 弯曲试验 | | 应力松弛性能 | |
|---|---|---|---|---|---|---|---|
| | | | | 反复弯曲次数 | 弯曲半径（mm） | 初始应力（$\times R_m$） | 1000h 后应力松弛率（%） |
| | | 不小于 | | | | | 不大于 |
| CRB650 | 4.0 | 650 | 4.0 | 3 | 10 | 0.7 | 8 |
| | 5.0 | | | | 15 | | |
| | 6.0 | | | | | | |
| CRB800 | 4.0 | 800 | | | 10 | | |
| | 5.0 | | | | 15 | | |
| | 6.0 | | | | | | |
| CRB800H | 4.0 | 800 | 7.0 | 4 | 10 | | 5 |
| | 5.0 | | | | 15 | | |
| | 6.0 | | | | | | |

### 3.6.3 预应力混凝土用热处理钢筋

由热轧中碳低合金钢经淬火、回火调质处理后得到的钢筋为预应力混凝土用热处理钢筋，按其螺纹外形分为有纵肋和无纵肋两种。

预应力混凝土用热处理钢筋的优点有：强度高，韧性好，可代替高强钢丝使用，节约钢材；与混凝土黏结性能好，应力松弛率低，不易打滑，预应力值稳定；施工简便，开盘后钢筋自然伸直，不需要其他工序。主要用于预应力钢筋混凝土枕轨，也用于预应力梁、板结构及吊车梁等。

### 3.6.4 预应力混凝土用钢丝及钢绞线

预应力混凝土用钢丝是指用优质高碳钢盘经表面处理后冷拔或再经稳定化处理等制成的钢丝总称。预应力混凝土用钢丝的产品主要有冷拉钢丝、矫直回火钢丝、低松弛钢丝、镀锌钢丝和刻痕钢丝等。预应力混凝土用钢绞线则是由一定数量的钢丝绞合成股，再经过消除应力的稳定化处理过程而成。

预应力混凝土钢丝及钢绞线的优点有：质量稳定、安全可靠；强度高、无接头、施

工方便。主要用于大跨度屋架、薄腹架、吊车梁或桥梁等大型预应力混凝土构件，还可用于枕轨、压力管道等预应力混凝土构件。

# 3.7 建筑型钢

与传统的建造方式不同，装配式建筑是指将大量现场作业转移到工厂进行，在工厂加工制作好建筑用构件和配件后运输到建筑施工工地，通过可靠的连接方式在现场装配安装而成的建筑。装配式建筑主要包括预制装配式混凝土结构、钢结构和现代木结构建筑等。其中钢结构是天然的装配式结构，因为钢材是在工厂完成浇注、轧制等生产和加工过程，再运输到施工现场，通过焊接等连接方式形成整体结构。为了生产与使用的统一化、减少制造工作量以及降低造价，同时考虑到钢材的性能特点，装配式建筑中大多采用具有一定截面形状和尺寸的条形钢材，例如钢板、型钢和冷弯薄壁型钢。

## 3.7.1 钢板

钢板（steel plate）是由钢水浇注、冷却后压制而成的平板状钢材，可直接轧制或由宽钢带剪切而成。钢板分为特厚钢板、厚钢板、薄钢板和扁钢四种。

特厚钢板：板厚＞60mm，宽度为 600～3800mm，长度为 4～9m；

厚钢板：板厚为 4.5～60mm，宽度为 700～3000mm，长度为 4～12m；

薄钢板：厚度为 0.35～4mm，宽度为 500～1800mm，长度为 0.4～6m；

扁钢：厚度为 4～60mm，宽度为 12～200mm，长度为 3～9m。

厚钢板用作梁、柱、实腹式框架等构件的腹板和翼缘，以及桁架中的节点板。特厚钢板用于高层钢结构箱型柱等。薄钢板主要用来制作冷弯薄壁型钢。扁钢可作为组合梁的翼缘板、各种构件的连接板、桁架节点板和零件等。

## 3.7.2 型钢

型钢（section steel）中最常用的是角钢、工字型钢、槽钢和 H 型钢。除 H 型钢和钢管有热轧和焊接成型外，其余型钢均为热轧成型。

### 3.7.2.1 角钢

角钢（angle steel）俗称角铁，是两边互相垂直成角形的长条钢材，有等边角钢和不等边角钢两种，可以按照结构的需要组成不同的受力构件，也可作为构件之间的连接件使用。根据国家标准 GB/T 706—2016《热轧型钢》中的规定，等边角钢以肢宽和肢厚表示，如∠100×10 即为肢宽 100mm、肢厚 10mm 的等边角钢［图 3-12（a）］。不等边角钢是以两肢宽度和肢厚表示，如∠100×80×8 即为长肢宽 100mm、短肢宽 80mm、肢厚 8mm 的不等边角钢［图 3-12（b）］。我国目前生产的最大等边角钢肢宽为 250mm，最大不等边角钢肢宽分别为 200mm 和 125mm。角钢长度一般为 4～19m。

### 3.7.2.2 工字钢

工字钢（I-steel）也称钢梁，因其截面形状为工字形状，因此称为工字钢。工字钢有普通工字钢和轻型工字钢两种，其抗弯能力强，主要用于受弯构件，或由几个工字钢组成的组合构件。由于它两个主轴方向的惯性矩和回转半径相差较大，不宜单独用作轴

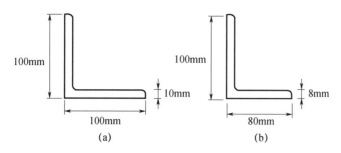

图 3-12 角钢截面示意图

(a) 等边角钢；(b) 不等边角钢

心受压构件或承受斜弯曲和双向弯曲的构件。

普通工字钢用号数表示，号数即为其截面高度的厘米数。20 号及以上的工字钢，同一号数有三种腹板厚度，分别为 a、b、c 三类，如 I32a 即表示截面高度为 320mm，腹板厚度为 a 类。a 类腹板最薄、翼缘最窄，b 类较厚较宽，c 类最厚最宽。同样高度的轻型工字钢的翼缘比普通工字钢的翼缘宽而薄，腹板也薄，因此回转半径略大，质量较轻。轻型工字钢通常长度为 5～9m。工字钢截面如图 3-13 所示。

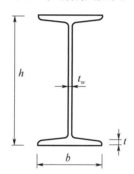

图 3-13 工字钢截面示意图

$h$—截面高度；$b$—截面宽度；$t$—翼缘厚度；$t_w$—腹板厚度

### 3.7.2.3 槽钢

槽钢（U-steel）分为普通槽钢和轻型槽钢两种，以截面高度厘米数编号，如 [12，即截面高度 120mm；Q [22a，即轻型槽钢，截面高度为 220mm，a 类（腹板较薄），如图 3-14 所示。槽钢伸出肢较大，可用于屋盖檩条，承受斜弯曲或双向弯曲。另外，槽钢翼缘内表面斜度较小，安装螺栓比工字钢容易。由于槽钢的腹板较厚，所以槽钢组成的构件用钢量较大。槽钢号数最大为 40 号，通常长度为 5～19m。

### 3.7.2.4 H 型钢和 T 型钢

H 型钢（H-beam）分热轧和焊接两种。热轧 H 型钢分为宽翼缘 H 型钢（HW）、中翼缘 H 型钢（HM）、窄翼缘 H 型钢（HN）和 H 型钢柱（HP）四类。H 型钢型号表示方法是先用符号 H 表示型钢类别，后面加"高度×宽度×腹板厚度×翼缘厚度"，例如 HW300×300×10×15，即为截面高度和翼缘宽度为 300mm、腹板和翼缘厚度分别为 10mm 和 15mm 的宽翼缘 H 型钢，如图 3-15（a）所示。

T 型钢（T-beam）由 H 型钢剖分而成，分为宽翼缘剖分 T 型钢（TW）、中翼缘剖

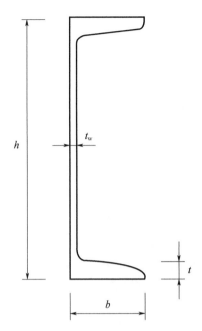

图 3-14　槽钢截面示意图

h—截面高度；b—截面宽度；t—翼缘厚度；$t_w$—腹板厚度

分 T 型钢（TM）和窄翼缘剖分 T 型钢（TN）。部分 T 型钢型号表示方法是"高度×宽度×腹板厚度×翼缘厚度"，例如 T248×199×9×14，表示高度为 248mm、宽度为 199mm、腹板厚度为 9mm、翼缘厚度为 14mm 的窄翼缘 T 型钢，如图 3-15（b）所示。

H 型钢和 T 型钢通常长度为 6～15m。

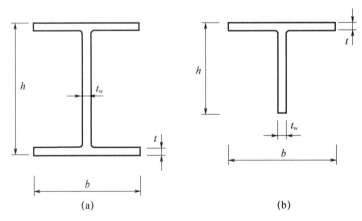

图 3-15　H 型钢与 T 型钢截面示意图

（a）H 型钢；（b）T 型钢

h—截面高度；b—截面宽度；t—翼缘厚度；$t_w$—腹板厚度

### 3.7.3　冷弯薄壁型钢

冷弯薄壁型钢（cold-formed thin-walled steel）是用较薄的钢板经过冷轧或冲压等加工手段形成的钢材，其截面形式及尺寸按合理方案设计（图 3-16），能够充分利用钢材强度，节约钢材，宽厚比不受限制，截面不大却具有较好的刚度，因此适合用于荷载不大的轻型结构中。

冷弯薄壁型钢通常用于刚架、檩条、墙梁等，也可用于承重的柱、梁构件，但其力学性能应满足结构要求。

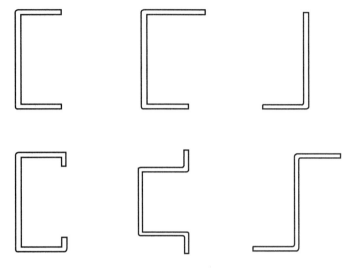

图 3-16　冷弯薄壁型钢截面示意图

## 3.8　课后习题

1. 低碳钢受拉后应力-应变曲线主要分为哪几个阶段？各阶段的主要特征及指标如何？

2. 什么是钢材的冷弯性能？可以反映钢材的什么特性？

3. 钢材的冲击韧性与哪些因素有关？

4. 为什么进行钢材冷加工？钢材的冷加工有哪些方式？各自的特点是什么？

5. 钢材发生锈蚀的原因是什么？有哪些危害？

6. 钢结构防腐蚀方法有哪些？钢筋混凝土中钢筋的防腐蚀方法有哪些？二者的差异在哪里？

7. 钢材防火的必要性如何？防火途径及防火材料有哪些？

8. 钢筋混凝土结构用钢有哪些？分别简述其优点。

# 4　无机胶凝材料

本章介绍了气硬性胶凝材料、硅酸盐水泥、特种水泥和碱激发胶凝材料；阐述了无机胶凝材料的生产工艺、凝结硬化过程和性质特征；讨论了无机胶凝材料的组成、水化产物种类和物理力学性能等。

## 4.1　气硬性胶凝材料

### 4.1.1　石膏

石膏是指一种以硫酸钙（$CaSO_4$）为主要成分的气硬性胶凝材料。石膏胶凝材料及其制品具有许多优异的性质，如隔声、绝热、质轻和耐火等，且其原料来源广泛，生产能耗低，因而在建筑工程中得到了广泛应用。目前常用的石膏胶凝材料有建筑石膏和高强石膏等。

#### 4.1.1.1　石膏胶凝材料的生产

石膏胶凝材料生产的主要原料是天然二水石膏和工业副产石膏。天然二水石膏又称生石膏和软石膏（gypsum），主要成分是含两个分子结晶水的硫酸钙（$CaSO_4 \cdot 2H_2O$）。自然界中石膏的另一种存在形式是天然无水石膏，又称天然硬石膏（anhydrite），其主要成分是硫酸钙，只能用于生产无水石膏水泥。工业副产石膏又称化学石膏，是指在工业生产中通过化学反应生成的以二水硫酸钙为主要成分的工业副产品，如磷石膏和脱硫石膏等。

石膏胶凝材料生产的工序主要包括破碎、均化、加热和粉磨。通过控制加热方式和煅烧温度，可制备出具有不同性质的石膏胶凝材料。

将天然二水石膏或工业副产石膏置于 $107\sim170℃$ 的非密闭环境中加热，可得到以 β 型半水石膏 $\left(\beta\text{-}CaSO_4 \cdot \dfrac{1}{2}H_2O\right)$ 为主要成分的建筑石膏。

$$CaSO_4 \cdot 2H_2O \xrightarrow{107\sim170℃} \beta\text{-}CaSO_4 \cdot \frac{1}{2}H_2O + \frac{3}{2}H_2O$$

将天然二水石膏或工业副产石膏置于 $0.13MPa$、$124℃$ 的饱和蒸汽或水介质中加热，可得到以 α 型半水石膏 $\left(\alpha\text{-}CaSO_4 \cdot \dfrac{1}{2}H_2O\right)$ 为主要成分的高强石膏。

$$CaSO_4 \cdot 2H_2O \xrightarrow{0.13MPa、124℃} \alpha\text{-}CaSO_4 \cdot \frac{1}{2}H_2O + \frac{3}{2}H_2O$$

由于形成条件不同，α 型与 β 型半水石膏在组成和性质上存在一定差异。α 型半水石膏的晶粒粗大且致密，标准稠度需水量较小，因而硬化后的强度较高。β 型半水石膏的晶粒细小且疏松，标准稠度需水量较大，因而硬化后的强度较低。

### 4.1.1.2 半水石膏的水化与凝结硬化

α型与β型半水石膏与适量水拌和后，将重新水化生成二水石膏，并逐渐凝结硬化形成具有一定强度的固体。其水化反应如下：

$$CaSO_4 \cdot \frac{1}{2}H_2O + \frac{3}{2}H_2O \longrightarrow CaSO_4 \cdot 2H_2O$$

半水石膏与水拌和后，首先在水溶液中溶解形成介稳态的饱和溶液。二水石膏在水中的溶解度比半水石膏在水中的溶解度小，约为半水石膏的1/5。因此，二水石膏晶体很快从溶液中析出，从而破坏了半水石膏的溶解平衡，使半水石膏进一步溶解，以补偿溶液中析出的硫酸钙。如此循环，半水石膏不断溶解和二水石膏不断析出，直到半水石膏全部耗尽。水化过程中，自由水因水化和蒸发而不断减少，浆体的稠度逐渐增大，并失去可塑性，该过程称为凝结。水化生成的针状二水石膏晶体相互穿插、交错生长，形成具有一定强度的固体，该过程称为硬化。

### 4.1.1.3 建筑石膏的特性、质量要求和应用

#### 1. 建筑石膏的特性

（1）凝结硬化快。建筑石膏在加水拌和后，几分钟便开始失去可塑性，终凝时间不超过30min，约一周时间可完全硬化。在实际工程应用中，通常需要在建筑石膏中掺入适量的缓凝剂，如硼砂、酒石酸钾钠、柠檬酸、聚乙烯醇等。

（2）孔隙率大、强度低。为使石膏浆体具有一定的可塑性，通常需加水60%～80%，而建筑石膏水化理论需水量为18.6%，多余自由水在凝结硬化过程中逐渐蒸发，从而在晶体内部形成大量孔隙，硬化浆体的孔隙率可高达50%～60%。因此，建筑石膏硬化后的强度较低，密度较小。

（3）凝结硬化时体积微膨胀。建筑石膏浆体在凝结硬化过程中体积略有膨胀，膨胀率为0.05%～0.15%。这种微膨胀的特性使建筑石膏制品的表面光滑饱满、细腻平整、尺寸精确，具有很好的装饰性。

（4）具有一定的调温调湿性。建筑石膏制品内部含大量孔隙，具有调湿功能，其含水率会随环境温度和湿度的变化而变化。另外，建筑石膏制品的比热容大、导热系数小，可使室内温度相对稳定。

（5）防火性好。建筑石膏制品的主要成分是二水石膏，在发生火灾时，二水石膏的结晶水蒸发吸热，同时在制品表面形成蒸汽幕，可有效阻止火势的蔓延，起到一定的防火作用。但石膏制品不宜长期在温度高于65℃的环境中使用，避免二水石膏脱水，从而造成强度降低。

（6）耐水性和抗冻性差。建筑石膏制品具有很强的吸湿性，吸收的水分会削弱石膏晶粒之间的结合力，从而造成强度降低。若石膏制品长期在水中浸泡，二水石膏晶体将逐渐溶解，最终导致制品破坏。石膏制品吸水后，在寒冷环境中会因孔隙中水分结晶膨胀而破坏。

#### 2. 建筑石膏的质量要求

按国家标准GB/T 9776—2008《建筑石膏》的规定，建筑石膏的β-$CaSO_4 \cdot \frac{1}{2}H_2O$含量（质量分数）应不小于60%，并且物理力学性能应该符合表4-1的要求。

表 4-1　建筑石膏的物理力学性能要求

| 等级 | 细度（0.2mm 方孔筛筛余，%） | 凝结时间（min） | | 2h 强度（MPa） | |
|------|------|------|------|------|------|
| | | 初凝 | 终凝 | 抗折 | 抗压 |
| 3.0 | ≤10 | ≥3 | ≤30 | ≥3.0 | ≥6.0 |
| 2.0 | | | | ≥2.0 | ≥4.0 |
| 1.6 | | | | ≥1.6 | ≥3.0 |

3. 建筑石膏的应用

（1）粉刷石膏和石膏腻子。建筑石膏与水、砂和缓凝剂等拌和制成粉刷石膏，可用于建筑物室内墙面或顶棚粉刷。粉刷石膏按用途不同分为面层粉刷石膏、底层粉刷石膏和保温层粉刷石膏。建筑石膏与水、滑石粉和缓凝剂等拌和可制成石膏腻子，用作室内粉刷涂料。

（2）建筑石膏制品。建筑石膏可用于制备各种石膏板和石膏砌块等制品。石膏制品具有质轻、绝热、隔声、高强和不燃等特性。常见的石膏板有：纸面石膏板、空心石膏板、装饰石膏板、石膏保温板和纤维石膏板等。石膏砌块按结构不同分为空心石膏砌块和实心石膏砌块。

## 4.1.2　石灰

石灰（lime）是人类在建筑上使用最早的无机胶凝材料之一。石灰由于生产的原料来源广泛，生产工艺简单，并且成本低廉，至今仍在土木工程中广泛应用。

### 4.1.2.1　石灰的生产

石灰生产的主要原料是以碳酸钙（$CaCO_3$）为主要成分的天然岩石，如石灰石、白云石和白垩等。另外，化工副产品，如主要成分为氢氧化钙［$Ca(OH)_2$］的电石渣，也可用于石灰生产。

将主要成分为碳酸钙的天然岩石置于适当的温度下煅烧，碳酸钙发生分解，同时释放二氧化碳（$CO_2$），可得到以氧化钙（$CaO$）为主要成分的石灰产品，即生石灰。其化学反应式如下：

$$CaCO_3 \xrightarrow{900℃} CaO + CO_2\uparrow \quad (178kJ/mol)$$

在实际生产中，石灰产品的质量与原料尺寸和煅烧制度密切相关。若原料尺寸过大、煅烧温度过低或煅烧时间太短，则碳酸钙不能完全分解，易生成欠火石灰。欠火石灰表面为正常的石灰，但内部仍存在未分解的碳酸钙，这不仅降低了石灰的利用率，而且使石灰的胶凝性变差。若原料尺寸过细、煅烧温度过高或煅烧时间过长，则易生成过火石灰。过火石灰的结构致密，颗粒表面包裹着一层玻璃状或釉状物质，水化速度极慢。当正常的石灰凝结硬化后，过火石灰开始缓慢水化，并伴随体积膨胀，易导致硬化浆体开裂或脱落，从而影响工程质量。在熟化过程中用筛网去除尺寸较大的过火石灰或在熟化后"陈伏"两周左右，可消除过火石灰的危害。

生石灰是白色或灰色的块状固体，按氧化镁（$MgO$）含量的多少，分为钙质石灰（$MgO≤5\%$）和镁质石灰（$MgO>5\%$）。土木工程中，常将块状生石灰制成生石灰粉、消石灰或石灰膏。其中，生石灰粉是由块状生石灰粉磨而成的细粉。消石灰又称熟石灰，是由生石灰用适量的水消化而成的粉末，主要成分是氢氧化钙。石灰膏又称石灰浆，是由生石灰用适量的水（为生石灰体积的 3～4 倍）消化而成的浆体，主要成分是氢氧化钙和水。

### 4.1.2.2 石灰的消化与硬化

生石灰与水发生化学反应生成氢氧化钙的过程，即石灰的水化反应，称为石灰的消化或熟化。生石灰熟化时放出大量的热，同时体积膨胀 1～2.5 倍。其化学反应式如下：

$$CaO + H_2O \longrightarrow Ca(OH)_2 + 64.88kJ$$

石灰的硬化过程包括干燥结晶和碳化两个同时进行的阶段。在干燥过程中，石灰浆体多余的水分蒸发或被砌体吸收，在浆体内部形成大量孔隙。残留在孔隙内部的水分由于表面张力作用，在最窄处形成凹形弯月面，产生毛细孔压力，使石灰颗粒之间接触更加紧密，从而获得一定的强度。此外，由于干燥失水，石灰浆体中的氢氧化钙溶液达到过饱和状态，促进氢氧化钙晶体析出结晶。但氢氧化钙晶体数量较少，所以这种结晶引起的强度增长并不显著。

在一定的湿度条件下，石灰浆体与大气中的二氧化碳接触会发生碳化反应，生成难溶于水的碳酸钙晶体。其化学反应式如下：

$$Ca(OH)_2 + CO_2 + nH_2O \longrightarrow CaCO_3 + (n+1)H_2O$$

碳酸钙和氢氧化钙晶体相互交叉连生或共生，使浆体结构密实，强度进一步提高。碳化反应从石灰浆体表面开始进行，生成的碳酸钙膜致密，阻碍了二氧化碳向浆体内部扩散，因此碳化反应十分缓慢。

### 4.1.2.3 石灰的特性、质量要求和应用

**1. 石灰的特性**

（1）保水性和可塑性好。生石灰熟化为石灰浆时，能自动形成颗粒极细并呈胶体分散状态的氢氧化钙，同时氢氧化钙颗粒表面吸附一层较厚的水膜，因而石灰浆体具有良好的保水性和可塑性。在混合砂浆中掺入适量石灰浆，可显著提高砂浆的可塑性。

（2）硬化慢、强度低。石灰浆从表面开始发生碳化反应，生成的碳酸钙在表面形成一层致密结构，这不仅阻碍了二氧化碳进入浆体内部，而且减缓了内部水分的蒸发，造成浆体硬化速度缓慢。石灰浆体硬化的强度也相对较低，例如，胶砂比为 1:3 的石灰砂浆 28d 抗压强度仅有 0.2～0.5MPa。

（3）体积收缩大。石灰浆体在硬化过程中伴随着大量水分蒸发，引起体积发生明显收缩。因此，石灰浆一般不宜单独使用，在实际工程应用中往往需要掺入石英砂或纤维等材料限制收缩。

（4）耐水性差。石灰浆体硬化后仍含有大量未碳化的氢氧化钙，氢氧化钙易溶于水，造成强度降低。若长期在水中浸泡，石灰还会发生溃散。因此，石灰应避免在潮湿环境中使用。

（5）吸湿性强。生石灰在放置过程中易吸收周围环境中的水分，熟化生成熟石灰，之后又缓慢与二氧化碳发生碳化反应，从而导致胶凝性丧失。因此，生石灰应在干燥密闭条件下保存。

**2. 石灰的质量要求**

按行业标准 JC/T 479—2013《建筑生石灰》和 JC/T 481—2013《建筑消石灰》的

规定，建筑生石灰和建筑消石灰根据化学成分含量分为不同等级。建筑生石灰的分类、化学成分和物理性质要求分别见表 4-2、表 4-3 和表 4-4。建筑消石灰的分类、化学成分和物理性质要求分别见表 4-5、表 4-6 和表 4-7。

表 4-2　建筑生石灰的分类

| 类别 | 名称 | 代号 |
|---|---|---|
| 钙质石灰 | 钙质石灰 90 | CL 90 |
| | 钙质石灰 85 | CL 85 |
| | 钙质石灰 75 | CL 75 |
| 镁质石灰 | 镁质石灰 85 | ML 85 |
| | 镁质石灰 80 | ML 80 |

表 4-3　建筑生石灰的化学成分（%）

| 名称 | 氧化钙＋氧化镁 | 氧化镁 | 二氧化碳 | 三氧化硫 |
|---|---|---|---|---|
| CL 90-Q<br>CL 90-QP | $\geqslant 90$ | $\leqslant 5$ | $\leqslant 4$ | $\leqslant 2$ |
| CL 85-Q<br>CL 85-QP | $\geqslant 85$ | $\leqslant 5$ | $\leqslant 7$ | $\leqslant 2$ |
| CL 75-Q<br>CL 75-QP | $\geqslant 75$ | $\leqslant 5$ | $\leqslant 12$ | $\leqslant 2$ |
| ML 85-Q<br>ML 85-QP | $\geqslant 85$ | $> 5$ | $\leqslant 7$ | $\leqslant 2$ |
| ML 80-Q<br>ML 80-QP | $\geqslant 80$ | $> 5$ | $\leqslant 7$ | $\leqslant 2$ |

表 4-4　建筑生石灰的物理性质

| 名称 | 产浆量（dm³/10kg） | 细度 | |
|---|---|---|---|
| | | 0.2mm 筛余量（%） | 90$\mu$m 筛余量（%） |
| CL 90-Q<br>CL 90-QP | $\geqslant 26$<br>— | —<br>$\leqslant 2$ | —<br>$\leqslant 7$ |
| CL 85-Q<br>CL 85-QP | $\geqslant 26$<br>— | —<br>$\leqslant 2$ | —<br>$\leqslant 7$ |
| CL 75-Q<br>CL 75-QP | $\geqslant 26$<br>— | —<br>$\leqslant 2$ | —<br>$\leqslant 7$ |
| ML 85-Q<br>ML 85-QP | —<br>— | —<br>$\leqslant 2$ | —<br>$\leqslant 7$ |
| ML 80-Q<br>ML 80-QP | —<br>— | —<br>$\leqslant 7$ | —<br>$\leqslant 2$ |

表 4-5　建筑消石灰的分类

| 类别 | 名称 | 代号 |
|---|---|---|
| 钙质消石灰 | 钙质消石灰 90 | HCL 90 |
| | 钙质消石灰 85 | HCL 85 |
| | 钙质消石灰 75 | HCL 75 |
| 镁质消石灰 | 镁质消石灰 85 | HML 85 |
| | 镁质消石灰 80 | HML 80 |

表 4-6　建筑消石灰的化学成分（%）

| 名称 | 氧化钙＋氧化镁 | 氧化镁 | 三氧化硫 |
|---|---|---|---|
| HCL 90 | ≥90 | | |
| HCL 85 | ≥85 | ≤5 | ≤2 |
| HCL 75 | ≥75 | | |
| HML 85 | ≥85 | >5 | ≤2 |
| HML 80 | ≥80 | | |

注：表中数值以试样扣除游离水和化学结合水后的干基为基准。

表 4-7　建筑消石灰的物理性质

| 名称 | 游离水（%） | 细度 | | 安定性 |
|---|---|---|---|---|
| | | 0.2mm 筛余量（%） | 90μm 筛余量（%） | |
| HCL 90 | | | | |
| HCL 85 | | | | |
| HCL 75 | ≤2 | ≤2 | ≤7 | 合格 |
| HML 85 | | | | |
| HML 80 | | | | |

3. 石灰的应用

（1）石灰乳和石灰砂浆。在消石灰或石灰膏中加入大量水搅拌而成的石灰乳是一种廉价的涂料，可用于建筑物内墙或顶棚粉刷。在石灰乳中掺入各种耐久颜料，还能制成彩色涂料。将消石灰、砂和水拌制而成的石灰砂浆可用于建筑物内墙或顶棚抹灰。采用石灰和水泥作为胶凝材料制成的混合砂浆可用于砌筑和抹灰工程中。

（2）灰土和三合土。灰土由石灰和颗粒细小的黏土拌制而成，再加入砂、石子或炉渣等即可制成三合土。灰土或三合土具有一定的水硬性，可用于建筑物、广场和道路等的基层或垫层。主要原因是黏土颗粒表面的少量活性氧化硅和氧化铝与石灰发生火山灰反应，生成水化硅酸钙和水化硅酸铝。

（3）硅酸盐制品。以石灰和硅质材料（如粉煤灰、石英石和煤矸石等）为胶凝材料，经过加水拌和成型后，再经过蒸汽养护或蒸压养护，生成以水化硅酸钙为主要产物

的建筑材料。常用的硅酸盐制品有粉煤灰砖、粉煤灰砌块、蒸压加气混凝土砌块和加气混凝土等。

### 4.1.3 水玻璃

水玻璃又称泡花碱，是一种由碱金属氧化物和二氧化硅结合而成的碱金属硅酸盐，可溶于水。土木工程中常用的有钠水玻璃（$Na_2O \cdot nSiO_2$）和钾水玻璃（$K_2O \cdot nSiO_2$），在没有特别指明的情况下，水玻璃一般是指钠水玻璃。组成水玻璃的二氧化硅与碱金属氧化物的摩尔比 $n$ 称为水玻璃的模数，一般为 $1.5 \sim 3.5$。

#### 4.1.3.1 水玻璃的生产

水玻璃的生产有湿法（液相法）和干法（固相法）两种方式。湿法生产是将石英砂（$SiO_2$）和苛性钠（$NaOH$）溶液在高压釜内加热至 $160℃$，然后经搅拌生成液体水玻璃。湿法生成一般只能制备模数小于 3 的水玻璃。其化学反应式如下：

$$NaOH + nSiO_2 \longrightarrow Na_2O \cdot nSiO_2 + H_2O$$

干法生产是将石英砂和碳酸钠（$Na_2CO_3$）磨细，并按一定比例混合均匀，然后置于反应炉中加热至 $1300 \sim 1400℃$，生成熔融状的硅酸钠，冷却后经过粉碎、溶解，即可制成液体水玻璃。其化学反应式如下：

$$Na_2CO_3 + nSiO_2 \longrightarrow Na_2O \cdot nSiO_2 + CO_2$$

#### 4.1.3.2 水玻璃的硬化

水玻璃与空气中的二氧化碳反应，生成无定形的硅酸凝胶，并逐渐干燥硬化。其化学反应式如下：

$$Na_2O \cdot nSiO_2 + CO_2 + mH_2O \longrightarrow Na_2CO_3 + nSiO_2 \cdot mH_2O$$

水玻璃的硬化速度十分缓慢，可掺入适量促凝剂加速硬化。氟硅酸钠（$Na_2SiF_6$）是一种常用的促凝剂。其化学反应式如下：

$$2(Na_2O \cdot nSiO_2) + Na_2SiF_6 + mH_2O \longrightarrow 6NaF + (2n+1)SiO_2 \cdot mH_2O$$

氟硅酸钠的适宜掺量一般为水玻璃质量的 $12\% \sim 15\%$。若掺量过少，水玻璃的硬化速度缓慢、强度低，并且未反应的水玻璃易溶于水，导致耐水性变差。若掺量过多，水玻璃的硬化速度快，造成施工困难。

#### 4.1.3.3 水玻璃的特性和应用

1. 水玻璃的特性

（1）黏结能力强。水玻璃硬化后主要成分是硅酸凝胶，具有很强的黏结能力。用水玻璃作为胶凝材料制备的混凝土抗压强度可达 $15 \sim 40MPa$。

（2）耐高温。在高温下，硅酸凝胶干燥速度加快，但强度不降低。其耐热度高达 $900 \sim 1100℃$。

（3）耐酸性好、耐碱性和耐水性差。硅酸凝胶能抵抗大多数无机酸和有机酸作用，具有较好的耐酸性。但硅酸凝胶和水玻璃均可溶于碱，且水玻璃易溶于水，因而耐碱性和耐水性差。

2. 水玻璃的应用

（1）建筑涂料。水玻璃溶液涂刷在建筑材料表面，硬化后的硅酸凝胶填充毛细孔中，增加了材料的密实度和强度，从而提高材料的抗风化能力。但水玻璃不能涂刷在石膏制品表面，因为硅酸钠能与硫酸钙反应生成硫酸钠，硫酸钠在石膏制品孔隙中结晶，并伴随着体积膨胀，易造成石膏制品开裂破坏。

（2）速凝防水剂。以水玻璃为基料，加入几种矾，可制成速凝防水剂。这种防水剂的凝结时间很短，与水泥拌和后，可用于堵漏抢修工程。

（3）土壤加固。将水玻璃溶液和促凝剂氯化钙交替浇筑于土壤中，水玻璃和氯化钙反应生成硅酸凝胶，能填充土壤孔隙，从而提高土壤的承载力和不透水性。

（4）碱-矿渣水泥。水玻璃可与粒化高炉矿渣等火山灰质材料反应，将水玻璃与粒化高炉矿渣混合，可制成碱-矿渣水泥。这种水泥具有低能耗和低排放的优势，有利于水泥行业绿色可持续发展。

# 4.2 硅酸盐水泥

## 4.2.1 通用硅酸盐水泥的组成与生产

通用硅酸盐水泥是以硅酸盐水泥熟料（Portland cement clinker）、适量石膏及规定的混合材料制成的水硬性胶凝材料，已经广泛应用于土木工程各个领域。

### 4.2.1.1 通用硅酸盐水泥的分类

根据现行国家标准 GB 175—2007《通用硅酸盐水泥》，通用硅酸盐水泥按混合材料的品种和掺量分为硅酸盐水泥、普通硅酸盐水泥、矿渣硅酸盐水泥、火山灰质硅酸盐水泥、粉煤灰硅酸盐水泥和复合硅酸盐水泥。通用硅酸盐水泥的组分应符合表 4-8～表 4-10 的规定。

**表 4-8  硅酸盐水泥的组分要求**

| 品种 | 代号 | 组分（质量分数,%） | | |
|---|---|---|---|---|
| | | 熟料＋石膏 | 粒化高炉矿渣 | 石灰石 |
| 硅酸盐水泥 | P·Ⅰ | 100 | — | — |
| | P·Ⅱ | 95～100 | 0～5 | — |
| | | | | 0～5 |

**表 4-9  普通硅酸盐水泥、矿渣硅酸盐水泥、粉煤灰硅酸盐水泥和火山灰质硅酸盐水泥的组分要求**

| 品种 | 代号 | 组分（质量分数,%） | | | | |
|---|---|---|---|---|---|---|
| | | 熟料＋石膏 | 粒化高炉矿渣 | 粉煤灰 | 火山灰质混合材料 | 替代组分 |
| 普通硅酸盐水泥 | P·O | 80～95 | 5～20[a] | | | 0～5[b] |
| 矿渣硅酸盐水泥 | P·S·A | 50～80 | 20～50 | — | | 0～8[c] |
| | P·S·B | 30～50 | 50～70 | — | | |
| 粉煤灰硅酸盐水泥 | P·F | 60～80 | | 20～40 | | |

续表

| 品种 | 代号 | 组分（质量分数,%） | | | | |
|---|---|---|---|---|---|---|
| | | 熟料＋石膏 | 粒化高炉矿渣 | 粉煤灰 | 火山灰质混合材料 | 替代组分 |
| 火山灰质硅酸盐水泥 | P·P | 60～80 | — | — | 20～40 | — |

a 本组分材料由符合本标准规定的粒化高炉矿渣、粉煤灰、火山灰质混合材料组成。

b 本组分材料为符合本标准规定的石灰石、砂岩、窑灰中的一种材料。

c 本组分材料为符合本标准规定的粉煤灰、火山灰、石灰石、砂岩、窑灰中的一种材料。

**表 4-10　复合硅酸盐水泥的组分要求**

| 品种 | 代号 | 组分（质量分数,%） | | | | | | 替代组分 |
|---|---|---|---|---|---|---|---|---|
| | | 主要组分 | | | | | | |
| | | 熟料＋石膏 | 粒化高炉矿渣 | 粉煤灰 | 火山灰质混合材料 | 石灰石 | 砂岩 | |
| 复合硅酸盐水泥 | P·C | 50～80 | 20～50a | | | | | 0～8b |

a 本组分材料由符合本标准规定的粒化高炉矿渣、粉煤灰、火山灰质混合材料、石灰石和砂岩中的三种（含）以上材料组成。其中石灰石和砂岩的总量小于水泥质量的 20%。

b 本替代组分为符合本标准规定的窑灰。

#### 4.2.1.2　通用硅酸盐水泥的组分材料

#### 1. 硅酸盐水泥熟料

（1）硅酸盐水泥熟料的化学组成。硅酸盐水泥熟料的主要化学组成和含量范围如表 4-11 所示。氧化钙、二氧化硅、氧化铝及氧化铁的含量之和一般在 95% 以上。

**表 4-11　硅酸盐水泥熟料的化学组成**

| 氧化物 | 化学式 | 简写 | 一般含量范围（质量分数,%） |
|---|---|---|---|
| 氧化钙 | CaO | C | 62%～67% |
| 二氧化硅 | $SiO_2$ | S | 20%～40% |
| 氧化铝 | $Al_2O_3$ | A | 4%～7% |
| 氧化铁 | $Fe_2O_3$ | F | 2.5%～6.0% |

（2）硅酸盐水泥熟料的矿物组成。硅酸盐水泥熟料中各氧化物并不是单独存在的，而是经高温作用形成两种或两种以上氧化物组成的熟料矿物。硅酸盐水泥熟料主要由硅酸三钙、硅酸二钙、铝酸三钙和铁相固溶体四种矿物组成，其含量范围见表 4-12。

**表 4-12　硅酸盐水泥熟料的矿物组成**

| 氧化物 | 化学式 | 简写 | 一般含量范围（质量分数,%） |
|---|---|---|---|
| 硅酸三钙 | $3CaO \cdot SiO_2$ | $C_3S$ | 37%～60% |
| 硅酸二钙 | $2CaO \cdot SiO_2$ | $C_2S$ | 15%～37% |

| 氧化物 | 化学式 | 简写 | 一般含量范围（质量分数,%） |
|--------|--------|------|------------------------------|
| 铝酸三钙 | $3CaO \cdot Al_2O_3$ | $C_3A$ | $7\% \sim 15\%$ |
| 铁相固溶体 | $4CaO \cdot Al_2O_3 \cdot Fe_2O_3$ | $C_4AF$ | $10\% \sim 18\%$ |

通常，硅酸盐水泥熟料中 $C_3S$ 和 $C_2S$ 含量约为 $75\%$，称为硅酸盐矿物。$C_3A$ 和 $C_4AF$ 总含量约为 $22\%$，其在 $1250 \sim 1280℃$ 逐渐熔融形成液相，促进 $C_3S$ 形成，因此称为溶剂矿物。此外，硅酸盐水泥熟料中还有少量游离氧化钙（f-CaO）、氧化镁（MgO）和含碱矿物等。

① 硅酸三钙。$C_3S$ 是硅酸盐水泥熟料的主要矿物。在硅酸盐水泥熟料中，$C_3S$ 通常不以纯相的形式存在，往往有少量的 $Al_2O_3$、$Fe_2O_3$ 和 MgO 等进入 $C_3S$ 晶格内部，形成固溶体，称为阿利特或 A 矿。$C_3S$ 水化速率快，水化放热量多，早期强度高且后期强度增长率大。

② 硅酸二钙。$C_2S$ 与 $C_3S$ 类似，通常以固溶体的形式存在，称为贝利特或 B 矿。在实际生产过程中，熟料通常需要快速冷却，以保证 $C_2S$ 以 β 型存在。若熟料冷却速度过慢，$β\text{-}C_2S$ 易转变成 $γ\text{-}C_2S$，而 $γ\text{-}C_2S$ 几乎没有水硬性。$β\text{-}C_2S$ 水化速率较慢，水化放热量少，早期强度低但后期强度增长率高，在 1 年后甚至可赶上 $C_3S$。

③ 铝酸三钙。$C_3A$ 的水化速率快，水化放热量大，若不掺石膏等缓凝剂，易造成水泥急凝。$C_3A$ 的强度在 3d 内就全部发挥出来，但强度绝对值不高。

④ 铁相固溶体。铁相固溶体的成分复杂，常用 $C_4AF$ 表示铁相固溶体的成分。$C_4AF$ 的水化速率介于 $C_3S$ 和 $C_3A$ 之间，早期强度和后期强度不如 $C_3S$。$C_4AF$ 含量高的硅酸盐水泥熟料难磨，在道路硅酸盐水泥熟料中，要求 $C_4AF$ 含量应不小于 $15\%$。

2. 石膏

石膏是通用硅酸盐水泥常用的缓凝剂，主要用于调节水泥的凝结时间。石膏的最佳掺量通常应通过试验确定，取水泥在规定龄期强度最高和收缩最小的石膏掺量。石膏的掺量一般为硅酸盐水泥质量的 $3\% \sim 5\%$。

天然石膏和工业副产石膏均可用作水泥缓凝剂。天然石膏应符合标准 GB/T 5483—2008《天然石膏》中规定的 G 类或 M 类二级或二级以上的石膏或混合石膏。工业副产石膏的主要成分为 $CaSO_4$，且采用前应经试验证明其对水泥性能无害。

3. 混合材料

混合材料是指在水泥粉磨时与熟料、石膏一起加入磨内，用于改善水泥性能、调节水泥强度等级和减少熟料用量的人工或天然矿物质材料。水泥混合材料分为活性混合材料和非活性混合材料。

（1）活性混合材料。活性混合材料是指磨成细粉后本身基本不具有水硬性，但与激发剂和水拌和后，在常温下能生成具有水硬性水化产物的人工或天然矿物质材料。常用的活性混合材料有粒化高炉矿渣、火山灰质混合材料和粉煤灰等。

① 粒化高炉矿渣。在高炉冶炼生铁时，所得到的以硅酸钙或硅铝酸钙为主要成分的熔融炉渣，经水淬成粒后，即为粒化高炉矿渣（granulated blast furnace slag），又称水渣。粒化高炉矿渣大部分为不稳定的玻璃态物质，在碱或硫酸盐等激发剂的作用下，

表现出较强的水硬性。粒化高炉矿渣应符合标准 GB/T 203—2008《用于水泥中的粒化高炉矿渣》和 GB/T 18046—2017《用于水泥、砂浆和混凝土中的粒化高炉矿渣粉》的规定。

② 火山灰质混合材料。凡是以 $SiO_2$ 和 $Al_2O_3$ 为主要成分，具有火山灰性的人工或天然矿物质材料，称为火山灰质混合材料。火山灰质混合材料按成因不同分为天然火山灰质混合材料和人工火山灰质混合材料。天然火山灰质混合材料有火山灰、凝灰岩、沸石岩、浮石和硅藻土等。人工火山灰质混合材料有煤矸石、烧页岩、烧黏土、煤渣、硅质渣和硅灰等。火山灰质混合材料应符合标准 GB/T 2847—2005《用于水泥中的火山灰质混合材料》的规定。

③ 粉煤灰。粉煤灰（fly ash）是从燃煤发电厂烟道气体中收集的粉末，又称飞灰。粉煤灰是呈玻璃态实心或空心球形的细小颗粒，粒径一般为 $1\sim100\mu m$。按燃煤品种分为 F 类粉煤灰和 C 类粉煤灰。F 类粉煤灰是由无烟煤或烟煤煅烧收集得到的粉煤灰；C 类粉煤灰是由褐煤或次烟煤煅烧收集得到的粉煤灰，CaO 含量一般大于或等于 $10\%$。粉煤灰应符合标准 GB/T 1596—2017《用于水泥和混凝土中的粉煤灰》的规定。

（2）非活性混合材料。非活性混合材料是指磨成细粉后不具有活性或活性甚低的人造或天然矿物质材料。非活性混合材料掺入水泥中与水拌和后，基本不发生化学反应，在水泥中主要起填充作用而又不损害水泥性能。活性指数低于标准要求的粒化高炉矿渣、火山灰质混合材料和粉煤灰，以及石灰石和砂岩等均属于非活性混合材料。

#### 4.2.1.3　硅酸盐水泥的生产

硅酸盐水泥生产的原料包括钙质原料、硅铝质原料和少量校正原料。钙质原料可采用石灰石、白垩、灰岩和电石渣等。硅铝质原料可采用黏土、页岩和千枚岩等。若钙质原料和硅铝质原料配料不能满足硅酸盐水泥熟料的设计要求，还需要掺入少量的校正原料，如石英岩、铝矾土和铁矿石等。

硅酸盐水泥生产的工艺流程可概括为原料粉磨、熟料煅烧和水泥粉磨，即"两磨一烧"，如图 4-1 所示。首先，将石灰石和黏土等原料进行破碎后，按一定比例混合，经粉磨制备成水泥生料。其次，将水泥生料置于水泥窑中经 1450℃高温煅烧后快速冷却，得到硅酸盐水泥熟料。最后，将熟料与适量石膏和规定混合材料共同粉磨，得到硅酸盐水泥。

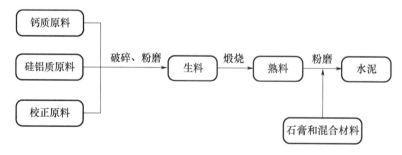

图 4-1　硅酸盐水泥生产工艺流程

## 4.2.2　硅酸盐水泥的水化与凝结硬化

硅酸盐水泥能与水发生水化反应，并逐渐凝结硬化，发展成具有强度的水泥石。凝结硬化是硅酸盐水泥水化过程的外在表现。

#### 4.2.2.1 硅酸盐水泥的水化

硅酸盐水泥熟料各矿物的水化如下。

**1. 硅酸三钙水化**

$C_3S$ 的水化速度较快，水化产物主要为水化硅酸钙（C-S-H）凝胶和氢氧化钙 [CH，$Ca(OH)_2$]。其水化反应如下：

$$C_3S + H \longrightarrow C\text{-}S\text{-}H + CH$$

在加水初期，$C_3S$ 水化生成 C-S-H 凝胶和 $Ca(OH)_2$。C-S-H 凝胶包裹在 $C_3S$ 颗粒表面，阻碍了 $C_3S$ 的进一步水化。水化过程很快进入休眠期，该阶段一般持续 $1\sim4h$。随着时间推移，反应速率重新加快，水化产物逐渐形成和长大，直至 10h 左右。随后水化速率降低，水化过程受扩散控制。

**2. 硅酸二钙水化**

$\beta\text{-}C_2S$ 的水化过程与 $C_3S$ 极为相似，但水化速率十分缓慢。其水化反应如下：

$$C_2S + H \longrightarrow C\text{-}S\text{-}H + CH$$

**3. 铝酸三钙水化**

$C_3A$ 的水化速率很快，与水拌和后生成介稳态的水化铝酸钙。水化铝酸钙最终以 $3CaO \cdot Al_2O_3 \cdot 6H_2O$（$C_3AH_6$）的形式稳定存在，反应式如下：

$$C_3A + 6H \longrightarrow C_3AH_6$$

在石膏存在的情况下，$C_3A$ 的水化产物还与石膏掺量有关。$C_3A$、石膏和水反应最初生成高硫型水化硫铝酸钙（$C_6\bar{S}_3H_{32}$，$3CaO \cdot Al_2O_3 \cdot 3CaSO_4 \cdot 32H_2O$），简称钙矾石，常用 AFt 表示。当 $C_3A$ 尚未完全水化而石膏耗尽时，部分钙矾石与水化铝酸钙反应，逐渐转变成低硫型水化硫铝酸钙（$C_4A\bar{S}H_{12}$，$3CaO \cdot Al_2O_3 \cdot CaSO_4 \cdot 12H_2O$），常用 AFm 表示。

**4. 铁相固溶体水化**

$C_4AF$ 的水化与 $C_3A$ 十分相似，水化产物最终以 $3CaO \cdot (Al_2O_3、Fe_2O_3) \cdot 6H_2O$ 的形式稳定存在。在石膏存在的情况下，$C_4AF$ 水化可生成 $3CaO \cdot (Al_2O_3、Fe_2O_3) \cdot 3CaSO_4 \cdot 32H_2O$ 或 $3CaO \cdot (Al_2O_3、Fe_2O_3) \cdot CaSO_4 \cdot 12H_2O$。

硅酸盐水泥是由多种熟料矿物组成的混合物，与水拌和后立即发生水化反应。但不同熟料矿物的水化速率不同。$C_3A$ 与水接触后立即发生反应，$C_3S$ 和 $C_4AF$ 的水化速率也较快，而 $C_2S$ 的水化速率最慢。硅酸盐水泥的水化产物主要有 C-S-H 凝胶、$Ca(OH)_2$、AFt 和 AFm。在完全水化的水泥石中，C-S-H 凝胶占水泥石固相体积的 70%，CH 占 20%，AFt 和 AFm 占固相体积的 7%。

#### 4.2.2.2 硅酸盐水泥的凝结硬化过程

水泥与水拌和后，水泥颗粒表面的矿物开始溶解并与水发生水化反应，形成具有一定可塑性和流动性的浆体。随着水化反应的进行，水泥浆体稠度增加并逐渐失去可塑性，这一过程称为水泥的凝结。随着水化反应的进一步进行，水泥浆体开始产生强度并逐渐发展成坚硬的水泥石，这一过程称为水泥的硬化。水泥的凝结硬化是一个连续复杂的物理化学变化过程。

水泥与水拌和后，水泥颗粒分散在水中，形成水泥浆体，如图 4-2（a）所示。

水泥一旦与水接触，水泥颗粒表面的熟料矿物开始溶解并发生水化反应。在最初的几分钟，$C_3S$ 和 $C_3A$ 等发生水化反应，生成 C-S-H 凝胶、$Ca(OH)_2$ 和 AFt 等水化产物，包裹在水泥颗粒表面，如图 4-2（b）所示。此时，水泥颗粒表面未完全被水化产物包裹，颗粒间仍存在空隙，水泥浆体具有可塑性。

随着水泥颗粒水化的进行，生成的水化产物逐渐增多，水泥颗粒表面的水化产物层增厚，阻碍了外部水分向内渗入和水化产物向外扩散，水泥的水化速率变得十分缓慢。当水化产物向外生长使水泥颗粒表面的水化产物层破裂时，水化速度重新加快，水泥颗粒间空隙缩小，包裹在不同水泥颗粒表面的水化产物开始相互接触，形成空间网络结构，如图 4-2（c）所示。空间网络结构的形成使水泥浆体开始失去可塑性，达到水泥的初凝。

随着时间的推移，水化产物不断增多，水泥颗粒表面的水化产物接触点增多，空间网络结构逐渐致密，如图 4-2（d）所示。水泥浆体完全失去可塑性，开始产生强度，达到水泥的终凝。水泥浆体硬化后，水化产物逐渐填充在毛细孔隙中，使结构更加致密，强度提高。

水泥颗粒的水化反应是由外向内进行的，因而水泥颗粒很难完全水化。水泥石一般包含未水化的水泥颗粒、水化产物、水分和孔隙。

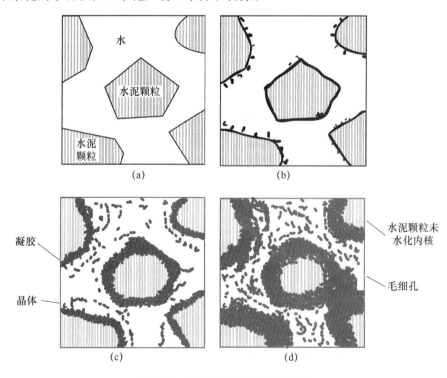

图 4-2　水泥凝结硬化过程示意图

（a）水泥颗粒在水中分散；（b）水泥颗粒表面包裹水化产物；（c）水化产物层相互连接；（d）水化产物层连接更紧密

### 4.2.3　通用硅酸盐水泥的技术要求

了解通用硅酸盐水泥的技术性质与要求对水泥的工程应用具有重要意义。相关标准对通用硅酸盐水泥的细度、标准稠度用水量、凝结时间、体积安定性、强度及强度等级、碱含量等均做了明确的规定。

#### 4.2.3.1　细度

细度（fineness）是指水泥颗粒的粗细程度，对水泥性质有很大影响。通常，水泥颗粒越细，与水接触的表面积越大，水化速率越快，早期强度越高。但水泥细度过小可能使水泥石后期强度倒缩，干缩率增大。一般而言，大于 $45\mu m$ 的水泥颗粒水化速率缓慢，而大于 $75\mu m$ 的水泥颗粒可能不能完全水化。

水泥的细度用比表面积或筛余表示。国家现行标准 GB 175—2007《通用硅酸盐水泥》规定，硅酸盐水泥细度用比表面积表示，不低于 $300m^2/kg$，但不大于 $400m^2/kg$。普通硅酸盐水泥、矿渣硅酸盐水泥、粉煤灰硅酸盐水泥、火山灰质硅酸盐水泥、复合硅酸盐水泥的细度以 $45\mu m$ 方孔筛筛余表示，不小于 $5\%$。

#### 4.2.3.2　标准稠度用水量

在用水泥制备净浆、砂浆或混凝土时，都需要加入适量的水分。这些水分一方面与水泥发生水化反应；另一方面使净浆、砂浆和混凝土具有一定的流动性，以便施工操作。水泥的标准稠度用水量（water requirement for normal consistency）根据标准 GB/T 1346—2011《水泥标准稠度用水量、凝结时间、安定性检验方法》测定。硅酸盐水泥的标准稠度用水量一般在 $24\%\sim30\%$。

影响水泥标准稠度用水量的因素有水泥细度、矿物组成以及混合材料的种类及掺量等。水泥细度越小，标准稠度用水量越大；$C_3A$ 的理论需水量最大，$C_2S$ 的需水量最小；掺入适量的粉煤灰可使水泥需水量降低，而掺入硅灰则会增加需水量。

#### 4.2.3.3　凝结时间

水泥浆体的凝结时间（setting time）分为初凝时间（initial setting time）和终凝时间（final setting time）。初凝时间是指水泥与水拌和至水泥浆体失去流动性和部分可塑性所需的时间；终凝时间是指水泥与水拌和至水泥浆体完全失去可塑性并产生一定强度所需的时间。水泥凝结时间根据标准 GB/T 1346—2011《水泥标准稠度用水量、凝结时间、安定性检验方法》测定。

规定水泥凝结时间在施工中具有重要意义。在实际工程中，若水泥的凝结时间太短，往往来不及施工，水泥浆体已失去流动性；反之，若水泥凝结时间过长，早期强度低，影响施工进度。国家现行标准 GB 175—2007《通用硅酸盐水泥》规定，硅酸盐水泥的初凝时间不小于 45min，终凝时间不大于 390min。普通硅酸盐水泥、矿渣硅酸盐水泥、粉煤灰硅酸盐水泥、火山灰质硅酸盐水泥、复合硅酸盐水泥初凝时间不小于 45min，终凝时间不大于 600min。

影响水泥凝结时间的因素有水泥细度、矿物组成、石膏掺量以及混合材料的种类和掺量等。水泥细度越小，水化速率越快，凝结时间越短；$C_3A$ 的水化速率最快，石膏掺量不足会使水泥出现急凝；混合材料的水化速率慢，一般会延长水泥的凝结时间。

#### 4.2.3.4　体积安定性

水泥体积安定性（soundness）是指水泥在凝结硬化过程中体积变化是否均匀的性能。若水泥在凝结硬化后产生不均匀的体积变化，即体积安定性不良，会使水泥制品或混凝土构件发生膨胀开裂，降低建筑的质量，甚至引起严重事故。引起安定性不良的原

因主要有以下三个。

**1. 熟料中游离氧化钙过多**

游离氧化钙（f-CaO）是指熟料中经过高温煅烧的氧化钙。游离氧化钙的结构致密，水化速率很慢，通常在水泥凝结硬化后开始水化。游离氧化钙水化生成氢氧化钙，体积增加 97.9%，导致水泥石膨胀开裂。游离氧化钙造成的体积安定性可用雷氏法或试饼法测定，存在争议时以雷氏法为准。标准 GB/T 21372—2008《硅酸盐水泥熟料》规定，硅酸盐水泥熟料 f-CaO 质量分数应控制在 1.5% 以下。

**2. 熟料中游离氧化镁过多**

氧化镁在熟料煅烧过程中一般不参与化学反应。熟料中以游离状态存在的氧化镁水化速度比游离氧化钙慢得多，要在 0.5～1 年后才开始明显水化。游离氧化镁水化生成氢氧化镁，体积膨胀 148%，因此也会引起安定性不良。游离氧化镁造成的体积安定性必须采用压蒸法检测。

**3. 石膏掺量过多**

当水泥中石膏掺量过多时，水泥凝结硬化后，石膏与水化铝酸钙反应生成 AFt，伴随着体积膨胀。石膏造成的体积安定性需要长期在常温水中才能发现，标准 GB 175—2007《通用硅酸盐水泥》规定，矿渣硅酸盐水泥中的三氧化硫质量分数不得超过 4%，其他品种通用硅酸盐水泥不得超过 3.5%。

**4.2.3.5 强度及强度等级**

强度是评价水泥最重要的性能指标。水泥强度可根据标准 GB/T 17671—2021《水泥胶砂强度检验方法（ISO 法）》测定。按水泥胶砂 3d 和 28d 强度大小，水泥分为 32.5、32.5R、42.5、42.5R、52.5、52.5R、62.5 和 62.5R 八个强度等级。按水泥胶砂 3d 强度大小，水泥分为普通型和早强型两种，代号 R 表示早强型水泥。根据现行标准 GB 175—2007《通用硅酸盐水泥》的规定，不同品种、不同强度等级的通用硅酸盐水泥在不同龄期的强度应符合表 4-13 的要求。

影响水泥强度的因素十分复杂，包括熟料的矿物组成、水泥细度和施工条件等。

**表 4-13  通用硅酸盐水泥不同龄期强度要求**

| 强度等级 | 抗压强度（MPa） | | 抗折强度（MPa） | |
|---|---|---|---|---|
| | 3d | 28d | 3d | 28d |
| 32.5 | ≥12.0 | ≥32.5 | ≥3.0 | ≥5.5 |
| 32.5R | ≥17.0 | | ≥4.0 | |
| 42.5 | ≥17.0 | ≥42.5 | ≥4.0 | ≥6.5 |
| 42.5R | ≥22.0 | | ≥4.5 | |
| 52.5 | ≥22.0 | ≥52.5 | ≥4.5 | ≥7.0 |
| 52.5R | ≥27.0 | | ≥5.0 | |
| 62.5 | ≥27.0 | ≥62.5 | ≥5.0 | ≥8.0 |
| 62.5R | ≥32.0 | | ≥5.5 | |

**4.2.3.6 碱含量**

水泥中的碱含量按 $Na_2O + 0.658K_2O$ 计算值表示。若混凝土使用活性骨料，水泥碱含量过高可能引发碱-骨料反应，导致混凝土结构膨胀开裂。当用户要求提供低碱水泥时，水泥中的碱含量应不大于 0.60% 或由买卖双方协商确定。

### 4.2.4 水泥石的腐蚀与防治

当水泥石与周围环境接触时，通常会受到环境介质的作用。对水泥石耐久性有害的环境介质主要包括软水、硫酸盐、酸和强碱等。水泥石中的水化产物会与这些侵蚀性介质发生各种物理化学反应，导致强度逐渐降低，甚至发生破坏。

#### 4.2.4.1 软水腐蚀

软水侵蚀又称溶出侵蚀，是指水泥石浸泡在水中时，其组分逐渐溶解在水中并在水流作用下被带走，最终导致水泥石破坏的现象。

除水化产物氢氧化钙之外，水泥石的组分绝大部分都不溶于水。在一般的江、河、湖和地下水等硬水中，水泥石表面的氢氧化钙与硬水中的重碳酸盐反应，生成碳酸钙。其化学反应式如下：

$$Ca(OH)_2 + Ca(HCO_3)_2 \longrightarrow 2CaCO_3 + 2H_2O$$

碳酸钙填充在毛细孔中，在水泥石表面形成一层致密的保护壳层。因此，水泥石不会受到明显的侵蚀。

然而，水泥石长期与工业冷凝水、蒸馏水、天然雨水和雪水以及重碳酸盐含量低的河水和湖水等软水接触时，水泥石中的氢氧化钙会不断溶出。若水量较少且处于静止状态，溶液很快达到氢氧化钙饱和状态，氢氧化钙溶出停止。若水泥石处于流动水中，溶出的氢氧化钙不断被水流带走。随着水泥石中氢氧化钙含量减少，水泥石的碱度降低，造成水化硅酸钙和水化铝酸钙分解转变成无胶结能力的硅酸凝胶和氢氧化铝等，从而使水泥石强度降低，结构发生破坏。

#### 4.2.4.2 硫酸盐腐蚀

当含硫酸盐的海水、地下水和工业废水等长期与水泥石接触时，硫酸盐会与水泥水化生成的氢氧化钙反应生成二水石膏。其化学反应式如下：

$$Na_2SO_4 \cdot 10H_2O + Ca(OH)_2 \longrightarrow CaSO_4 \cdot 2H_2O + 2NaOH + 8H_2O$$

硫酸钙与水泥石中的水化铝酸钙作用生成钙矾石。其化学反应式如下：

$$4CaO \cdot Al_2O_3 \cdot 13H_2O + 3CaSO_4 \cdot 2H_2O + 14H_2O \longrightarrow$$
$$3CaO \cdot Al_2O_3 \cdot 3CaSO_4 \cdot 32H_2O + Ca(OH)_2$$

生成的钙矾石含大量结晶水，体积显著增加，导致水泥石内部产生膨胀应力，从而发生破坏。由于钙矾石为针状或杆状的晶体，故常称为"水泥杆菌"。

在硫酸镁存在的情况下，硫酸镁与氢氧化钙反应生成二水石膏和氢氧化镁。其化学反应式如下：

$$MgSO_4 + Ca(OH)_2 + 2H_2O \longrightarrow CaSO_4 \cdot 2H_2O + Mg(OH)_2$$

一方面，水化生成的二水石膏会与水化铝酸钙反应生成钙矾石；另一方面，由于氢氧化镁的溶解度极小，使反应不断向右进行，导致水泥石碱度降低，从而造成 C-S-H 凝胶不稳定。其本质就是硫酸镁使 C-S-H 凝胶分解，造成水泥石强度下降。其化学反应式如下：

$$3MgSO_4 + 3CaO \cdot 2SiO_2 \cdot aq + nH_2O \longrightarrow 3(CaSO_4 \cdot 2H_2O) + 3Mg(OH)_2 + 2SiO_2 \cdot aq$$

此外，在温度低于 15℃，并且有硫酸盐、碳酸盐和水存在的环境中，C-S-H 凝胶会转变成无胶凝性的碳硫硅钙石，导致水泥石强度损失。

### 4.2.4.3　酸类腐蚀

水泥石与酸性溶液接触时，氢氧化钙会与酸发生化学反应，生成易溶性的物质溶解在水中，从而造成水泥石结构破坏。不同的酸对水泥石的腐蚀作用程度有所不同，一般而言，酸性越强，对水泥石的腐蚀作用越强。无机酸中的盐酸、硫酸、硝酸和氢氟酸以及有机酸中的醋酸、乳酸和蚁酸等均对水泥石具有较强的腐蚀作用。例如，盐酸和硫酸与水泥石中的氢氧化钙反应式分别如下：

$$2HCl + Ca(OH)_2 \longrightarrow CaCl_2 + 2H_2O$$
$$2H_2SO_4 + Ca(OH)_2 \longrightarrow CaSO_4 \cdot 2H_2O$$

硫酸腐蚀生成二水石膏，还会引起硫酸盐腐蚀，造成水泥石膨胀开裂。

上述的酸多存在于工业废水中。在自然界中，对水泥石有腐蚀作用的酸主要是大气中的二氧化碳溶解在水中形成的碳酸。

当水中溶解了二氧化碳时，二氧化碳首先与水泥石中的氢氧化钙反应生成难溶于水的碳酸钙。其化学反应式如下：

$$Ca(OH)_2 + CO_2 + H_2O \longrightarrow CaCO_3 + 2H_2O$$

生成的碳酸钙进一步与二氧化碳反应，生成易溶于水的碳酸氢钙，从而使氢氧化钙不断溶出。其化学反应式如下：

$$CaCO_3 + CO_2 + H_2O \Longleftrightarrow Ca(HCO_3)_2$$

上述反应是可逆的，当水中的二氧化碳和碳酸氢钙浓度达到平衡时，反应停止。若水中的二氧化碳超过平衡浓度，则反应向右进行。水泥石中氢氧化钙含量减少导致的水泥石碱度降低，会使水化硅酸钙分解，从而加剧对水泥石的腐蚀作用。

### 4.2.4.4　强碱腐蚀

水泥石本身具有较高碱度，一般情况下能够抵御碱性物质的腐蚀。但水泥石长期处于高浓度的含碱溶液中，也会慢慢发生破坏。碱性溶液对水泥石的腐蚀作用主要包括化学腐蚀和结晶腐蚀两方面。化学腐蚀是指碱与水泥石组分反应，造成水泥石发生破坏。例如，水化硅酸钙和水化铝酸钙与氢氧化钠反应，化学反应式如下：

$$2CaO \cdot SiO_2 \cdot nH_2O + 2NaOH \longrightarrow 2Ca(OH)_2 + Na_2SiO_3 + (n-1)H_2O$$
$$3CaO \cdot Al_2O_3 \cdot 6H_2O + 2NaOH \longrightarrow 3Ca(OH)_2 + Na_2O \cdot Al_2O_3 + 4H_2O$$

结晶腐蚀是由于碱性溶液孔隙结晶造成水泥石膨胀破坏。例如，氢氧化钠与二氧化碳和水作用生成十水合碳酸钠，体积发生膨胀。

### 4.2.4.5　腐蚀的防止

水泥石腐蚀的基本内在因素有两个：一是水泥石的某些组分易被腐蚀，如氢氧化钙和水化铝酸钙；二是水泥石本身是多孔结构，含有大量毛细孔，连通的孔隙是侵蚀性介质进入水泥石内部的关键。因此，防止水泥石腐蚀可采取以下措施：

（1）合理选用水泥品种

根据环境中侵蚀性介质的特点，合理选用水泥品种，可提高水泥石的抗腐能力。例如，采用水化产物中氢氧化钙含量少的水泥，可提高水泥石对各种侵蚀性介质的抵抗能力；采用 $C_3A$ 含量低的水泥，可提高水泥石的抗硫酸盐侵蚀能力。

（2）提高水泥石密实度

硅酸盐水泥的理论需水量约为 23%，但在工程应用中为满足施工要求，实际需水量往往更大，多余水分蒸发后在水泥石内部形成孔隙。因此，适当降低水灰比，可降低水泥石的孔隙率，从而提高密实度。另外，掺入适量混合材料也能提高水泥石的密实度。

（3）加做保护层

当环境介质腐蚀性较强时，可在水泥石表面加做保护层，避免水泥石与侵蚀性介质直接接触。保护层一般用耐腐蚀性好且不透水的材料，如耐酸石料、耐酸陶瓷、耐酸玻璃和树脂等。

# 4.3　特种水泥

## 4.3.1　硫铝酸盐水泥

20 世纪 70 年代中国发明了硫铝酸盐水泥（sulfoaluminate cement），80 年代又首创了高铁硫铝酸盐水泥（又称铁铝酸盐水泥），从而形成了不同种类的硫铝酸盐水泥系列。硫铝酸盐水泥的矿物组成明显区别于硅酸盐水泥和铝酸盐水泥，因此，又被称为第三系列水泥。根据石膏掺量和混合材料不同，硫铝酸盐水泥分为快硬硫铝酸盐水泥、低碱度硫铝酸盐水泥、自应力硫铝酸盐水泥、高强硫铝酸盐水泥、膨胀硫铝酸盐水泥；高铁硫铝酸盐水泥分为快硬铁铝酸盐水泥、自应力铁铝酸盐水泥、膨胀铁铝酸盐水泥、高强铁铝酸盐水泥。硫铝酸盐水泥具有低碳、早强高强、耐蚀性好等特点，已经在土木工程中得到了广泛应用。

### 4.3.1.1　硫铝酸盐水泥的熟料组成与生产

1. 硫铝酸盐水泥的熟料组成

（1）熟料的化学组成。硫铝酸盐水泥熟料的化学组成主要为氧化钙、二氧化硅、氧化铝、氧化铁及三氧化硫。普通硫铝酸盐水泥和高铁硫铝酸盐水泥熟料各氧化物含量范围见表 4-14。

表 4-14　普通硫铝酸盐水泥和高铁硫铝酸盐水泥熟料各氧化物含量范围（质量分数,%）

| 水泥名称 | CaO | $SiO_2$ | $Al_2O_3$ | $Fe_2O_3$ | $SO_3$ |
|---|---|---|---|---|---|
| 普通硫铝酸盐水泥 | 38~45 | 3~13 | 30~38 | 1~3 | 8~15 |
| 高铁硫铝酸盐水泥 | 43~50 | 5~13 | 25~35 | 5~13 | 7~12 |

（2）熟料的矿物组成。硫铝酸盐水泥与硅酸盐水泥最明显的区别在于其熟料矿物组成主要为无水硫铝酸钙（$C_4A_3\bar{S}$, $3CaO \cdot 3Al_2O_3 \cdot CaSO_4$）、硅酸二钙和铁相。其中，普通硫铝酸盐水泥中铁相组成接近于 $C_4AF$，而高铁硫铝酸盐水泥中铁相组成接近于 $C_6AF_2$（$6CaO \cdot Al_2O_3 \cdot Fe_2O_3$）。普通硫铝酸盐水泥和高铁硫铝酸盐水泥熟料各矿物含量范围见表 4-15。

**表 4-15　普通硫铝酸盐水泥和高铁硫铝酸盐水泥熟料各矿物含量范围（质量分数，%）**

| 水泥名称 | 熟料矿物组成 | | |
|---|---|---|---|
| 普通硫铝酸盐水泥 | $C_4A_3\bar{S}$ | $C_2S$ | $C_4AF$ |
|  | 55～75 | 8～37 | 3～10 |
| 高铁硫铝酸盐水泥 | $C_4A_3\bar{S}$ | $C_2S$ | $C_6AF_2$ |
|  | 33～63 | 14～37 | 15～35 |

### 2. 硫铝酸盐水泥生产

硫铝酸盐水泥生产原料包括铝质原料、钙质原料和硫质原料。铝质原料常采用铝矾土，铝矾土是一种以一水硬铝石、一水软铝石和三水铝石为主要成分的矿石；钙质原料常采用石灰石；硫质原料常采用硬石膏或二水石膏。

硫铝酸盐水泥生产必须采用干法工艺，不仅是因为该生产工艺能耗低，还是由原料的性质所决定的。硫铝酸盐水泥生料中配有大量石膏，在含水料浆中容易发生结块现象，从而造成生产困难。另外，硫铝酸盐水泥熟料烧成温度约为 1350℃，比硅酸盐水泥熟料低 100～150℃。

#### 4.3.1.2　硫铝酸盐水泥水化

硫铝酸盐水泥的主要水化产物是高硫型水化硫铝酸钙、低硫型水化硫铝酸钙、铝胶（$AH_3$，$Al_2O_3 \cdot 3H_2O$）和水化硅酸钙凝胶等。在 $C_4A_3\bar{S}$-$C\bar{S}$-CH-$H_2O$ 四元系统中，无水硫铝酸钙和石膏首先水化生成钙矾石和铝胶。其反应式如下：

$$C_4A_3\bar{S}+2C\bar{S}+38H \longrightarrow C_6A\bar{S}_3H_{32}+2AH_3$$

当石膏耗尽时，无水硫铝酸钙开始水化生成低硫型水化硫铝酸钙和铝胶。其反应式如下：

$$C_4A_3\bar{S}+18H \longrightarrow C_4A\bar{S}H_{12}+2AH_3$$

在石膏充足且存在氢氧化钙的情况下，铝胶、石膏、氢氧化钙和水还会反应生成钙矾石。其反应式如下：

$$AH_3+3C\bar{S}+3CH+26H \longrightarrow C_6A\bar{S}_3H_{32}$$

从上述反应可以看出，硫铝酸盐水泥水化生成高硫型水化硫铝酸钙的量主要取决于无水硫铝酸钙、石膏和石灰含量。

### 4.3.2　铝酸盐水泥

铝酸盐水泥（calcium aluminate cement）熟料是以钙质和硅质材料为主要原料，经煅烧至完全或部分熔融，冷却后得到以铝酸钙为主要矿物的产物。由铝酸盐水泥熟料磨细制成的水硬性胶凝材料即为铝酸盐水泥，代号为 CA。

#### 4.3.2.1　铝酸盐水泥的组成

根据标准 GB/T 201—2015《铝酸盐水泥》的规定，铝酸盐水泥按 $Al_2O_3$ 含量分为 CA50、CA60、CA70 和 CA80 四个品种。各品种铝酸盐水泥的化学成分应符合表 4-16 的要求。

表 4-16 铝酸盐水泥的化学成分（质量分数，%）

| 类型 | $Al_2O_3$ | $SiO_2$ | $Fe_2O_3$ | 碱 $w(Na_2O)+0.658w(K_2O)$ | S | $Cl^-$ |
|------|-----------|---------|-----------|------------------------------|------|--------|
| CA50 | ≥50 且<60 | ≤9.0 | ≤3.0 | ≤0.50 | ≤0.2 | |
| CA60 | ≥60 且<68 | ≤5.0 | ≤2.0 | | | |
| CA70 | ≥68 且<77 | ≤1.0 | ≤0.7 | ≤0.40 | ≤0.1 | ≤0.06 |
| CA80 | ≥77 | ≤0.5 | ≤0.5 | | | |

铝酸盐水泥的主要矿物为铝酸一钙（CA，$CaO \cdot Al_2O_3$），同时含有少量的硅酸二钙、二铝酸一钙（$CA_2$，$CaO \cdot 2Al_2O_3$）、七铝酸十二钙（$C_{12}A_7$，$12CaO \cdot 7Al_2O_3$）和铝方柱石（$C_2AS$，$2CaO \cdot Al_2O_3 \cdot SiO_2$）等。

#### 4.3.2.2 铝酸盐水泥的水化

铝酸盐水泥的水化产物组成与水化时间和环境温度有关。一般认为，当温度低于20℃时，铝酸盐水泥的水化产物主要为水化铝酸一钙（$CAH_{10}$，$CaO \cdot Al_2O_3 \cdot 10H_2O$）。其反应式如下：

$$CA + 10H \longrightarrow CAH_{10}$$

当温度在 20～30℃ 时，铝酸盐水泥的水化产物主要为水化铝酸二钙（$C_2AH_8$，$2CaO \cdot Al_2O_3 \cdot 8H_2O$）和铝胶。其反应式如下：

$$2CA + 11H \longrightarrow C_2AH_8 + AH_3$$

当温度高于30℃时，铝酸盐水泥的水化产物主要为水化铝酸三钙和铝胶。其反应式如下：

$$3CA + 12H \longrightarrow C_3AH_6 + 2AH_3$$

随着水化时间的延长，$CAH_{10}$ 和 $C_2AH_8$ 六方晶体都会转变成 $C_3AH_6$ 立方晶体。$CAH_{10}$ 向 $C_3AH_6$ 转变使铝酸盐水泥浆体中的固相体积缩小 50% 以上，从而导致水泥浆体孔隙率增加，强度降低。

### 4.3.3 其他特种水泥

除硫铝酸盐水泥和铝酸盐水泥外，用于各种特殊工程的特种水泥还有白色硅酸盐水泥、抗硫酸盐硅酸盐水泥、中低热硅酸盐水泥、道路硅酸盐水泥、膨胀和自应力水泥等。

#### 4.3.3.1 白色硅酸盐水泥

白色硅酸盐水泥是由含铁量少的硅酸盐水泥熟料、适量的石膏和规定混合材料磨细制成的水硬性胶凝材料。硅酸盐水泥熟料的颜色主要取决于氧化铁和其他杂质的含量。当氧化铁的含量为 3%～4% 时，熟料的颜色为暗灰色；当氧化铁的含量为 0.45%～0.7% 时，熟料的颜色为淡绿色；当氧化铁的含量为 0.35%～0.45% 时，熟料的颜色为白色。根据标准 GB/T 2015—2017《白色硅酸盐水泥》的规定，白色硅酸盐水泥按强度分为 32.5 级、42.5 级和 52.5 级；白色硅酸盐水泥按白度分为 1 级和 2 级，代号分别为 P·W-1 和 P·W-2。

白色硅酸盐水泥的生产工艺与通用硅酸盐水泥基本相同，但要求所用原材料纯净且品质好，尤其是氧化铁含量低。为了提高硅酸盐水泥的白度，一般要求掺入石膏的白度在 90 以上。

#### 4.3.3.2 抗硫酸盐硅酸盐水泥

根据标准 GB/T 748—2005《抗硫酸盐硅酸盐水泥》的规定，抗硫酸盐硅酸盐水泥按抗硫酸盐性能分为中抗硫酸盐硅酸盐水泥和高抗硫酸盐硅酸盐水泥。中抗硫酸盐硅酸盐水泥是指以特定矿物组成的硅酸盐水泥熟料，加入适量石膏，磨细制成的具有抵抗中等浓度硫酸根离子侵蚀的水硬性胶凝材料。高抗硫酸盐硅酸盐水泥是指以特定矿物组成的硅酸盐水泥熟料，加入适量石膏，磨细制成的具有抵抗较高浓度硫酸根离子侵蚀的水硬性胶凝材料。

由硫酸盐腐蚀机理可知，水泥石受硫酸盐腐蚀的主要原因是氢氧化钙和硫酸盐反应生成硫酸钙，硫酸钙进一步与水化铝酸钙反应生成钙矾石，从而造成水泥石膨胀开裂。因此，降低硅酸盐三钙水化生成的氢氧化钙和铝酸三钙水化生成的水化铝酸钙是提高硅酸盐水泥抗硫酸盐侵蚀性能的重要途径。表 4-17 列出了中抗硫酸盐硅酸盐水泥和高抗硫酸盐硅酸盐水泥中硅酸三钙和铝酸三钙的含量要求。

**表 4-17　抗硫酸盐硅酸盐水泥中的硅酸三钙和铝酸三钙含量要求（质量分数，%）**

| 分类 | 硅酸三钙含量 | 铝酸三钙含量 |
| --- | --- | --- |
| 中抗硫酸盐硅酸盐水泥 | ≤55.0 | ≤5.0 |
| 高抗硫酸盐硅酸盐水泥 | ≤50.0 | ≤3.0 |

#### 4.3.3.3 中低热硅酸盐水泥

中热硅酸盐水泥是指以适当的硅酸盐水泥熟料，加入适量石膏，磨细制成的具有中等水化热的水硬性胶凝材料。低热硅酸盐水泥是指以适当的硅酸盐水泥熟料，加入适量石膏，磨细制成的具有低水化热的水硬性胶凝材料。

限制硅酸盐水泥熟料中水化热较高的硅酸三钙和铝酸三钙，是降低硅酸盐水泥水化热的途径之一。根据标准 GB/T 200—2017《中热硅酸盐水泥、低热硅酸盐水泥》的规定，中热硅酸盐水泥熟料中硅酸三钙的含量不大于 55.0%，铝酸三钙的含量不大于 6.0%；低热硅酸盐水泥熟料中硅酸二钙含量不小于 40.0%，铝酸三钙含量不大于 6%。

#### 4.3.3.4 道路硅酸盐水泥

道路硅酸盐水泥是指由道路硅酸盐水泥熟料，加入适量石膏和混合材料，磨细制成的水硬性胶凝材料。其中，道路硅酸盐水泥中熟料和石膏的质量分数为 90%～100%，活性混合材料的质量分数为 0%～10%。

通常，道路硅酸盐水泥熟料要求硅酸三钙和铁铝酸四钙含量高，而硅酸二钙和铝酸三钙含量低。这是因为提高硅酸三钙含量有利于水泥浆体的早期强度发展，而提高铁铝酸四钙含量可以增加水泥的抗折强度和耐磨性；降低硅酸二钙和铝酸三钙的含量有利于减少水泥的收缩变形。根据标准 GB/T 13693—2017《道路硅酸盐水泥》的规定，道路硅酸盐水泥熟料中铝酸三钙的含量不应大于 5%，铁铝酸四钙的含量不应小于 15.0%。

道路硅酸盐水泥按 28d 抗折强度分为 7.5 和 8.5 两个等级，其各龄期强度要求见表 4-18。

**表 4-18　道路硅酸盐水泥与各龄期强度**

| 强度等级 | 抗折强度（MPa） | | 抗压强度（MPa） | |
|---|---|---|---|---|
| | 3d | 28d | 3d | 28d |
| 7.5 | ≥4.0 | ≥7.5 | ≥21.0 | ≥42.5 |
| 8.5 | ≥5.0 | ≥8.5 | ≥26.0 | ≥52.5 |

道路硅酸盐水泥具有干缩性小、抗折强度高、早期强度高和耐磨性好等特点，适用于道路路面、飞机跑道和公共广场等对耐磨性和抗干缩性要求较高的工程。

#### 4.3.3.5　膨胀水泥

普通硅酸盐水泥在空气中凝结硬化时，通常表现为体积收缩，收缩率与水泥的品种、细度、石膏掺量和水灰比等因素有关。当由于收缩产生的拉应力大于抗拉强度时混凝土内部产生裂纹，这些裂纹不仅使强度降低，还为侵蚀性介质进入混凝土内部提供了通道，导致混凝土耐久性下降。

与硅酸盐水泥不同，膨胀水泥在凝结硬化早期阶段发生膨胀。在没有约束的情况下，水泥水化产生的膨胀会造成开裂，而若对膨胀适当约束，则膨胀值减小并产生一定预应力。根据膨胀值和用途不同，膨胀水泥主要用于收缩补偿膨胀和产生自应力，因此膨胀水泥分为收缩补偿水泥和自应力水泥。收缩补偿水泥的膨胀值较小，产生的自应力能够充分抵消干缩时所产生的拉应力，而自应力水泥膨胀值较大，使干缩后的混凝土仍有较大的自应力。

钙矾石的形成和过烧 CaO 的水化是引起混凝土膨胀的两种机理。由硅酸盐水泥熟料、硫铝酸盐水泥熟料和石膏等磨细制成的水泥称为 K 型膨胀水泥。其膨胀反应式如下：

$$C_4A_3\bar{S}+8C\bar{S}+6CH+90H\longrightarrow 3C_6A\bar{S}_3H_{32}$$

由硅酸盐水泥熟料、铝酸盐水泥和石膏等混合而成的水泥称为 M 型膨胀水泥。其膨胀反应式如下：

$$CA+3C\bar{S}+2CH+30H\longrightarrow C_6A\bar{S}_3H_{32}$$

由铝酸盐三钙含量高的硅酸盐水泥熟料和大量石膏等磨细制成的水泥称为 S 型膨胀水泥。其膨胀反应式如下：

$$C_3A+3C\bar{S}+32H\longrightarrow C_6A\bar{S}_3H_{32}$$

由硅酸盐水泥和适量过烧 CaO 混合制成的水泥称为 O 型膨胀水泥。

膨胀水泥混凝土的性质与硅酸盐水泥混凝土相似，但 M 型和 S 型膨胀水泥通常含有大量易受硫酸盐腐蚀的矿物，因此不宜用于硫酸盐环境中。

# 4.4　碱激发胶凝材料

碱激发胶凝材料（alkali-activated cementitious material）作为硅酸盐水泥的潜在替代品，其概念早在 1908 年之前已为人知。与传统硅酸盐水泥相比，碱激发胶凝材料具有能耗低、强度高、绿色环保的特点。因此，在技术、经济和环境因素的驱动下，碱激发胶凝材料和碱激发混凝土的研究逐渐活跃。历经百年研究，碱激发胶凝材料的凝结硬

化过程、力学性能和耐久性也得到世界各国学者的广泛研究，碱激发技术的科学基础也已基本建立。本小节将从概念分类和化学体系系统介绍碱激发胶凝材料。

### 4.4.1 碱激发胶凝材料的概念和分类

碱激发胶凝材料包括任何本质上由碱金属原料（激发剂）和固体硅酸盐粉体反应得到的胶凝体系。其中，固体硅酸盐粉体可以是硅酸钙或富含硅铝酸盐的材料，如冶金矿渣、天然火山灰、粉煤灰等。碱金属原材料本质上指任何可以提供碱金属阳离子的可溶物质，如碱氢氧化物、硅酸盐、碳酸盐、硫酸盐、铝酸盐或氧化物等，其功能在于提供反应所需 pH 值，加速固体原料的溶解。不同固体原料与碱金属原料适应性有所不同，具体如表 4-19 所示。

表 4-19　固体原料与碱金属原料适应性

| 固体原料 | 激发剂 | | | | |
|---|---|---|---|---|---|
| | MOH | $M_2O \cdot rSiO_2$ | $M_2CO_3$ | $M_2SO_4$ | 其他 |
| 高炉矿渣 | 可行 | 优异 | 合适 | 可行 | |
| 粉煤灰 | 优异 | 优异 | 差，加入水泥/熟料变得可行 | 只能添加水泥/熟料 | $NaAlO_2$-可行 |
| 煅烧黏土 | 可行 | 优异 | 差 | 只能添加水泥/熟料 | |
| 天然火山灰质材料及火山灰 | 可行/优异 | 优异 | | | |
| 骨架铝硅酸盐 | 可行 | 可行 | 只能添加水泥/熟料 | 只能添加水泥/熟料 | |
| 合成玻璃质原料 | 可行/优异（取决于玻璃组成） | 优异 | | | |
| 钢渣 | | 优异 | | | |
| 磷渣 | | 优异 | | | |
| 镍铁渣 | | 优异 | | | |
| 铜渣 | | 可行（磨细矿渣不确定） | | | |
| 赤泥 | | 可行（添加矿渣更好） | | | |

基于固体原料含钙量的差异，可将碱激发胶凝材料分为高钙碱激发胶凝材料、低钙碱激发胶凝材料、中钙碱激发胶凝材料和复合碱激发胶凝材料。低钙碱激发胶凝材料也被称为地聚合物（geopolymer）胶凝材料。下文将分别介绍以上四类碱激发胶凝材料。

### 4.4.2 高钙碱激发胶凝材料

高钙碱激发胶凝材料是世界上大多数地区最为成熟的碱激发胶凝材料，高钙固体材料（前驱体）主要包括矿渣、钢渣、磷渣、铜渣等，其中以碱激发矿渣胶凝材料的研究历史最为深远，研究体系也更为成熟。

#### 4.4.2.1 碱激发矿渣胶凝材料的水化产物

碱激发矿渣胶凝材料的结构发展是一个复杂的多相反应过程，其关键控制反应主要有以下四种：玻璃体颗粒的溶解、初始固相的成核和生长、新相的机械结合和相互作用、初期反应产物的扩散和化学平衡。很多科研人员已经研究报道了碱激发胶凝材料的水化产物组成。一般认为，碱激发胶凝材料的主要水化产物为 C-S-H，而次要水化产物则会随着矿渣特性和激发剂不同而发生明显变化。

矿渣化学成分与钢铁冶炼工艺及原料有关，其对碱激发矿渣的水化过程、水化产物种类及性能有着显著影响。在 $CaO-Al_2O_3-SiO_2-H_2O$ 系统相图中，水化产物有 C-S-H、$Ca(OH)_2$、$C_4AH_{13}$、$C_2ASH_8$ 及 $CS_2H$ 五种。磨细磷矿渣的主要成分为 CaO 和 $SiO_2$。XRD 和 SEM 测试分析结果表明，C-S-H 是 NaOH 激发磷矿渣的唯一水化产物。然而，NaOH 激发的粒化高炉矿渣的水化产物除 C-S-H 外，还包括 $C_2ASH_8$ 和 $C_4AH_{13}$。当矿渣中 MgO 含量较高时，水化产物中将出现 $M_4AH_{13}$，而不是 $C_4AH_{13}$。

激发剂对碱激发矿渣胶凝材料水化产物也有很大影响。当激发剂为氢氧化钠或氢氧化钙时，水化产物包括 C-S-H、$C_4AH_{13}$ 及 $C_2ASH_8$；当激发剂为 $Na_2O \cdot SiO_2$ 时，水化产物含有 C-S-H 和 $C_4AH_{13}$；当激发剂为 $Na_2CO_3$ 时，水化产物含有 C-S-H 和 $C_3A \cdot CaCO_3 \cdot 12H_2O$；当激发剂为硫酸盐时，水化产物中只有钙矾石。

由于矿渣成分和激发剂种类不同而引起的水化产物变化会导致水化进程和微观结构发生改变，最终影响胶凝材料的强度发展。

#### 4.4.2.2 碱激发矿渣胶凝材料的性能

##### 1. 流变性能

一般而言，碱激发矿渣胶凝材料净浆抵抗剪切破坏和失去黏性的能力比普通硅酸盐水泥要高。影响碱激发矿渣胶凝材料净浆的因素有很多，例如矿渣和激发剂的特性、胶凝材料的组成以及激发剂的加入时间等。

激发剂的品种对碱激发矿渣胶凝材料的流变性能（rheological property）有显著影响。若使用水玻璃作为激发剂，碱激发矿渣胶凝材料净浆的标准稠度用水量为 28%，而使用 NaOH 和 $Na_2CO_3$ 作为激发剂时，碱激发矿渣胶凝材料净浆的标准稠度用水量增加至 30%。粉煤灰由于其球形颗粒产生的"滚珠效应"能够提高硅酸盐水泥混凝土的流变性能。采用 10%～20% 的粉煤灰取代矿渣也能明显改善碱激发矿渣胶凝材料净浆或混凝土的工作性能。当碱性激发剂分两次加入时，碱激发矿渣胶凝材料浆体的流动性增加。

##### 2. 凝结时间

在实际工程应用中，混凝土需要一定时间搅拌、运输及浇筑等。因此，控制混凝土的凝结时间具有重要的工程意义。碱激发矿渣胶凝材料的凝结时间与矿渣特性、激发剂种类和掺量及外加剂等因素有关。

碱激发矿渣胶凝材料的凝结时间随着碱度的降低而延长。使用 $Na_2CO_3$ 作为激发剂的碱激发矿渣胶凝材料比使用 NaOH 或水玻璃作为激发剂的凝结时间更长。此外，碱激发矿渣胶凝材料的凝结时间通常随着激发剂掺量及硅酸钠模数的增加而缩短。然而，使用液态硅酸钠作为激发剂时，碱激发矿渣胶凝材料的凝结时间很短，易造成混凝土搅拌和运输困难。研究人员已经尝试使用缓凝剂来调节碱激发胶凝材料的凝结时间。NaCl 和苹果酸对碱激发矿渣胶凝材料凝结时间的影响见表 4-20。当 NaCl 掺量为 1%～4% 时，碱激发矿渣胶凝材料的凝结时间缩短，而掺入 8% 的 NaCl 能明显延缓碱激发矿渣胶凝材料的凝结。苹果酸对碱激发矿渣胶凝材料的凝结时间有更显著的影响，并且苹果酸和 NaCl 复掺后，碱激发矿渣胶凝材料的初凝时间和终凝时间均超过 48h。

表 4-20　NaCl 和苹果酸对碱激发矿渣胶凝材料凝结时间的影响

| 配比 | 凝结时间（h） | |
|---|---|---|
| | 初凝 | 终凝 |
| 基准[a] | 4 | 5 |
| 基准＋1% NaCl | 2 | 2.5 |
| 基准＋4% NaCl | 3 | 4 |
| 基准＋8% NaCl | 10 | 12 |
| 基准＋0.5% 苹果酸 | 20 | 22 |
| 基准＋0.5% 苹果酸＋8% NaCl | ＞48 | ＞48 |

a　基准的成分：1kg 的矿渣＋500mL 1.5mol/L $Na_2O \cdot 2SiO_2$ 溶液。

### 3. 强度

对于碱激发矿渣胶凝材料，影响其强度的因素有很多，包括矿渣和激发剂的特性、激发剂的掺量、水/矿渣比、养护温度、矿渣细度和激发剂的掺入时间等。

激发剂特性和矿渣之间的适应性对碱激发矿渣胶凝材料的强度起着至关重要的作用。对于富含 $C_2MS$ 的矿渣，选用 $Na_2CO_3$ 作为激发剂有利于强度发展；富含 $C_2AS$ 的矿渣与 NaOH 的适应性更好。如图 4-3 所示，当水玻璃作为激发剂时，其最佳模数应当在 1.0～1.5，这主要取决于水玻璃和矿渣之间的适应性。然而，水玻璃的模数过大容易导致碱激发矿渣胶凝材料的强度降低。

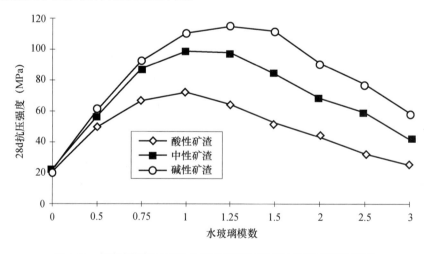

图 4-3　水玻璃模数对碱激发矿渣胶凝材料 28d 抗压强度的影响

### 4.4.3 低钙碱激发胶凝材料

低钙碱激发胶凝材料是采用含钙量较低的固体原材料与激发剂反应而成的胶凝体系。低钙原材料主要有偏高岭土、粉煤灰、火山灰以及一些低钙冶金渣等，其中以偏高岭土和粉煤灰作为固体原材料（前驱体）最为普遍；激发剂通常采用碱金属氢氧化物或硅酸盐。

在常温下，碱与偏高岭土或粉煤灰胶凝材料的反应速度十分缓慢，水化产物主要为铝硅酸盐凝胶（N-A-S-H），这种水化产物也被称为"沸石前驱体"。此外，当使用 NaOH 激发粉煤灰时，水化产物中还会出现少量晶体，如羟基方钠石、斜方钙沸石等。当养护温度提高时，碱与偏高岭土或粉煤灰胶凝材料的反应速度明显加快。通常，为了得到高强度，碱激发偏高岭土或粉煤灰胶凝材料需要在高温下养护。

### 4.4.4 复合和中钙碱激发胶凝材料

近年来，胶凝材料低碳高强耐久性能的迫切需求激发了科研人员对复合碱激发胶凝材料的关注。这类胶凝材料主要利用硅酸盐水泥熟料和碱激发粒化高炉矿渣，或碱激发铝硅酸盐之间的水化产物共存的特性，发挥复合体系力学性能和耐久性之间的协同作用。此外，采用富含活性钙的高铝硅酸盐水泥（包含硅酸盐水泥熟料）和碱，也可为固废增值利用提供有效途径。

基于前文可知，高钙碱激发胶凝材料的主要产物为托贝莫来石类 C-S-H 凝胶，低钙碱激发胶凝材料的主要产物为类沸石 N-A-S-H 凝胶。在碱性介质中，高活性铝硅酸盐和钙源遇水后，C-S-H 凝胶和 N-A-S-H 凝胶成为复合碱激发胶凝体系中的共生凝胶。pH 值决定共生凝胶的稳定性：当 pH>11 时，C-S-H 凝胶富存于 $SiO_2$ 中相较于传统硅酸盐水泥水化生成的 C-S-H 凝胶具有更高的聚合度；当 pH>12.5 时，复合体系的 N-A-S-H 凝胶显微结构与单一碱激发胶凝材料的 N-A-S-H 相似。在高 Ca/Si 条件下，二次水化产物 $Ca(OH)_2$ 大量生成。此外，在高碱条件下，复合胶凝体系中铝和碱的同时反应造成 C-S-H 相和类水化钙黄长石晶型相相互交联。$Na_2O$-CaO-$SiO_2$-$Al_2O_3$-$H_2O$ 共沉淀胶凝体系中，高碱环境下 $Ca^{2+}$ 会取代固相中的 $Na^+$ 形成富含高浓度 Ca 和 Na 型的 C-A-S-H 凝胶，破坏 N-A-S-H 凝胶结构。

中钙碱激发胶凝材料激发剂的选择主要在于固体原料（前驱体）的性质。正如前文所述，碱金属氢氧化物激发剂对低钙胶凝体系的激发效果较好，硅酸盐和硫酸盐类激发剂则更适用于高钙胶凝体系。当采用高钙粉煤灰作为前驱体时，其硬化体系最大的特点在于凝胶结构致密，所形成孔结构多为纳米级且排列有序。矿渣的引入可提升粉煤灰基碱激发胶凝体系强度的发展，矿渣中的钙会影响粉煤灰的水化反应，粉煤灰中的铝和硅也会影响矿渣颗粒的反应途径。最终，随着矿渣含量的增加，粉煤灰-矿渣复合碱激发胶凝体系孔隙率逐渐降低，结构更加密实，如图 4-4 所示。

此外，中钙碱激发胶凝材料也可采用偏高岭土-矿渣、硅酸盐水泥-铝硅酸盐等复合原料作为前驱体，采用相应的碱作为激发剂，形成不同的胶凝体系，以满足其性能、成本控制和环境友好等需求。值得注意的是，由中钙原料形成的碱激发胶凝产品性能不仅与其前驱体和激发剂有关，钙的利用也与产品性能相关，当含钙物质与激发剂结合时，

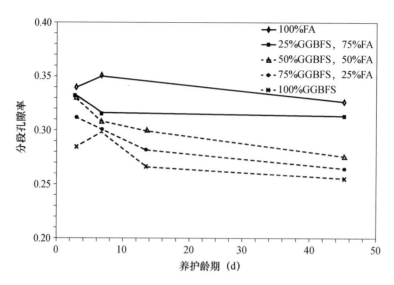

图 4-4　粉煤灰-矿渣复合碱激发胶凝体系孔隙率与龄期和胶凝材料组成变化情况

二者可产生协同优化作用，共同促进碱激发胶凝材料性能的提升。

　　目前，碱激发胶凝材料已在欧洲、亚洲、北美、澳大利亚等地投入使用，碱激发胶凝材料及其制品在各种气候和服役条件下展现出良好的耐久性能，没有明显的碳化、冻融、碱骨料反应、钢筋锈蚀、酸腐蚀等问题。采用碱激发胶凝材料制备的产品已在建筑和市政基础设施领域形成示范项目，在轻质材料、地下固井水泥、耐高温领域、危险或放射性固废的固化以及纤维增韧等高附加值方向具有较大的潜在应用前景。

# 4.5　课后习题

　　1. 从硬化过程和硬化产物分析石膏为什么属于气硬性胶凝材料。

　　2. 石灰硬化后耐水性差，但石灰土硬化多年后具有一定的耐水性，其原因是什么？

　　3. 简述水玻璃的特性和主要用途。

　　4. 硅酸盐水泥主要由哪些矿物组成？这些矿物的水化产物是什么？它们对水泥性能有什么影响？

　　5. 水泥凝结时间的定义是什么？控制水泥凝结时间有什么实际工程意义？

　　6. 水泥体积安定性不良的原因有哪些？

　　7. 水泥石腐蚀的原因有哪些？如何防止水泥石腐蚀？

　　8. 与硅酸盐水泥相比，硫铝酸盐水泥的矿物组成和水化产物组成有何区别？

　　9. 什么是碱激发胶凝材料？碱激发胶凝材料可分为哪几类？

# 5 普通混凝土

本章介绍了混凝土材料的基本组成、设计方法与基本性能；阐述了混凝土材料组成对其力学性能和耐久性的原理；总结了混凝土的设计和施工要点。

## 5.1 混凝土的定义

### 5.1.1 混凝土的定义与特性

混凝土（concrete），中文又称砼，是由胶凝材料、骨料和水按适当比例配制，经过一定时间硬化而成的复合材料。混凝土具有可塑性好、强度较高、耐久性和耐火性好以及易于就地取材等优势，适用于各种自然环境，是世界上使用量最大的人工土木工程及建筑材料。

混凝土的另一大优势就是与钢筋具有很好的相容性。首先，混凝土与钢筋具有相似的线膨胀系数，在相同温度环境下，钢筋与混凝土之间不会产生过大的热变形差，进而不会产生过大的应力。其次，混凝土与钢筋之间有良好的黏结力。一般认为，混凝土与钢筋之间的黏结力包括：①混凝土硬化收缩后将钢筋压紧产生的摩阻力；②水泥胶体与钢筋表面之间的胶着力；③混凝土与钢筋之间的机械咬合力。最后，混凝土自身的碱性很高（一般 pH＞12），在高碱性环境下钢筋表面会形成钝化保护膜，减少了钢筋的锈蚀概率，从而延长钢筋-混凝土结构的使用寿命。

由于混凝土具有上述各种优点，并在建筑工程、道路工程、桥梁工程、水利工程、地下工程等多方面都广泛地应用，因此，混凝土是一种重要的土木工程材料，在国家基础设施建设中起到重要作用。

### 5.1.2 混凝土的分类

按强度等级分类，混凝土可分为普通强度混凝土、高强混凝土和超高强度混凝土。其中普通强度混凝土为抗压强度小于 60MPa 的一般混凝土，高强混凝土为抗压强度大于 60MPa 小于 100MPa 的混凝土，抗压强度超过 100MPa 的混凝土称为超高强度混凝土。

按表观密度分类，混凝土可分为重混凝土、普通混凝土和轻质混凝土。其中重混凝土的表观密度一般大于 2800kg/m³，常采用重骨料和钡水泥、锶水泥等重水泥配制而成，因具有防辐射功能，故多用作核工程中的屏蔽结构材料，又称防辐射混凝土；普通混凝土的表观密度为 2000～2800kg/m³，由天然砂石作为骨料配制而成，是建筑工程中常用的结构材料；轻质混凝土的表观密度小于 2000kg/m³，采用陶粒、页岩等轻质多孔骨料或掺入玻璃微珠等轻质细骨料，也可不用骨料而掺入加气剂、泡沫剂或发泡剂，形

成多孔结构的混凝土，具有保温隔热性能好、质量轻等优点，常见的路用透水混凝土以及保温绝热混凝土多为轻质混凝土。

按使用用途分类，混凝土可分为结构混凝土、防水混凝土、道路混凝土、防辐射混凝土、耐热混凝土、耐酸混凝土、大体积混凝土、膨胀混凝土等；按材料组成分类，混凝土可分为水泥混凝土、沥青混凝土、石膏混凝土、水玻璃混凝土、聚合物混凝土和纤维增强混凝土等；按施工方式分类，混凝土可分为泵送混凝土、喷射混凝土、碾压混凝土、自密实混凝土等。

## 5.2 混凝土的组成

### 5.2.1 混凝土的组成以及各组成材料的作用

组成普通混凝土（简称混凝土）的主要材料包括水泥、砂、石和水，除上述基本组成材料外，为了改善混凝土的某些性能或降低水泥用量以降低成本，混凝土中还会加入适量的外加剂和矿物掺和料。

在混凝土中，砂和石起到填充作用、限制水泥变形作用、提高强度和刚度作用以及抗裂作用等。砂和石构成混凝土的骨架结构，一般称砂为细骨料（细集料），石为粗骨料（粗集料）；水泥是混凝土中的主要胶凝物质，水泥和水形成水泥浆，在硬化前，水泥浆作为润滑剂保证拌和物的流动性，硬化后，水泥浆起到黏结骨料和填充空隙的作用，最终形成坚实的混凝土；外加剂和矿物掺和料种类丰富，主要起到改善混凝土某些性能的作用，例如减水剂一般用于提高混凝土拌和物流动性，减少用水量，矿物掺和料可部分替代水泥，以减少水泥的用量。

### 5.2.2 混凝土组成材料的技术要求

#### 5.2.2.1 水泥

水泥的品种要根据混凝土工程施工特点、环境要求和设计要求合理选取，水泥品种的选用原则参照本书第 4 章相关内容。在设计混凝土的过程中，按混凝土设计强度等级要求选取水泥强度等级，二者应相互适应。根据工程经验，一般原则是：①不掺入减水剂和矿物掺和料的混凝土，宜选用强度等级为混凝土强度等级标准值 1.5～2.0 倍的水泥；②掺入减水剂或矿物掺和料的混凝土，可以用低强度等级水泥设计高强度混凝土，例如可以使用 42.5 级的水泥配制出 C60 以上的混凝土。

#### 5.2.2.2 骨料

1. 细骨料

粒径小于等于 4.75mm 的骨料为细骨料（砂），可分为天然砂和人工砂两种。配制混凝土时一般采用天然砂，它是岩石风化后所形成的大小不等、由不同矿物颗粒组成的混合物，包括河砂、湖砂、海砂和山砂。但近年来，随着天然砂储量减少，机制砂和混合砂等人工砂也得到了广泛重视。配制混凝土时所采用的细骨料应满足以下质量要求：

（1）有害杂质。配制混凝土的细骨料要求清洁不含杂质，以保证混凝土的质量。而砂中常含有的一些有害杂质，如云母、黏土、淤泥、粉砂等，黏附在砂的表面，妨碍水泥与砂的黏结，降低混凝土强度。同时还增加混凝土的用水量，从而加大混凝土的收缩，降低抗冻性和抗渗性。细骨料中如果含有一些有机杂质、硫化物及硫酸盐等都会对水泥有腐蚀作用。长期处于潮湿环境的重要工程使用的砂，应进行碱活性检验，经检验判断为有潜在危害时，在配制混凝土时，应使用含碱量小于 0.6% 的水泥或采用能抑制碱-骨料反应的掺和料，如粉煤灰等；当使用含钾、钠离子的外加剂时，必须进行专门试验。砂中的氯离子对钢筋有锈蚀作用，采用受氯盐侵蚀和污染的砂石，在钢筋混凝土用砂中氯离子含量（以干砂重的百分数计）不得大于 0.06%，在预应力混凝土用砂中氯离子含量不得大于 0.02%。在一般情况下，海砂可以配制混凝土和钢筋混凝土，但由于海砂含盐量较大，按 JGJ 206—2010《海砂混凝土应用技术规范》，应净化处理后使用，砂中水溶性氯离子含量不得超过 0.03%。预应力混凝土不得使用海砂。海砂中贝壳的最大尺寸不应超过 4.75mm。

由于天然优质砂资源日渐枯竭，部分地区采用人工砂；人工砂中石粉含量较大，与泥土相比，石粉对混凝土和易性和强度的影响较小，用于混凝土时可适当放宽含量限制。当用较高强度等级水泥配制低强度的混凝土时，由于水灰比（水与水泥的质量比）大，水泥用量小，拌和物的和易性不好。这时，如果砂中泥土和细粉稍多，只要适当延长搅拌时间，就可改善拌和物的和易性。

（2）颗粒形状及表面特征。细骨料的颗粒形状及表面特征会影响其与水泥的黏结及混凝土拌和物的流动性。人工砂和山砂的颗粒多具有棱角，表面粗糙，与水泥黏结较好，用其拌制的混凝土强度较高，但拌和物的流动性较差；河砂、海砂，其颗粒多呈圆形，表面光滑，与水泥的黏结较差，用其拌制的强度较低，但拌和物的流动性较好。

（3）颗粒级配及粗细程度。颗粒级配是指骨料中大小颗粒的搭配情况。混凝土中骨料之间的空隙由水泥浆填充，为达到节约水泥和提高强度的目的，应尽量减小骨料之间的空隙。从图 5-1 可以看到：如果是颗粒大小相同的骨料，空隙最大 [图 5-1（a）]；两种不同粒径的骨料搭配起来，空隙就减小了 [图 5-1（b）]；三种不同粒径的骨料搭配，空隙就更小了 [图 5-1（c）]。因此，为减少骨料间的空隙，骨料必须采用大小不同的颗粒级配。

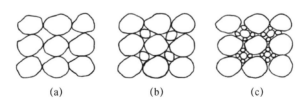

（a）　　　　　（b）　　　　　（c）

图 5-1　骨料颗粒级配

（a）骨料粒径相同；（b）两种不同粒径的骨料；（c）三种不同粒径的骨料

砂的粗细程度是指不同粒径的砂粒混合在一起后的总体的粗细程度，通常有粗砂、中砂与细砂之分。在相同质量条件下，细砂的总表面积较大，而粗砂的总表面积较小。在混凝土中，砂子的表面需要由水泥浆包裹，砂子的总表面积越大，则需要越多的水泥浆包裹砂粒表面。因此，一般用粗砂拌制混凝土比用细砂所需的水泥浆少。因此，在拌制混凝土时，砂的颗粒级配和粗细程度应同时考虑。砂的颗粒级配和粗细程度，常用筛分析的方法进行测定，用级配区表示砂的颗粒级配，用细度模数表示砂的粗细程度。

筛分析的方法是用一套公称直径为 5mm、2.5mm、1.25mm、$630\mu m$、$315\mu m$ 及 $160\mu m$ 的标准筛，将 500 g ($m_0$) 干试样由粗到细依次过筛，称得各个筛上颗粒的质量$m_i$，并计算出各筛上的分计筛余$a_1$、$a_2$、$a_3$、$a_4$、$a_5$ 和 $a_6$（$m_i/m_0$）及累计筛余 $A_1$、$A_2$、$A_3$、$A_4$、$A_5$ 和 $A_6$（$\sum a_i$）。累计筛余与分计筛余的关系见表 5-1。

表 5-1　累计筛余与分计筛余的关系

| 公称直径 | 方孔筛尺寸 | 筛余量（g） | 分计筛余（%） | 累计筛余（%） |
|---|---|---|---|---|
| 5mm | 4.75mm | $m_1$ | $a_1=m_1/m_0$ | $A_1=a_1$ |
| 2.5mm | 2.36mm | $m_2$ | $a_2=m_2/m_0$ | $A_2=a_1+a_2$ |
| 1.25mm | 1.18mm | $m_3$ | $a_3=m_3/m_0$ | $A_3=a_1+a_2+a_3$ |
| $630\mu m$ | $600\mu m$ | $m_4$ | $a_4=m_4/m_0$ | $A_4=a_1+a_2+a_3+a_4$ |
| $315\mu m$ | $300\mu m$ | $m_5$ | $a_5=m_5/m_0$ | $A_5=a_1+a_2+a_3+a_4+a_5$ |
| $160\mu m$ | $150\mu m$ | $m_6$ | $a_6=m_6/m_0$ | $A_6=a_1+a_2+a_3+a_4+a_5+a_6$ |

细度模数$\mu_f$的公式：

$$\mu_f=\frac{(A_2+A_3+A_4+A_5+A_6)-5A_1}{100-A_1} \tag{5-1}$$

细度模数越大，表示砂越粗。砂的粗细程度可按细度模数分为粗、中、细三级。其细度模数范围为：$\mu_f$在 3.7～3.1 为粗砂；3.0～2.3 为中砂；2.2～1.6 为细砂；1.5～0.7 为特细砂。

根据$630\mu m$ 筛孔的累计筛余量分成三个级配区（表 5-2），混凝土用砂的颗粒级配，可处于表 5-2 中的任何一个级配区以内。实际颗粒级配与表中所列的累计筛余百分率相比，除 5mm 和$630\mu m$ 筛外，允许有超出分区界线，但其总量百分率不应大于 5%。以累计筛余百分率为纵坐标，以筛孔尺寸为横坐标，根据表 5-2 规定画出砂的Ⅰ、Ⅱ、Ⅲ级配区的筛分曲线，如图 5-2 所示。

表 5-2　砂的级配

| 公称粒径（mm） | 累计筛余（%） | | |
|---|---|---|---|
| | Ⅰ区 | Ⅱ区 | Ⅲ区 |
| 5.00 | 10～0 | 10～0 | 10～0 |
| 2.50 | 35～5 | 25～0 | 15～0 |
| 1.25 | 65～35 | 50～10 | 25～0 |
| 0.630 | 85～71 | 70～41 | 40～16 |
| 0.315 | 95～80 | 92～70 | 85～55 |
| 0.160 | 100～90 | 100～90 | 100～90 |

注：a 允许超出≤5%的总量，是指某一粒级累计筛余超出百分率或几个粒级累计筛余超出的百分率总和。

　　b 摘自 JGJ 52—2006《普通混凝土用砂、石质量及检验方法标准》。

细骨料过粗（$\mu_f \geqslant 3.7$）配成的混凝土，其和易性不易控制，且内摩擦大，不易振

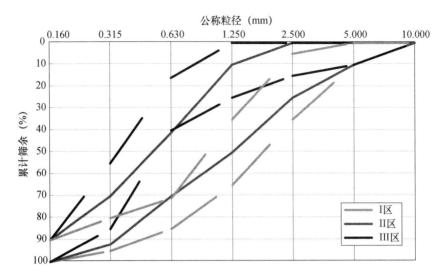

图 5-2 砂的Ⅰ、Ⅱ、Ⅲ级配区曲线

捣成型；细骨料过细（$\mu_f \leqslant 0.7$）配成的混凝土，不仅要增加较多的水泥用量，而且强度显著降低。从筛分曲线也可看出细骨料的粗细，筛分曲线超过第Ⅰ区往右下偏时，表示砂过粗。筛分曲线超过第Ⅲ区往左上偏时，则表示砂过细。

配制混凝土时宜优先选用Ⅱ区砂；当采用Ⅰ区砂时，应提高砂率，并保持足够的水泥用量，以满足混凝土的和易性要求；当采用Ⅲ区砂时，宜适当降低砂率，以保证混凝土的强度。

对于泵送混凝土，细骨料对混凝土拌和物的可泵性有很大影响。混凝土拌和物之所以能在输送管中顺利流动，主要是由于粗骨料被包裹在砂浆中，且粗骨料是悬浮于砂浆中的，由砂浆直接与管壁接触起到润滑作用。故在泵送混凝土中，细骨料宜采用中砂，细度模数为 2.5～3.0，通过 315μm 筛孔的砂应不少于 15%，通过 160μm 筛孔的砂的含量应不少于 5%。如含量过低，输送管容易阻塞，使混凝土难以泵送，但细砂过多以及黏土、粉尘含量太大也是有害的，因为细砂含量过大则需要更多的水，并形成黏稠的拌和物，这种黏稠的拌和物沿管道的运动阻力大大增加，因此需要更高的泵送压力。为使拌和物能保持给定的流动性，就必须提高水泥用量。

（4）坚固性。砂的坚固性是指砂在气候、环境变化或其他物理因素作用下抵抗破裂的能力。按标准 JGJ 52—2006《普通混凝土用砂、石质量及检验方法标准》的规定，砂的坚固性用硫酸钠溶液检验，试样经 5 次循环后其质量损失应符合表 5-3 的规定。

表 5-3　粗细骨料的坚固性指标

| 混凝土所处的环境条件 | 循环后的质量损失（%） | |
| --- | --- | --- |
| 严寒及寒冷地区室外使用并经常处于潮湿或干湿交替状态下的混凝土；<br>对于有抗疲劳、耐磨、耐冲击要求的混凝土；<br>有腐蚀介质作用或经常处于水位变化区的地下结构混凝土 | 砂、碎石或卵石 | ≤8 |
| 其他条件下使用的混凝土 | 砂 | ≤10 |
| | 碎石或卵石 | ≤12 |

### 2. 粗骨料

普通混凝土中常用的粗骨料是碎石和卵石。碎石是由天然岩石或卵石经破碎、筛分得到的粒径大于 4.75mm 的岩石颗粒，而卵石则是由自然条件作用而形成的、表面较光滑的，且经筛分后粒径大于 4.75mm 的岩石颗粒。配制混凝土时所采用的粗骨料应满足以下质量要求：

（1）有害杂质。粗骨料中常含有泥土、泥块、石粉等，部分粗骨料中还可能含有草根、树植、塑料、炉渣以及煤块等杂物。除此之外，骨料中也可能会含有硫化物、硫酸盐和有机物等，会对混凝土的性能产生影响。

粗骨料中的泥块含量是指公称直径大于 5mm，经水洗、手捏后变成小于 2.5mm 的颗粒的含量；含泥量是指骨料中公称粒径小于 80μm 的颗粒的含量；石粉含量是指公称直径小于 80μm，且矿物组成和化学成分与被加工母岩相同的颗粒的含量。粗骨料中的石粉和泥颗粒极细，会黏附在骨料表面，降低粗骨料与水泥石之间的黏结能力，影响混凝土的强度；泥块会在混凝土中形成薄弱位置，对混凝土的质量影响更大。因此，规范对粗骨料的泥块和含泥量等有严格限制。表 5-4 为 JGJ 52—2006《普通混凝土用砂、石质量及检验方法标准》规定的有害杂质含量限制。

**表 5-4　有害杂质含量限制**

| 项目 | | 质量标准 | | |
|---|---|---|---|---|
| | | ≥C60 | C55～C30 | ≤C25 |
| 含泥量，按质量计，≤（％） | 碎石/卵石 | 0.5 | 1.0 | 2.0 |
| | 砂 | 2.0 | 3.0 | 5.0 |
| 泥块含量，按质量计，≤（％） | 碎石/卵石 | 0.2 | 0.5 | 0.7 |
| | 砂 | 0.5 | 1.0 | 2.0 |
| 硫化物和硫酸盐含量（折算为 $SO_3$）按质量计，≤（％） | 碎石/卵石/砂 | 1.0 | | |
| 有机质含量（用比色法试验） | 碎石/卵石/砂 | 颜色不得深于标准色，如深于标准色，则应配制成混凝土/水泥胶砂试件，进行强度对比试验，抗压强度比不应低于 0.95 | | |
| 云母含量，按质量计，≤（％） | 砂 | 2.0 | | |
| 轻物质含量，按质量计，≤（％） | 砂 | 1.0 | | |
| 针状、片状颗粒含量，按质量计，≤（％） | 碎石/卵石 | 8 | 15 | 25 |
| 人工砂石粉含量，≤（％） | MB＜1.4（合格） | 5.0 | 7.0 | 10.0 |
| | MB≥1.4（不合格） | 2.0 | 3.0 | 5.0 |

| 项目 | 质量标准 | | |
|---|---|---|---|
| | ≥C60 | C55~C30 | ≤C25 |
| 海砂贝壳含量，按质量计，≤（%） | 3 | 5（C55~C40）<br>8（C35~C30） | 10 |

注：a 摘自 JGJ 52—2006《普通混凝土用砂、石质量及检验方法标准》。

　　b 对有抗冻、抗渗或其他特殊要求的混凝土用砂，其含泥量不应大于 3%，泥块含量不应大于 1%，云母含量不应大于 1%。

　　c 对 C10 及以下的混凝土用砂，可根据水泥强度等级适当放宽其含泥量和泥块含量。

　　d 对抗冻、抗渗或其他特殊要求混凝土用碎石或卵石，其含泥量不应大于 1%，泥块含量不应大于 0.5%。

　　e 碎石或卵石中如含泥基本上是非黏土质的石粉时，其总含量可由 1% 及 2% 分别提高至 1.5% 和 3%。

　　f 砂、碎石或卵石中如含有颗粒状硫酸盐或硫化物，则要求经专门检验，确认能满足混凝土耐久性要求时方能采用。

（2）颗粒形状及表面特征。粗骨料的颗粒形状和表面特征会影响混凝土拌和物的流动性能以及骨料与水泥之间的黏结性能。碎石多为多棱角的不规则多面体，表面较粗糙，而卵石多为圆形，表面较光滑。在水泥用量和水灰比相同时，碎石与水泥黏结性能较好，配制的混凝土强度较高，但拌制的混凝土流动性相对较差；卵石拌制的混凝土流动性相对较好，但卵石与水泥黏结性能较差，配制的混凝土强度较低。因此要根据所用粗骨料的种类，适当调整水泥用量和水灰比。

此外，粗骨料的颗粒形状还有针状和片状。针状指颗粒的长度大于该颗粒所属粒级的平均粒径的 2.4 倍（平均粒径指该粒级上限、下限的平均值）；片状指颗粒的厚度小于平均粒径的 0.4 倍。粗骨料中针状和片状颗粒过多，会降低混凝土强度。针状、片状颗粒含量应符合表 5-4 中的规定。

（3）最大粒径和颗粒级配。

① 最大粒径。在水泥用量少的混凝土中，采用大骨料是有利的，但粒径一般不大于 40mm。骨料最大粒径还受结构形式、配筋疏密、保护层厚度等条件的限制。石子粒径过大，运输和搅拌都不方便。为减少水泥用量、降低混凝土的温度和收缩应力，在大体积混凝土内，也常用毛石来填充。毛石（片石）是爆破石灰岩、白云岩及砂岩所得到的形状不规则的大石块，一般其尺寸在一个方向上达 300~400mm，其质量为 20~30kg。因此，这种混凝土也常被称为毛石混凝土。

对于泵送混凝土，为防止混凝土泵送时管道堵塞，保证泵送顺利进行，粗骨料的最大粒径 $D_{max}$ 与泵送管径之比应符合表 5-5 中的要求。

此外，水泥混凝土路面混凝土板用粗骨料的最大粒径亦不应超过 40mm。

**表 5-5　$D_{max}$ 与泵送管径之比**

| 粗骨料品质 | 泵送高度（m） | $D_{max}$ 与泵管径之比 |
|---|---|---|
| 碎石 | <50 | 1:3 |
| | 50~100 | 1:4 |
| | >100 | 1:5 |

续表

| 粗骨料品质 | 泵送高度（m） | $D_{max}$与泵管径之比 |
|---|---|---|
| 卵石 | ＜50 | 1:2.5 |
| | 50～100 | 1:3 |
| | ＞100 | 1:4 |

② 颗粒级配。粗骨料级配与节约水泥和保证混凝土的和易性有很大关系，特别是拌制高强度混凝土，粗骨料级配更为重要。粗骨料的级配也通过筛析法试验确定。其标准筛公称直径为（mm）：2.5、5、10、16、20、25、31.5、40、50、63、80及100；对应的方孔筛筛孔边长为（mm）：2.36、4.75、9.5、16、19、26.5、31.5、37.5、53、63、75、90。普通混凝土用碎石或卵石的颗粒级配应符合表5-6的规定。

水泥混凝土路面混凝土板用粗骨料，应采用连续粒级5～40mm，卵石、碎石级配要求应符合表5-6的规定。

表5-6 碎石或卵石的颗粒级配要求

| 级配情况 | 公称粒级（mm） | 累计筛余，按质量（%） | | | | | | | | | | | |
|---|---|---|---|---|---|---|---|---|---|---|---|---|---|
| | | 方形筛筛孔边长尺寸（mm） | | | | | | | | | | | |
| | | 2.36 | 4.75 | 9.5 | 16.0 | 19.0 | 26.5 | 31.5 | 37.5 | 53.0 | 63.0 | 75.0 | 90.0 |
| 连续粒级 | 5～10 | 95～100 | 80～100 | 0～15 | 0 | — | — | — | — | — | — | — | — |
| | 5～16 | 95～100 | 85～100 | 30～60 | 0～10 | 0 | — | — | — | — | — | — | — |
| | 5～20 | 95～100 | 90～100 | 40～80 | — | 0～10 | 0 | — | — | — | — | — | — |
| | 5～25 | 95～100 | 90～100 | — | 30～70 | — | 0～5 | 0 | — | — | — | — | — |
| | 5～31.5 | 95～100 | 90～100 | 70～90 | — | 15～45 | — | 0～5 | 0 | — | — | — | — |
| | 5～40 | — | 95～100 | 70～90 | — | 30～65 | — | — | 0～5 | 0 | — | — | — |
| 单粒级配 | 5～10 | 95～100 | 80～100 | 0～15 | 0 | — | — | — | — | — | — | — | — |
| | 10～16 | — | 95～100 | 85～100 | 0～15 | — | — | — | — | — | — | — | — |
| | 10～20 | — | 95～100 | 85～100 | — | 0～15 | 0 | — | — | — | — | — | — |
| | 16～25 | — | — | 95～100 | 55～70 | 25～40 | 0～10 | — | — | — | — | — | — |
| | 16～31.5 | — | 95～100 | — | 85～100 | — | — | 0～10 | 0 | — | — | — | — |
| | 20～40 | — | — | 95～100 | — | 80～100 | — | — | 0～10 | 0 | — | — | — |
| | 31.5～63 | — | — | — | 95～100 | — | — | 75～100 | 45～75 | — | 0～10 | 0 | — |
| | 40～80 | — | — | — | 95～100 | — | — | — | 70～100 | — | 30～60 | 0～10 | 0 |

（4）强度。混凝土用粗骨料应具有一定的强度以保证混凝土的强度。碎石与卵石的强度可用岩石立方体强度和压碎指标两种方法表示。在混凝土强度等级为C60及以上时，以及在选择采石场方面或是对粗骨料强度有严格要求或对质量有争议时，应采用岩石抗压强度检验。对经常性的生产质量控制则可用压碎指标值检验。

岩石抗压强度检验是将岩石制成边长为50mm的立方体（或直径与高均为50mm的圆柱体）试件，在水饱和状态下，测定其抗压强度（MPa）与设计要求的混凝土强度等级之比，作为碎石或卵石的强度指标，根据JGJ 52—2006《普通混凝土用砂、石质量及检验方法标准》的规定，抗压强度指标不应小于1.2。对于路面混凝土材料，抗压强度指标不应小于2.0。石料强度分级应符合JTJ 054—94《公路工程石料试验规程》的规定，应大于等于3级。在一般情况下，火成岩试件的强度不宜低于80MPa，变质岩不宜低于60MPa，水成岩不宜低于30MPa。

用压碎指标表示粗骨料强度时，是将一定质量气干状态下10～20mm的石子装入一定规格的圆筒内，在压力机上施加荷载值200kN，卸载后称取试样质量（$m_0$），用孔径为2.5mm的筛筛除被压碎的细粒，称取试样的筛余量（$m_1$），由式5-2计算压碎指标。压碎指标，应符合表5-7和表5-8中的规定。

$$压碎指标(\delta_a)=[(m_0-m_1)/m_0]\times100\%  \tag{5-2}$$

式中：$m_0$——试件的质量，g；

$m_1$——压碎试验后筛余的试样质量，g。

**表5-7　碎石的压碎指标**

| 岩石种类 | 混凝土强度等级 | 碎石压碎指标（%） |
|---|---|---|
| 沉积岩 | C60～C40 | ≤10 |
| | ≤C35 | ≤16 |
| 变质岩或深成的火成岩 | C60～C40 | ≤12 |
| | ≤C35 | ≤20 |
| 喷出的火成岩 | C60～C40 | ≤13 |
| | ≤C35 | ≤30 |

**表5-8　卵石的压碎指标**

| 混凝土强度等级 | C60～C40 | ≤C35 |
|---|---|---|
| 压碎指标（%） | ≤12 | ≤16 |

（5）坚固性。粗骨料的坚固性是指骨料在气候、环境变化或其他物理因素作用下抵抗破裂的能力。按标准JGJ 52—2006《普通混凝土用砂、石质量及检验方法标准》的规定，粗骨料的坚固性用硫酸钠溶液检验，试样经5次循环后其质量损失应符合表5-3的规定。

（6）碱活性。当粗骨料中夹杂着活性氧化硅（活性氧化硅的矿物形式有蛋白石、玉髓和鳞石英等，含有活性氧化硅的岩石有流纹岩、安山岩和凝灰岩等）时，如果混凝土中所用的水泥又含有较多的碱，就可能发生碱-硅酸盐反应，引起混凝土开裂破坏。长期处于潮湿环境中重要工程的混凝土所使用的碎石或卵石应进行碱活性检验。经检验判定骨料有潜在危害时，应采取能抑制碱-骨料反应的有效措施。此外，若怀疑骨料中含有引起碱-碳酸盐反应的物质，应用岩石柱法进行检验，经检验判定骨料有潜在危害时，不宜用作混凝土骨料。

#### 5.2.2.3　骨料的含水状态及饱和面干吸水率

骨料一般有干燥状态、气干状态、饱和面干状态和湿润状态四种含水状态。骨料含水率等于或接近于零时称干燥状态；含水率与大气湿度相平衡时称气干状态；骨料表面干燥而内部孔隙含水达饱和时称饱和面干状态；骨料不仅内部孔隙充满水，而且表面还

附有一层表面水时称湿润状态。

在拌制混凝土时，骨料含水状态不同将影响混凝土的用水量和骨料用量。骨料在饱和面干状态时的含水率，称为饱和面干吸水率。在计算混凝土中各项材料的配合比时，如以饱和面干骨料为基准，则不会影响混凝土的用水量和骨料用量，因为饱和面干骨料既不从混凝土中吸取水分，也不向混凝土拌和物中释放水分。因此一些大型水利工程、道路工程常以饱和面干状态骨料为基准，这样混凝土的用水量和骨料用量的控制就较准确。而在一般工业与民用建筑工程中混凝土配合比设计，常以干燥状态骨料为基准。这是因为坚固的骨料其饱和面干吸水率一般不超过 2%，而且在工程施工中，必须经常测定骨料的含水率，以及时调整混凝土组成材料实际用量的比例，从而保证混凝土的质量。当细骨料被水润湿而有表面水膜时，常会出现砂的堆积体积增大的现象。砂的这种性质在验收材料和配制混凝土按体积定量配料时具有重要意义。

#### 5.2.2.4 混凝土拌和水及养护用水

混凝土拌和用水按水源可分为饮用水、地表水、地下水、海水以及经适当处理或处置后的工业废水（简称中水）。

对混凝土拌和水及养护用水的质量要求是：不得影响混凝土的和易性及凝结；不得有损于混凝土强度发展；不得降低混凝土的耐久性、加快钢筋腐蚀及导致预应力钢筋脆断；不得污染混凝土表面。当使用混凝土生产厂及商品混凝土厂设备的洗刷水时，水中物质含量限值应符合表 5-9 的要求。在对水质有怀疑时，应将该水与蒸馏水或饮用水进行水泥凝结时间、砂浆或混凝土强度对比试验。测得的初凝时间差及终凝时间差均不得大于 30min，其初凝和终凝时间还应符合水泥国家标准的规定。用该水制成的砂浆或混凝土 28d 抗压强度应不低于蒸馏水或饮用水制成的砂浆或混凝土抗压强度的 90%。海水中含有硫酸盐、镁盐和氯化物，对水泥石有侵蚀作用，对钢筋也会造成锈蚀，因此不得用于拌制钢筋混凝土和预应力混凝土。为节约水资源，国家鼓励利用经检验合格的中水拌制混凝土。

**表 5-9 混凝土拌和用水水质要求**

| 项目 | 预应力混凝土 | 钢筋混凝土 | 素混凝土 |
| --- | --- | --- | --- |
| pH | ≥5.0 | ≥4.5 | ≥4.5 |
| 不溶物（mg/L） | ≤2000 | ≤2000 | ≤5000 |
| 可溶物（mg/L） | ≤2000 | ≤5000 | ≤10000 |
| $Cl^-$（mg/L） | ≤500 | ≤1200 | ≤3500 |
| $SO_4^{2-}$（mg/L） | ≤600 | ≤2700 | ≤2700 |
| 碱含量（mg/L） | ≤1500 | ≤1500 | ≤1500 |

#### 5.2.2.5 混凝土外加剂

混凝土外加剂是指在拌制混凝土过程中掺入的用以改善新拌混凝土和（或）硬化混凝土性能的材料，简称外加剂。在混凝土中应用外加剂，具有投资少、见效快、技术经济效益显著的特点，是混凝土中继水泥、砂、石和水后的第五种不可或缺的重要组分。

1. 混凝土外加剂的分类

按化学成分分为三类：无机化合物，多为电解质盐类；有机化合物，多为表面活性剂；有机和无机的复合物。

按功能分为四类：改善混凝土拌和物流变性能的外加剂，如各种减水剂和泵送剂等；调节混凝土凝结时间和硬化性能的外加剂，如缓凝剂、促凝剂和速凝剂等；改善混凝土耐久性的外加剂，如引气剂、防水剂、阻锈剂和矿物外加剂等；改善混凝土其他性能的外加剂，如膨胀剂、防冻剂和着色剂等。

2. 常用混凝土外加剂

（1）减水剂。减水剂是指在混凝土坍落度基本相同的条件下，能减少拌和用水量的外加剂。减水剂一般为表面活性剂，有离子型表面活性剂和非离子型表面活性剂，按其功能分为普通减水剂、高效减水剂、高性能减水剂、早强减水剂、缓凝减水剂和引气减水剂等。

减水剂的使用效果包括：①维持用水量和水灰比不变的条件下，可增大混凝土的流动性；②在维持流动性和水泥用量不变的条件下，可减少用水量，从而降低了水灰比，可提高混凝土强度；③显著改善了混凝土的孔结构，提高了密实度，从而可提高混凝土的耐久性；④保持流动性及水灰比不变的条件下，在减少用水量的同时，相应减少了水泥用量，即节约了水泥。此外，减水剂的加入还能减少新拌混凝土泌水、离析现象，延缓拌和物的凝结时间和降低水化放热速度。

混凝土掺入减水剂的方法有先掺法、同掺法、后掺法和滞水法。

先掺法是将减水剂与水泥混合后再与骨料和水一起搅拌。实际上，是在生产水泥时加入减水剂。其优点是使用方便，缺点是减水剂中有粗粒子时，在混凝土中不易分散，影响质量且搅拌时间要长，因此不常采用。

同掺法是将减水剂先溶于水形成溶液后再与混凝土原材料一起搅拌。优点是计量准且易搅拌均匀，使用方便。缺点是增加了溶解和储存工序。此法常用。

后掺法是在新拌混凝土运输至邻近浇筑地点前，再加入减水剂后搅拌。优点是可避免混凝土在运输过程中的分层、离析和坍落度损失，提高减水剂使用效果，提高减水剂对工程的适应性。缺点是需二次或多次搅拌。此法适用于预拌混凝土，且混凝土运输搅拌车便于二次搅拌。

滞水法是在加水搅拌后 $1\sim3min$ 加入减水剂。优点是能提高减水剂使用效果。缺点是搅拌时间长，生产效率低，一般不常用。

（2）早强剂。能加速混凝土早期强度发展的外加剂，称为早强剂。早强剂主要有氯盐类、硫酸盐类、有机胺三类以及它们组成的复合早强剂。

（3）引气剂。在搅拌混凝土过程中能引入大量均匀分布的、闭合而稳定的微小气泡（直径在 $10\sim100\mu m$）的外加剂，称为引气剂。主要品种有松香热聚物、松脂皂和烷基苯磺酸盐等。其中，以松香热聚物的效果较好，最常使用。松香热聚物是由松香与硫酸、苯酚经聚合反应，再经氢氧化钠中和而得到的憎水性表面活性剂。

引气剂的作用包括：①改善混凝土拌和物的和易性。混凝土拌和物中引入的大量微小气泡，相对增加了水泥浆体积，气泡本身又起到如同滚珠轴承的作用，使颗粒间摩擦力减小，从而可提高混凝土的流动性，由于水分被均匀分布在气泡表面，又显著改善了混凝土的保水性和黏聚性。②提高混凝土的耐久性。由于气泡能隔断混凝土中毛细管通道，同时气泡在水泥石内水分结冰时能作为"卸压空间"，对所产生的水压力起到缓卸作用，故能显著提高混凝土的抗渗性和抗冻性。③对强度、耐磨性和变形的影响。由于引入大量的气泡，减小了混凝土受压有效面积，使混凝土强度和耐磨性有所降低，当保持水灰比不变时，含气量增加1%，混凝土强度下降3%～5%，故应用引气剂改善混凝土抗冻性时，应注意控制混凝土的含气量，避免大量引气，导致混凝土强度大幅降低。大量气泡的存在，可使混凝土弹性模量有所降低，从而对提高混凝土的抗裂性有利。

引气剂的掺量应根据混凝土的含气量确定。一般松香热聚物引气剂的适宜掺量为0.006%～0.012%（占水泥质量）。

（4）缓凝剂。延长混凝土凝结时间的外加剂，称为缓凝剂。主要种类有羟基羧酸及其盐类、含糖碳水化合物、无机盐类和木质素磺酸盐类等。最常用的是糖蜜、葡萄糖酸盐和木质素磺酸钙，糖蜜的效果较好。

（5）速凝剂。能使混凝土迅速凝结硬化的外加剂，称为速凝剂。主要种类有无机盐类和有机物类。常用的是无机盐类。

（6）防冻剂。能使混凝土在负温环境下硬化，并在规定时间内达到足够防冻强度的外加剂，称为防冻剂。常用防冻剂是由多组分复合而成，其主要组分有防冻组分、减水组分、引气组分、早强组分、阻锈组分等。防冻组分可分为三类：氯盐类（如氯化钙、氯化钠）；氯盐阻锈类（氯盐与阻锈剂复合，阻锈剂有亚硝酸盐、铬酸盐、磷酸盐等）；无氯盐类（硝酸盐、亚硝酸盐、碳酸盐、尿素、乙酸盐等）。减水、引气、早强组分则分别采用前面所述的各类减水剂、引气剂和早强剂。

（7）膨胀剂。膨胀剂是能使混凝土产生一定体积膨胀的外加剂，其使用目的是减少混凝土因收缩而造成的开裂。混凝土工程中采用的膨胀剂种类有硫铝酸钙类、硫铝酸钙-氧化钙类、氧化钙类等。粉状膨胀剂应与混凝土其他原材料一起投入搅拌机，拌和时间应比普通混凝土延长30s。膨胀剂可与其他外加剂复合使用，但必须有良好的适应性。

（8）泵送剂。泵送剂是指能改善混凝土拌和物泵送性能的外加剂。一般分为非引气剂型（主要组分为木质素磺酸钙、高效减水剂等）和引气剂型（主要组分为减水剂、引气剂等）两类。个别情况下，如对于大体积混凝土，为防止收缩裂缝，掺入适量的膨胀剂。木钙减水剂除可使拌和物的流动性显著增大外，还能减少泌水，延缓水泥的凝结，使水泥水化热的释放速度明显延缓，这对泵送大体积混凝土十分重要。引气剂能使拌和物的流动性显著增加，而且也能降低拌和物的泌水性及水泥浆的离析程度，这对泵送混凝土的和易性和可泵性很有利。泵送混凝土所掺外加剂的品种和掺量宜由试验确定，不得任意使用，这主要是考虑外加剂对水泥的适宜性问题。

3. 外加剂的质量要求与检验

混凝土外加剂的质量，应符合国家现行标准 GB 8076—2016《混凝土外加剂》、GB 50119—2013《混凝土外加剂应用技术规范》及相关的外加剂行业标准的有关规定。为了检验外加剂质量，应对基准混凝土与所用外加剂配制的混凝土拌和物进行坍落度、含气量、泌水率及凝结时间试验；对硬化混凝土检验其抗压强度、耐久性、收缩性等。

5.2.2.6 **矿物掺和料**

矿物掺和料是以硅、铝、钙等的一种或多种氧化物为主要成分，具有规定细度，掺入混凝土中能改善混凝土性能的粉体材料。常用的矿物掺和料有粉煤灰、硅粉、粒化高炉矿渣粉、天然火山灰质材料（如凝灰岩粉、沸石岩粉等）及磨细自燃煤矸石，其中粉煤灰的应用最为普遍。

1. 粉煤灰

粉煤灰是从煤粉炉烟道气体中收集的粉体材料。按其排放方式不同，分为干排灰与湿排灰两种。湿排灰含水量大，活性降低较多，质量不如干排灰。按收集方法不同，分为静电收尘灰和机械收尘灰两种。静电收尘灰颗粒细、质量好。机械收尘灰颗粒较粗、质量较差。经磨细处理的称为磨细灰，未经加工的称为原状灰。

粉煤灰按煤种分为 F 类和 C 类。由烟煤和无烟煤燃烧形成的粉煤灰为 F 类，呈灰色或深灰色，一般 $CaO < 10\%$，为低钙灰，具有火山灰活性；由褐煤燃烧形成的粉煤灰为 C 类，呈褐黄色，一般 $CaO > 10\%$，为高钙灰，具有一定的水硬性。细度是评定粉煤灰品质的重要指标之一。粉煤灰中空心玻璃微珠颗粒最细、表面光滑，是粉煤灰中需水量最小、活性最高的成分。如果粉煤灰中空心玻璃微珠含量较多、未燃尽炭及不规则的粗粒含量较少，粉煤灰就较细，品质较好。未燃尽的碳粒，颗粒粗，孔隙大，可降低粉煤灰的活性，增大需水性，是有害成分，可用烧失量来评定。多孔玻璃体等非球形颗粒，表面粗糙，粒径较大，可增大需水量，当其含量较多时，使粉煤灰品质下降。$SO_3$ 是有害成分，应限制其含量。

粉煤灰在混凝土中，具有火山灰活性作用，它的活性成分 $SiO_2$ 和 $Al_2O_3$ 与水泥水化产物 $Ca(OH)_2$ 产生二次反应，生成水化硅酸钙和水化铝酸钙，增加了起胶凝作用的水化产物的数量。空心玻璃微珠颗粒，具有增大混凝土（砂浆）的流动性、减少泌水、改善和易性的作用；若保持流动性不变，则可起到减水作用；其微细颗粒均匀分布在水泥浆中，填充孔隙，改善混凝土孔结构，提高混凝土的密实度，从而使混凝土的耐久性得到提高。同时还可降低水化热、抑制碱-骨料反应。

混凝土中掺入粉煤灰的效果与粉煤灰的掺入方法有关。常用的方法有：等量取代法、超量取代法和外加法。①等量取代法指以等质量粉煤灰取代混凝土中的水泥。可节约水泥并减少混凝土发热量，改善混凝土和易性，提高混凝土抗渗性。适用于掺 Ⅰ 级粉煤灰、混凝土超强及大体积混凝土。②超量取代法指掺入的粉煤灰量超过取代的水泥量，超出的粉煤灰取代同体积的砂，其超量系数按规定选用。目的是保持混凝土 28d 强度及和易性不变。③外加法指在保持混凝土中水泥用量不变情况下，外掺一定数量的粉煤灰。其目的只是改善混凝土拌和物的和易性。有时也有用粉煤灰代替砂。由于粉煤灰具有火山灰活性，故使混凝土强度有所提高，而且混凝土和易性及抗渗性等也有显著改善。

混凝土中掺入粉煤灰时，常与减水剂或引气剂等外加剂同时掺用，称为双掺技术。减水剂的掺入可以克服某些粉煤灰增大混凝土需水量的缺点；引气剂的掺用，可以解决粉煤灰混凝土抗冻性较差的问题；在低温条件下施工时，宜掺入早强剂或防冻剂。混凝土中掺入粉煤灰后，会使混凝土抗碳化性能降低，不利于防止钢筋锈蚀。为改善混凝土抗碳化性能，也应采取双掺措施，或在混凝土中掺入阻锈剂。

2. 硅粉

硅粉又称硅灰，是在冶炼硅铁合金或工业硅时，通过烟道排出的粉尘，经收集得到的以无定形二氧化硅为主要成分的粉体材料。硅粉中无定形二氧化硅含量一般为 85% ～ 96%，具有很高的活性。由于硅粉具有高比表面积，因而其需水量很大，将其作为矿物掺和料需配以高效减水剂才能保证混凝土的和易性。

硅粉掺入混凝土中，可取得以下几方面效果。

（1）改善拌和物的黏聚性和保水性。在混凝土中掺入硅粉的同时又掺入了高效减水剂，保证混凝土拌和物必须具有的流动性的情况下，由于硅粉的掺入，会显著改善混凝土拌和物的黏聚性和保水性。故适宜配制高流态混凝土、泵送混凝土及水下灌注混凝土。

（2）提高混凝土强度。当硅粉与高效减水剂配合使用时，硅粉与水泥水化产物 $Ca(OH)_2$ 反应生成水化硅酸钙凝胶，填充水泥颗粒间的空隙，改善界面结构及黏结力，形成密实结构，从而显著提高混凝土强度。一般硅粉掺量为 $5\%\sim10\%$，便可配出抗压强度达 100MPa 的超高强混凝土。

（3）改善混凝土的孔结构，提高耐久性。掺入硅粉的混凝土，虽然其总孔隙率与不掺时基本相同，但其大毛细孔减少，超细孔隙增加，改善了水泥石的孔结构。因此混凝土的抗渗性、抗冻性、抗溶出性及抗硫酸盐腐蚀性等耐久性显著提高。此外，混凝土的抗冲磨性随硅粉掺量的增加而提高，故适用于水工建筑物的抗冲刷部位及高速公路路面。硅粉还有抑制碱-骨料反应的作用。

3. 粒化高炉矿渣粉

粒化高炉矿渣粉是指从炼铁高炉中排出的，以硅酸盐和铝酸盐为主要成分的熔融物，经淬冷成粒后粉磨所得的粉体材料，其活性比粉煤灰高，作为混凝土掺和料，可等量取代水泥，其掺量也可较大。

4. 沸石粉

沸石粉是天然的沸石岩经磨细而成，颜色为白色。沸石岩是一种天然的火山灰质铝硅酸盐矿物，含有一定量的活性二氧化硅和三氧化二铝，能与水泥的水化产物 $Ca(OH)_2$ 反应，生成胶凝物质。沸石粉具有很大的内表面积和开放性孔结构。

沸石粉掺入混凝土后有以下几方面效果：①改善新拌混凝土的和易性。沸石粉与其他矿物掺和料一样，具有改善混凝土和易性以及可泵性的功能。因此适宜于配制流态混凝土和泵送混凝土。②提高混凝土强度。沸石粉与高效减水剂配合使用，可显著提高混凝土强度。因而适用于配制高强混凝土。

# 5.3 普通混凝土的主要技术性质

混凝土的性能包括两个部分：一是混凝土硬化前的性能，即和易性；二是混凝土硬化后的性能，包括强度、变形性能和耐久性等。

## 5.3.1 混凝土拌和物的和易性

### 5.3.1.1 混凝土拌和物以及和易性的概念

由混凝土组成材料拌和而成、尚未硬化的混合料，称为混凝土拌和物，又称新拌混凝土。和易性是指混凝土拌和物易于施工操作（拌和、运输、浇灌、捣实），不发生分层、离析、泌水等现象并能获致质量均匀、成型密实的性能，也称工作性。其有流动性、黏聚性和保水性三方面的含义。

流动性：混凝土拌和物在本身自重或施工机械振捣的作用下，能产生流动，并均匀密实地填满模板的性能。

黏聚性：混凝土拌和物在施工过程中其组成材料之间有一定的黏聚力，在运输和浇筑的过程中不致产生分层离析的性能。

保水性：混凝土拌和物在施工过程中，具有一定的保水能力，不致产生严重性能泌水现象性能。发生泌水现象的混凝土拌和物，由于水分分泌出来会形成容易透水的孔隙，而影响混凝土的密实性，降低质量。

由此可见，混凝土拌和物的流动性、黏聚性和保水性三者是互相联系的，但常存在矛盾。因此，所谓和易性就是这三方面性质在某种具体条件下矛盾统一的概念。

当混凝土采用泵送施工时，混凝土拌和物的和易性常称为可泵性，可泵性包括流动性、稳定性（包括黏聚性、保水性）及管道摩阻力三方面内容。一般要求泵送性能好，否则在输送和浇灌过程中拌和物容易发生离析造成堵塞。

5.3.1.2　和易性测定方法及指标

由于混凝土和易性是个综合概念，其影响因素和内涵较为复杂，目前评定拌和物和易性的通常做法是测定混凝土拌和物的流动性，观察、评定黏聚性和保水性。流动性测定的方法有坍落度筒法和维勃稠度法。

1. 坍落度筒法

坍落度筒法是指将混凝土拌和物按规定方法装入标准圆锥坍落度筒（无底）内，装满刮平后，垂直向上将筒提起，移到一旁，混凝土拌和物由于自重将会产生坍落现象。然后量出向下坍落的尺寸（mm）就叫作坍落度，作为流动性指标。坍落度越大表示流动性越大。图 5-3 所示为坍落度试验。

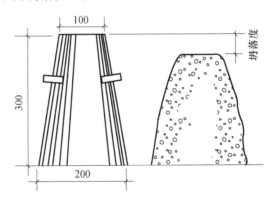

图 5-3　混凝土坍落度试验

在做坍落度试验的同时，应观察混凝土拌和物的黏聚性、保水性及含砂等情况，以更全面地评定混凝土拌和物的和易性。

根据坍落度不同，可将混凝土拌和物分为 4 级，见表 5-10。坍落度试验只适用骨料最大粒径不大于 40mm，坍落度值不小于 10mm 的混凝土拌和物。

表 5-10　坍落度分类

| 级别 | 名称 | 坍落度（mm） |
|------|------|------------|
| $T_1$ | 低塑性混凝土 | 10～40 |

| 级别 | 名称 | 坍落度（mm） |
|---|---|---|
| $T_2$ | 塑性混凝土 | 50～90 |
| $T_3$ | 流动性混凝土 | 100～150 |
| $T_4$ | 大流动性混凝土 | ≥160 |

**2. 维勃稠度测定**

对于干硬性的混凝土拌和物（坍落度值小于10mm）通常采用维勃稠度仪（图5-4）测定其稠度（维勃稠度）。

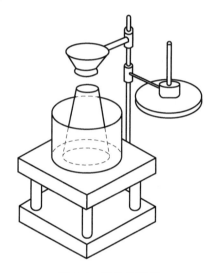

图 5-4　维勃稠度仪

首先在坍落度筒中按规定方法装满拌和物，提起坍落度筒，在拌和物试件顶面放一透明圆盘，开启振动台，同时用秒表计时，到透明圆盘的底面完全为水泥浆所布满时，停止秒表计时，关闭振动台。此时可认为混凝土拌和物已密实。所读秒数，称为维勃稠度。该法适用于骨料最大粒径不超过40mm，维勃稠度在5～30s的混凝土拌和物。根据维勃稠度，将混凝土拌和物分为4级，见表5-11。

**表 5-11　维勃稠度分类**

| 级别 | 名称 | 维勃稠度（s） |
|---|---|---|
| $V_0$ | 超干硬性混凝土 | ≥31 |
| $V_1$ | 特干硬性混凝土 | 21～30 |
| $V_2$ | 干硬性混凝土 | 11～20 |
| $V_3$ | 半干硬性混凝土 | 5～10 |

**3. 泵送混凝土的稳定性测定**

稳定性常用相对压力泌水率（$S_{10}$）来评定。试验仪器采用普通混凝土压力泌水仪。

相对压力泌水率（$S_0$）的测定方法是：将混凝土拌和物按规定方法装入试料筒内，称取混凝土质量 $G_0$，尽快给混凝土加压至3.5MPa，立即打开泌水管阀门，同时开始计时，并保持恒压，泌出的水接入 1000mL 量筒内，加压 10s 后读取泌水量 $V_{10}$，加压 140s 后读取泌水量 $V_{140}$。混凝土加压至 10s 时的相对泌水率如下：

$$S_{10}=\frac{V_{10}}{V_{140}}(\%)\tag{5-3}$$

### 5.3.1.3　流动性（坍落度）的选择

低塑性和塑性混凝土拌和物坍落度的选择，需要根据构件截面大小、配筋疏密、施工捣实方法和环境温度来确定。当构件截面尺寸较小或钢筋较密，或采用人工插捣时，坍落度可选择大些。反之，如构件截面尺寸较大，或钢筋较疏，或采用振动器振捣时，坍落度可选择小些。混凝土灌筑时的坍落度宜按表 5-12 选用。

**表 5-12　混凝土灌筑时的坍落度**

| 结构种类 | 坍落度（mm） |
|---|---|
| 基础或地面等的垫层、无配筋的大体积结构（挡土墙、基础等）或配筋稀疏的结构 | 10～30 |
| 板、梁和大型及中型截面的柱子等 | 35～50 |
| 配筋密集的结构（薄壁、斗仓、筒仓、细柱等） | 55～70 |
| 配筋特密的结构 | 75～90 |

注：本表系指采用机械振捣的坍落度，采用人工捣实时可适当增大。

泵送混凝土选择坍落度除考虑振捣方式外，还要考虑其可泵性。拌和物坍落度过小，泵送时吸入混凝土缸较困难，即活塞后退吸混凝土时，进入缸内的数量少，使充盈系数小，影响泵送效率。这种拌和物进行泵送时的摩阻力也大，要求用较高的泵送压力，会增加混凝土泵机件的磨损，甚至会产生阻塞，造成施工困难；如坍落度过大，拌和物在管道中滞留时间长，则泌水就多，容易产生离析而形成阻塞。泵送混凝土的坍落度，可按国家现行 GB 50204—2015《混凝土结构工程施工质量验收规范》和行业标准 JGJ/T 10—2011《混凝土泵送施工技术规程》的规定选用。对不同泵送高度，入泵时混凝土的坍落度，可按表 5-13 选用。

**表 5-13　不同泵送高度入泵时混凝土坍落度选用值表**

| 最大泵送高度（m） | 50 | 100 | 200 | 400 |
|---|---|---|---|---|
| 入泵坍落度（mm） | 100～140 | 150～180 | 190～220 | 230～260 |

### 5.3.1.4　影响和易性的主要因素

混凝土拌和物在自重或外力作用下产生流动的大小，与水泥浆的流变性能以及骨料颗粒间的内摩擦力有关。骨料间的内摩擦力除了取决于骨料的颗粒形状和表面特征外，还与骨料颗粒表面水泥浆层厚度有关；水泥浆的流变性能则又与水泥浆的稠度密切相关。因此，影响混凝土拌和物和易性的主要因素有以下几方面：

**1. 水泥浆的数量**

混凝土拌和物中的水泥浆，赋予混凝土拌和物以一定的流动性。混凝土拌和物要产生流动必须克服其内部的阻力，拌和物内的阻力主要来自两个方面，一是骨料间的摩擦阻力，二是胶凝材料浆体的黏聚力。在水灰比不变的情况下，单位体积拌和物内，如果水泥浆越多，则拌和物的流动性越大。但若水泥浆过多，将会出现流浆现象，使拌和物的黏聚性变差，同时对混凝土的强度与耐久性也会产生一定影响，且水泥用量也大。水泥浆过少，致使其不能填满骨料空隙或不能很好地包裹骨料表面时，就会产生崩坍现象，黏聚性变差。因此，混凝土拌和物中水泥浆的含量应以满足流动性要求为度，不宜过量。

2. 水泥浆的稠度

水泥浆的稠度是由水灰比所决定的。在水泥用量不变的情况下，水灰比越小，水泥浆就越稠，混凝土拌和物的流动性越小。当水灰比过小时，水泥浆干稠，混凝土拌和物的流动性过低，会使施工困难，不能保证混凝土的密实性。增加水灰比会使流动性加大。如果水灰比过大，又会造成混凝土拌和物的黏聚性和保水性不良，而产生流浆、离析现象，并严重影响混凝土的强度。所以水灰比不能过大或小。一般应根据混凝土强度和耐久性要求合理地选用。

当使用确定的材料拌制混凝土时，水泥用量在一定范围内，为达到一定流动性，所需加水量为一定值。所谓一定范围是指每 1m³ 混凝土水泥用量增减不超过 50～100kg。一般是根据选定的坍落度，参考表 5-14 选用混凝土的用水量。

但应指出，在试拌混凝土时，却不能用单纯改变用水量的办法来调整混凝土拌和物流动性。因单纯加大用水量会降低混凝土的强度和耐久性。因此，应该在保持水灰比不变的条件下用调整水泥浆量的办法来调整混凝土拌和物的流动性。

流动性、大流动性混凝土的用水量按下列步骤计算：以表 5-14 中坍落度 90mm 的用水量为基础，按坍落度每增大 20mm 用水量增加 5kg，计算出掺外加剂时的混凝土用水量。

水泥混凝土路面的混凝土的用水量，应按骨料的种类、最大粒径、级配、施工温度和掺用外加剂等通过试验确定。粗骨料最大粒径为 40mm。粗骨料均干燥时，混凝土的单位用水量，应按下列经验数值确定：当用碎石时为 150～170kg/m³；当用卵石时为 140～160kg/m³；掺用外加剂或掺和料时，应相应增减用水量。

表 5-14　干硬性和塑性混凝土的用水量（kg/m³）

| 拌和物稠度 | | 卵石最大粒径（mm） | | | | 碎石最大粒径（mm） | | | |
|---|---|---|---|---|---|---|---|---|---|
| 项目 | 指标 | 10 | 20 | 31.5 | 40 | 16 | 20 | 31.5 | 40 |
| 维勃稠度（s） | 15～20 | 175 | 160 | | 145 | 180 | 170 | | 155 |
| | 11～15 | 180 | 165 | — | 150 | 185 | 175 | — | 160 |
| | 5～10 | 185 | 170 | | 155 | 190 | 180 | | 165 |
| 坍落度（mm） | 10～30 | 190 | 170 | 160 | 150 | 200 | 185 | 175 | 165 |
| | 35～50 | 200 | 180 | 170 | 160 | 210 | 195 | 185 | 175 |
| | 55～70 | 210 | 190 | 180 | 170 | 220 | 205 | 195 | 185 |
| | 75～90 | 215 | 195 | 185 | 175 | 230 | 215 | 205 | 195 |

注：a 本表用水量系采用中砂时的平均取值，采用细砂时，1m³ 混凝土用水量可增加 5～10kg，采用粗砂则可减少 5～10kg。

　　b 掺用各种外加剂或掺和料时用水量应相应调整。

　　c 水灰比小于 0.4 或大于 0.8 的混凝土以及采用特殊成型工艺的混凝土用水量应通过试验确定。

　　d 本表摘自 JGJ 55—2011《普通混凝土配合比设计规程》。

3. 砂率

砂率是指混凝土中砂的质量占砂、石总质量的百分率，也称含砂率。砂率的变动会使骨料的空隙率和骨料的总表面积有显著改变，因而对混凝土拌和物的和易性产生显著影响。

砂率过大时，骨料的总表面积及空隙率都会增大，在水泥浆含量不变的情况下，相对地，水泥浆显得少了，减弱了水泥浆的润滑作用，而使混凝土拌和物的流动性减小。如砂率过小，又不能保证在粗骨料之间有足够的砂浆层，也会降低混凝土拌和物的流动性，而且会严重影响其黏聚性和保水性，容易造成离析、流浆等现象。因此，砂率不能过大也不能过小，应当有一个合理范围。当采用合理砂率时，在用水量及水泥用量一定的情况下，能使混凝土拌和物获得最大的流动性且能保持良好的黏聚性和保水性，如图 5-5 所示。或者，当采用合理砂率时，能使混凝土拌和物获得所要求的流动性及良好的黏聚性与保水性，对泵送混凝土则为获得良好的可泵性，而水泥用量为最少，如图 5-6 所示。

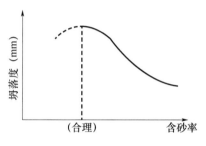

图 5-5　含砂率与坍落度的关系
（水与水泥用量为一定）

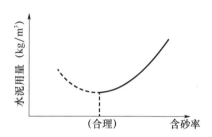

图 5-6　含砂率与水泥用量的关系
（达到相同的坍落度）

影响合理砂率大小的因素很多，可概括为：

（1）石子最大粒径较大、级配较好、表面较光滑时，由于粗骨料的空隙率较小，可采用较小的砂率。

（2）砂的细度模数较小时，由于砂中细颗粒多，混凝土的黏聚性容易得到保证，而且砂在粗骨料中的拨开作用较小，故可采用较小的砂率。

（3）水灰比较小、水泥浆较稠时，由于混凝土的黏聚性较易得到保证，故可采用较小的砂率。

（4）施工要求的流动性较大时，粗骨料常易出现离析，所以为了保证混凝土的黏聚性，需采用较大的砂率。

（5）当掺用引气剂或减水剂等外加剂时，可适当减小砂率。

由于影响合理砂率的因素很多，因此不可能用计算的方法得出准确的合理砂率。一般，在保证拌和物不离析，又能很好地浇灌、捣实的条件下，应尽量选用较小的砂率。这样可节约水泥。对于大工地或混凝土量大的工程应通过试验确定合理砂率，如无使用经验可按骨料的品种、规格及混凝土的水灰比值参照表 5-15 选用合理的数值。此表适用于坍落度小于或等于 60mm，且等于或大于 10mm 的混凝土。

表 5-15 混凝土的砂率（%）

| 水灰比 (w/c) | 卵石最大粒径（mm） | | | 碎石最大粒径（mm） | | |
|---|---|---|---|---|---|---|
| | 10 | 20 | 40 | 10 | 20 | 40 |
| 0.40 | 26～32 | 25～31 | 24～30 | 30～35 | 29～34 | 27～32 |
| 0.50 | 30～35 | 29～34 | 28～33 | 33～38 | 32～37 | 30～35 |
| 0.60 | 33～38 | 32～37 | 31～36 | 36～41 | 35～40 | 33～38 |
| 0.70 | 36～41 | 35～40 | 34～39 | 39～44 | 38～43 | 36～41 |

注：a 本表数值系中砂的选用砂率，对细砂或粗砂，可相应地减少或增大砂率。

  b 只用一个单粒级粗骨料配制混凝土时，砂率应适当增大。

  c 对薄壁构件砂率取偏大值。

  d 本表中的砂率系指砂与骨料总量的质量比。

坍落度大于 60mm 的混凝土砂率，应经试验确定，也可在表 5-15 的基础上，按坍落度每增大 20mm，砂率增大 1% 的幅度予以调整；坍落度小于 10mm 的混凝土，其砂率应经试验确定。

砂率对于泵送混凝土的泵送性能很重要，主要影响拌和物的稳定性，且泵送混凝土的管道除直管外，尚有弯管、锥形管和软管，当混凝土通过这些管道时要发生形状变化，砂率低的混凝土和易性差，变形困难，不易通过，易产生阻塞。因此泵送混凝土的砂率比非泵送混凝土的砂率要高 2%～5%。泵送混凝土的砂率宜为 35%～45%，石子粒径偏小，取下限值；石子粒径偏大，取上限值。

水泥混凝土路面混凝土的砂率，应按碎（卵）石和砂的用量、种类、规格及混凝土的水灰比确定，并应按表 5-15 规定选用。

**4. 水泥和骨料**

用矿渣水泥和某些火山灰水泥时，拌和物的坍落度一般较用普通水泥时为小，而且矿渣水泥将使拌和物的泌水性显著增加。

从前面对骨料的分析可知，一般卵石拌制的混凝土拌和物比碎石拌制的流动性好。河砂拌制的混凝土拌和物比山砂拌制的流动性好。骨料级配好的混凝土拌和物的流动性也好。

**5. 外加剂和矿物掺和料**

在拌制混凝土时，加入很少量的减水剂能使混凝土拌和物在不增加水泥用量的条件下，获得很好的和易性，增大流动性；掺入适量的矿物掺和料，可改善黏聚性、降低泌水性。并且由于改变了混凝土的细观结构，尚能提高混凝土的耐久性。因此这种方法也是常用的。通常配制坍落度很大的流态混凝土，是依靠掺入高效减水剂，这样单位用水量较少，可保证混凝土硬化后具有良好的性能。

**6. 时间和温度**

拌和物拌制后，随时间的延长而逐渐变得干稠，流动性减小，原因是有一部分水供水泥水化，一部分水被骨料吸收，一部分水蒸发以及凝聚结构的逐渐形成，致使混凝土拌和物的流动性变差。加入外加剂（如高效减水剂等）的混凝土，随时间的延长，由于外加剂在溶液中的浓度逐渐下降，坍落度损失会增加。泵送混凝土的坍落度随时间变化较大，其坍落度损失比非泵送混凝土要大。拌和物的和易性也受温度的影响，如图 5-7 所示。一般拌和物温度升高 1℃，其坍落度下降 0.40cm。因此在盛夏施工时，要充分考虑由于温度的升高而引起的坍落度降低。

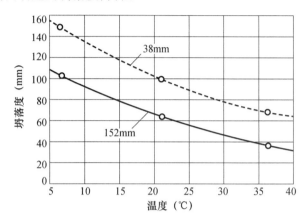

图 5-7   拌和物坍落度与温度的关系

### 5.3.1.5   改善和易性的措施

以上讨论的混凝土拌和物和易性的变化规律，目的是能运用其去能动地调节混凝土拌和物的和易性，以适应具体的结构与施工条件。当调整和易性时，还必须同时考虑对混凝土其他性质（如强度、耐久性）的影响。在实际工作中调整拌和物的和易性，可采取如下措施：

（1）尽可能降低砂率。通过试验，采用合理砂率，有利于提高混凝土的质量和节约水泥。

（2）改善砂、石（特别是石子）的级配，但要增加备料工作。

（3）尽量采用较粗的砂、石。

（4）当混凝土拌和物坍落度太小时，维持水灰比不变，适当增加水泥和水的用量，或者加入外加剂等；当拌和物坍落度太大，但黏聚性良好时，可保持砂率不变，适当增加砂、石；如黏聚性和保水性不好时，可适当增加砂率，或者掺入矿物掺和料等。

### 5.3.1.6   新拌混凝土的凝结时间

混凝土拌和物的凝结时间与其所用水泥的凝结时间并不一致。水泥的凝结时间是指水泥净浆在规定的稠度和温度条件下测得的，混凝土拌和物的存在条件与水泥凝结时间测定条件不一定相同。混凝土的水灰比、环境温度和外加剂的性能等均对混凝土的凝结快慢产生很大影响。拌和物的凝结时间，受水灰比、环境温度以及外加剂等多种因素影响。

混凝土拌和物的凝结时间通常是用贯入阻力法测定的，所使用的仪器为贯入阻力仪。先用 5mm 筛孔的筛从混凝土拌和物中筛取砂浆，按一定方法装入规定的容器中，然后每隔一定时间测定砂浆贯入到一定深度时的贯入阻力，绘制贯入阻力与时间的曲线，经贯入阻力 3.5MPa 及 28MPa 画两条平行于时间坐标的直线，直线与曲线交点的时间即分别为混凝土拌和物的初凝和终凝时间。

### 5.3.2　混凝土的强度

#### 5.3.2.1　混凝土的脆性断裂

**1. 混凝土的理论强度与实际强度**

根据格雷菲斯（Griffith）脆性断裂理论，固体材料的理论抗拉强度可近似地用下式计算：

$$\sigma_m = \sqrt{\frac{E\gamma}{a_0}} \tag{5-4}$$

式中：$\sigma_m$——材料的理论抗拉强度，MPa；

　　　$E$——弹性模量，MPa；

　　　$\gamma$——单位面积的表面能，$J/m^2$；

　　　$a_0$——原子间的平衡距离，m。

$\sigma_m$也可粗略估计为：

$$\sigma_m = 0.1E \tag{5-5}$$

如按上式估算，普通混凝土及其组分水泥石和骨料的理论抗拉强度就可高达$10^3$ MPa的数量级。但实际上普通混凝土的抗拉强度远远低于这个理论值。混凝土的这种现象，用格雷菲斯脆性断裂理论来解释，就是在一定应力状态下混凝土中裂缝到达临界宽度后，便处于不稳定状态，会自发地扩展，直至断裂。而断裂拉应力和裂缝临界宽度的关系基本服从下式：

$$\sigma_C = \sqrt{\frac{2E\gamma}{\pi(1-\mu^2)C}} \tag{5-6}$$

式中：$\sigma_C$——材料断裂拉应力，MPa；

　　　$C$——裂缝临界宽度的一半，m；

　　　$\mu$——泊松比。

上式又可近似地写为：

$$\sigma_C \approx \sqrt{\frac{E\gamma}{C}} \tag{5-7}$$

并与理论抗拉强度计算式对比，可求得：

$$\frac{\sigma_m}{\sigma_C} = \left(\frac{C}{a_0}\right)^{1/2} \tag{5-8}$$

这个结果可解释为：裂缝在其两端引起了应力集中，将外加应力放大了$\left(\dfrac{C}{a_0}\right)^{1/2}$倍，使局部区域达到了理论强度，而导致断裂。

**2. 混凝土受力裂缝扩展过程以及混凝土的受力变形与破坏过程**

硬化后的混凝土在未受外力作用之前，由于水泥水化造成的化学收缩和物理收缩引起砂浆体积的变化，在粗骨料与砂浆界面上产生了分布极不均匀的拉应力。它足以破坏粗骨料与砂浆的界面，形成许多分布很乱的界面裂缝。另外还因为混凝土成型后的泌水作用，某些上升的水分被粗骨料颗粒阻止，因而聚积于粗骨料的下缘，混凝土硬化后就成为界面裂缝。混凝土受外力作用时，其内部产生了拉应力，这种拉应力很容易在具有几何形状为楔形的微裂缝顶部形成应力集中，随着拉应力的逐渐增大，导致微裂缝的进一步延伸、汇合、扩大，最后形成几条可见的裂缝。试件就随着这些裂缝扩展而破坏。以混凝土单轴受压为例，绘出的静力受压时的荷载-变形曲线的典型形式如图 5-8 所示。通过显微镜观察所查明的混凝土内部裂缝的发展可分为如图 5-8 所示的四个阶段，每个阶段的裂缝状态示意如图 5-9 所示。

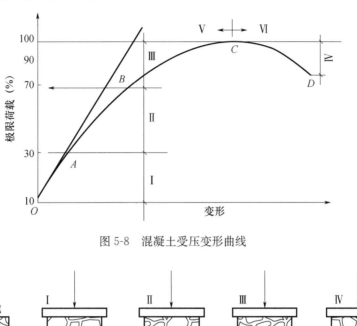

图 5-8 混凝土受压变形曲线

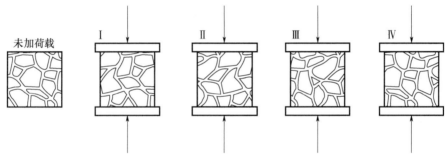

图 5-9 不同受力阶段裂缝示意图

当荷载到达"比例极限"（约为极限荷载的 30%）之前，混凝土处于弹性变形阶段，且混凝土达到塑性变形以前，界面裂缝无明显变化（图 5-8 第Ⅰ阶段，图 5-9Ⅰ）。此时，荷载与变形比较接近直线关系（图 5-8 曲线 OA 段）。荷载超过"比例极限"以后，界面裂缝的数量、长度和宽度都不断增大，界面借摩阻力继续承担荷载，但尚无明显的砂浆裂缝（图 5-9Ⅱ）。此时，变形增大的速度超过荷载增大的速度，荷载与变形之间不再接近直线关系（图 5-8 曲线 AB 段）。荷载超过"临界荷载"（为极限荷载的 70%～90%）以后，在界面裂缝继续发展的同时，开始出现砂浆裂缝，并将邻近的界面裂缝连接起来成为连续裂缝（图 5-9Ⅲ）。此时，变形增大的速度进一步加快，荷载-变形曲线明显地弯向变形轴方向（图 5-8 曲线 BC 段）。超过极限荷载以后，连续裂缝急速地扩展（图 5-9Ⅳ）。此时，混凝土的承载能力下降，荷载减小而变形迅速增大，以至完全破坏，荷载-变形曲线逐渐下降而最后结束（图 5-8 曲线 CD 段）。

由此可见，荷载与变形的关系，是内部微裂缝扩展规律的体现。混凝土在外力作用下的变形和破坏过程，也就是内部裂缝的发生和扩展过程，它是一个从量变发展到质变的过程。只有当混凝土内部的微观破坏发展到一定量级时才使混凝土的整体遭受破坏。

3. 混凝土的强度理论

混凝土的强度理论分为细观力学强度理论与宏观力学强度理论。细观力学强度理论，是根据混凝土细观非匀质性的特征，研究组成材料对混凝土强度所起的作用。宏观力学强度理论，是假定混凝土为宏观匀质且各向同性的材料，研究混凝土在复杂应力作用下的普适化破坏条件。前者应为混凝土材料设计的主要理论依据之一，而后者对混凝土结构设计则很重要。

通常细观力学强度理论的基本概念，都把水泥石性能作为影响混凝土强度的最主要因素，并建立了一系列的水泥石孔隙率或密实度与混凝土强度之间的关系式。长期以来，它在混凝土的配合比设计中起着理论指导作用。但按照断裂力学的观点来看，决定断裂强度的是某处存在的临界宽度的裂缝，它和孔隙的形状和尺寸有关，而不是总的孔隙率。因此，用断裂力学的基本观念来研究混凝土的强度，是一个研究混凝土力学性能的热点方向。

### 5.3.2.2 混凝土立方体抗压强度

按照国家标准 GB/T 50081—2019《混凝土物理力学性能试验方法标准》规定的混凝土立方体试件抗压试验方法进行测试，制作边长为 150mm 的立方体试件，试件在标准条件（温度 20±2℃，相对湿度 95％以上）下，养护到 28d 龄期，测得的抗压强度值即为混凝土立方体抗压强度（简称立方体抗压强度），以 $f_{cu}$ 表示。

按照标准规定，测定混凝土立方体抗压强度时，也可以按粗骨料最大粒径的尺寸而选用不同的试件尺寸。但在计算其抗压强度时，应乘以换算系数，以得到相当于标准试件的试验结果。例如，当选用边长为 10 cm 或 20 cm 的立方体试件时，实测强度需乘以 0.95 或 1.05 的换算系数，得到立方体抗压标准强度。

试件尺寸越小，测得的抗压强度值越大，这是因为混凝土立方体试件在压力机上受压时，在沿加荷方向发生纵向变形的同时，也按泊松比产生横向变形。但是由于压力机上下压板（钢板）的弹性模量比混凝土大 5～15 倍，而泊松比则不超过混凝土的两倍，在荷载下压板的横向应变小于混凝土的自由横向应变，因而上下压板与试件因横向应变不同而产生相对的滑动进而在接触面之间产生摩擦阻力。这种摩擦阻力对试件的横向膨胀起着约束作用，对强度有提高的作用，越接近试件的端面，这种约束作用就越大，通常称之为"环箍效应"[图 5-10（a）]。这种情况下，试件破坏以后，其上下部分各呈一个较完整的棱锥体 [图 5-10（b）]。如在压板和试件表面间加润滑剂，则环箍效应大大减小，试件将出现直裂破坏 [图 5-10（c）]，测出的强度也较低。立方体试件尺寸较大时，环箍效应的相对作用较小，测得的立方体抗压强度因而偏低。

此外，由于试件中的裂缝、孔隙等缺陷将减少混凝土受力面积并引起混凝土内部的应力集中，导致混凝土未达到极限强度时缺陷等位置就发生开裂破坏，因而降低强度。随着试件尺寸增大，存在缺陷的概率也增大，故较大尺寸的试件测得的抗压强度相对偏低。

### 5.3.2.3 混凝土立方体抗压标准强度与强度等级

混凝土立方体抗压标准强度（或称立方体抗压强度标准值）系指按标准方法制作和养护的边长为 150mm 的立方体试件，在 28d 龄期时，用标准试验方法测得的强度总体

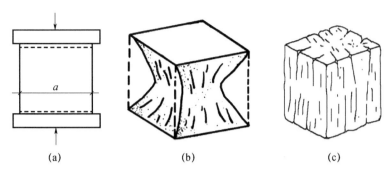

图 5-10 混凝土抗压试验的"环箍效应"

(a) 环箍效应；(b) 环箍效应破坏；(c) 正常抗压破坏

分布中具有不低于 95％保证率的抗压强度值，以表 $f_{cu,k}$ 表示。

混凝土强度等级是按混凝土立方体抗压标准强度来划分的。混凝土强度等级采用符号 C 与立方体抗压强度标准值（以 MPa 计）表示。普通混凝土划分为下列强度等级：C15、C20、C25、C30、C35、C40、C45、C50、C55、C60、C65、C70、C75 及 C80 14 个等级。混凝土强度等级是混凝土结构设计时强度计算取值的依据，同时也是混凝土施工中控制工程质量和工程验收时的重要依据。

#### 5.3.2.4 混凝土的轴心抗压强度

确定混凝土强度等级是采用立方体试件，但在实际工程中，钢筋混凝土结构极少是立方体的，大部分是棱柱体（正方形截面）或圆柱体。为了使测得的混凝土强度接近于混凝土结构的实际情况，在钢筋混凝土结构计算中，计算轴心受压构件（例如柱子、桁架的腹杆等）时，都是采用混凝土的轴心抗压强度 $f_{cp}$ 作为依据。

按标准 GB/T 50081—2019《混凝土物理力学性能试验方法标准》的规定，测轴心抗压强度，采用 150mm×150mm×300mm 棱柱体作为标准试件。如有必要，也可采用非标准尺寸的棱柱体试件，但其高（$h$）与宽（$a$）之比应在 2～3 的范围内。棱柱体试件在与立方体试件相同的条件下制作时，测得的轴心抗压强度 $f_{cp}$ 比同截面的立方体强度值 $f_{cu}$ 小，棱柱体试件高宽比（$h/a$）越大，轴心抗压强度越小，但当 $h/a$ 达到一定值后，强度就不再降低。因为这时在试件的中间区段已无环箍效应，形成了纯压状态。但是过高的试件在破坏前由于失稳产生较大的附加偏心，又会降低其抗压的试验强度值。

关于轴心抗压强度 $f_{cp}$ 与立方抗压强度 $f_{cu}$ 间的关系，通过许多组棱柱体和立方体试件的强度试验表明：在立方体抗压强度 $f_{cu}$＝10～55MPa 的范围内，轴心抗压强度 $f_{cp}$ 与 $f_{cu}$ 之比为 0.70～0.80。

#### 5.3.2.5 混凝土的抗拉强度

混凝土在直接受拉时，很小的变形就要开裂，它在断裂前没有残余变形，是一种脆性破坏。混凝土的抗拉强度只有抗压强度的 1/20～1/10，且随着混凝土强度等级的提高，比值有所降低，也就是当混凝土强度等级提高时，抗拉强度的增加幅度不及抗压强度提高幅度。因此，混凝土在工作时一般不依靠其抗拉强度。但抗拉强度对于开裂现象有重要意义，在结构设计中抗拉强度是确定混凝土抗裂度的重要指标。有时也用它来间接衡量混凝土与钢筋的黏结强度等。

混凝土的抗拉强度可由轴向抗拉强度，按标准 GB/T 50081—2019《混凝土物理力学性能试验方法标准》的规定，测轴心抗拉强度，室内成型的轴向拉伸的试件中间截面尺寸应为 100mm×100mm，钻芯试件应采用直径 100mm 的圆柱体，轴向抗拉强度可按下式计算：

$$f_t = \frac{F}{A} \qquad (5-9)$$

式中：$f_t$——混凝土轴向抗拉强度，MPa；

　　　$F$——破坏荷载，N；

　　　$A$——试件劈裂面面积，$mm^2$。

除采用直接拉伸测定混凝土轴心抗拉强度外，GB/T 50081—2019《混凝土物理力学性能试验方法标准》还规定了可用劈裂抗拉强度来表示混凝土的抗拉强度，试件标准尺寸为 150mm 立方体试件，也可采用 100mm 和 200mm 的非标准试件。混凝土劈裂抗拉强度应按下式计算：

$$f_{ts} = \frac{2P}{\pi A} = 0.637\frac{P}{A} \qquad (5-10)$$

式中：$f_{ts}$——混凝土劈裂抗拉强度，MPa；

　　　$P$——破坏荷载，N；

　　　$A$——试件劈裂面面积，$mm^2$。

### 5.3.2.6　混凝土的抗折强度

实际工程中常会出现混凝土的断裂破坏现象，例如水泥混凝土路面和桥面主要的破坏形态就是断裂。因此在进行路面结构设计以及混凝土配合比设计时以抗折强度作为主要强度指标。

实际工程中一些结构是按照抗折强度设计混凝土，而非抗拉强度，例如混凝土路面设计，按 GB/T 50081—2019《混凝土物理力学性能试验方法标准》的规定，测定混凝土的抗折强度应采用 150mm×150mm×600mm（或 550mm）小梁作为标准试件，在标准条件下养护 28d 后，按三分点加荷方式测得其抗折强度，按下式计算：

$$f_{cf} = \frac{PL}{b\,h^2} \qquad (5-11)$$

式中：$f_{cf}$——混凝土抗折强度，MPa；

　　　$P$——破坏荷载，N；

　　　$L$——支座间距即跨度，mm；

　　　$b$——试件截面宽度，mm；

　　　$h$——试件截面高度，mm。

当采用 100mm×100mm×400mm 非标准试件时，通过试验测得的混凝土抗折强度值应乘以尺寸换算系数 0.85。又如，由跨中单点加荷方式得到的混凝土抗折强度，应乘以折算系数 0.85。

### 5.3.2.7　影响混凝土强度的因素

#### 1. 水灰比和胶凝材料强度

水泥是混凝土中的活性组分，其强度的大小直接影响着混凝土强度的高低。在配合比相同的条件下，所用的水泥强度等级越高，制成的混凝土强度也越高。当用同一种水泥（品种及强度等级相同）时，混凝土的强度主要决定于水灰比。因为水泥水化时所需的结合水，一般只占水泥质量的 23% 左右，但在拌制混凝土拌和物时，为了获得必要的流动性，常需用较多的水（占水泥质量的 40%～70%），即较大的水灰比。当混凝土硬化后，多余的水分就残留在混凝土中形成水泡或蒸发后形成气孔，大大地减少了混凝土抵抗荷载的实际有效断面，而且可能在孔隙周围产生应力集中。因此，可以认为，在水泥强度等级相同的情况下，水灰比越小，水泥石的强度越高，与骨料黏结力也越大，混凝土的强度就越高。但应说明：如果水灰比太小，拌和物过于干硬，在一定的捣实成型条件下，无法保证浇灌质量，混凝土中将出现较多的蜂窝、孔洞，强度也将下降。试验证明，混凝土强度随水灰比的增大而降低，呈曲线关系，而混凝土强度和灰水比的关系则呈直线关系（图 5-11）。

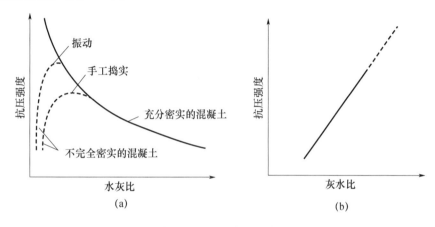

图 5-11　混凝土强度与水灰比及灰水比的关系
（a）强度与水灰比的关系；（b）强度与灰水比的关系

水泥石与骨料的黏结力还与骨料的表面状况有关，碎石表面粗糙，黏结力比较大，卵石表面光滑，黏结力比较小。因而在水泥强度等级和水灰比相同的条件下，碎石混凝土的强度往往高于卵石混凝土的强度。

同时，当采用矿物掺和料以及其他胶凝材料部分替代水泥时，也会对混凝土的强度产生影响，因此，在设计混凝土过程中，要考虑这一部分的影响，混凝土强度与胶凝材料和水灰比的计算过程在 5.5 节中有详细介绍。

2. 养护的温度和湿度

混凝土所处的环境温度和湿度等，都是影响混凝土强度的重要因素，它们都是通过影响水泥水化过程而影响混凝土强度的。周围环境的温度对水化作用进行的速度有显著的影响，如图 5-12 所示。由图可知，养护温度高可以增大初期水化速度，混凝土初期强度也高。但急速的初期水化会导致水化物分布不均匀，水化物稠密程度低的区域将成为水泥石中的薄弱点，从而降低整体的强度。

当温度降至零点以下时，由于混凝土中的水分大部分结冰，水泥颗粒不能和冰发生化学反应，混凝土的强度停止发展。不但混凝土的强度停止发展，而且由于孔隙内水分结冰而引起的膨胀（水结冰体积可膨胀约 9%）产生相当大的压力，其作用在孔隙、毛细管内壁，将使混凝土的内部结构遭受破坏，使已经获得的强度受到损失。但气温如再

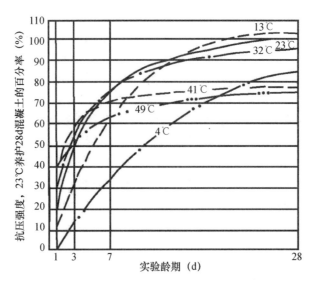

图 5-12　养护温度对混凝土强度的影响

升高时，冰又开始融化。如此反复冻融，混凝土内部的微裂缝，逐渐增长、扩大，混凝土强度逐渐降低，表面开始剥落，甚至混凝土完全崩溃。混凝土早期强度低，更容易冻坏。

　　除温度外，湿度对混凝土强度也有很大影响。如图 5-13 所示，湿度适当，水泥水化便能顺利进行，混凝土强度得到充分发展。如果湿度不够，混凝土会失水干燥而影响水泥水化作用的正常进行，甚至停止水化。这不仅严重降低混凝土的强度，而且因水化作用未能完成，使混凝土结构疏松，渗水性增大，或形成干缩裂缝，从而影响其耐久性。所以，需要保证混凝土在标准环境下（20±5℃、相对湿度 95%）养护至规定龄期。

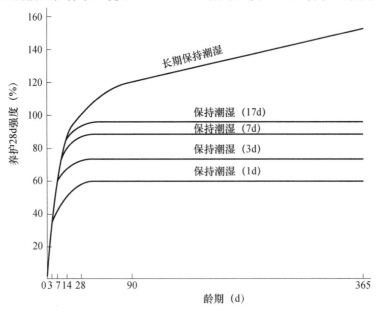

图 5-13　湿度对混凝土强度的影响

混凝土在自然条件下养护，为保持潮湿状态，在混凝土凝结以后（一般在 12h 以内），表面应覆盖草袋等物并不断浇水，这样也同时能防止其发生不正常的收缩。使用硅酸盐水泥、普通水泥和矿渣水泥时，浇水保湿应不少于 7d；道路路面水泥混凝土宜为 14～21d；使用火山灰水泥和粉煤灰水泥或在施工中掺用缓凝型外加剂或有抗渗要求时，应不少于 14d；如用高铝水泥时，不得少于 3d。在夏季应特别注意浇水，保持必要的湿度，在冬季应特别注意保持必要的温度。目前有的工程，也有采用塑料薄膜养护的方法，如道路混凝土便常用。

3. 龄期

混凝土在正常养护条件下，其强度将随着龄期的增加而增长。最初 7～14d 内，强度增长较快，28d 以后增长缓慢。但龄期延续很久其强度仍有所增长。因此，在一定条件下养护的混凝土，可根据其早期强度大致地估计 28d 的强度。

普通水泥制成的混凝土，在标准条件养护下，混凝土强度的发展大致与其龄期的对数成正比（龄期不小于 3d）：

$$f_n = f_{28} \cdot \frac{\lg n}{\lg 28} \tag{5-12}$$

式中：$f_n$——$nd$ 龄期混凝土的抗压强度，MPa；

$f_{28}$——28d 龄期混凝土的抗压强度，MPa；

$n$——养护龄期（d），$n \geqslant 3$。

4. 混凝土的成熟度（$N$）

混凝土所经历的时间和温度的乘积的总和，称为混凝土的成熟度（$N$），单位为小时·摄氏度（h·℃）或天·摄氏度（d·℃）。混凝土的强度与成熟度之间的关系很复杂，它不仅取决于水泥的性质和混凝土的质量（强度等级），而且与养护温度和养护制度有关。当混凝土的初始温度在某一范围内，并且在所经历的时间内不发生干燥失水的情况下，混凝土的强度和成熟度的对数成线性关系。这是比用自然龄期（$n$）更合理的建立混凝土强度函数的基本参数。

## 5.3.3 混凝土的变形性能

### 5.3.3.1 化学收缩

由于水泥水化生成物的体积比反应前物质的总体积小，而使混凝土收缩，这种收缩称为化学收缩。其收缩量是随混凝土硬化龄期的延长而增加的，大致与时间的对数成正比，一般在混凝土成型后逾 40d 内增长较快，以后就渐趋稳定，化学收缩是不能恢复的。

### 5.3.3.2 干湿变形

干湿变形取决于周围环境的湿度变化。混凝土在干燥过程中，首先发生气孔水和毛细孔水的蒸发。气孔水的蒸发并不引起混凝土的收缩。毛细孔水的蒸发，使毛细孔中形成负压，随着空气湿度的降低负压逐渐增大，产生收缩力，导致混凝土收缩。当毛细孔水蒸发完后，如继续干燥，则凝胶体颗粒的吸附水也发生部分蒸发，由于分子引力的作用，粒子间距离变小，使凝胶体紧缩。混凝土这种收缩在重新吸水以后大部分可以恢复。当混凝土在水中硬化时，体积不变，甚至轻微膨胀。在一般条件下混凝土的极限收缩值为（500～900）×10⁻⁶mm/mm 左右。收缩受到约束时往往引起混凝土开裂，故施工时应予以注意。通过试验得知：

（1）混凝土的干燥收缩是不能完全恢复的。即混凝土干燥收缩后，即使长期再放在水中也仍然有残余变形保留下来（图5-14）。通常情况，残余收缩为收缩量的30%～60%。

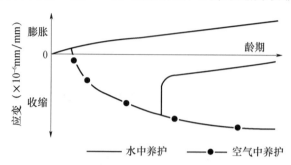

图 5-14 混凝土在不同养护环境下的体积变形

（2）混凝土的干燥收缩与水泥品种、水泥用量和用水量有关。采用矿渣水泥比采用普通水泥的收缩大；采用高强度等级水泥，由于颗粒较细，混凝土收缩也较大；水泥用量多或水灰比大者，收缩量也较大。

（3）砂石在混凝土中形成骨架，对收缩有一定的抵抗作用。故混凝土的收缩量比水泥砂浆小得多，而水泥砂浆的收缩量又比水泥净浆小得多。在一般条件下水泥浆的收缩值高达 2850×10⁻⁶mm/mm，三种收缩量之比约为 1:2:5。骨料的弹性模量越高，混凝土的收缩越小，故轻骨料混凝土的收缩一般说来比普通混凝土大得多。另外，砂、石越干净，混凝土捣固得越密实，收缩量也越小。

（4）在水中养护或在潮湿条件下养护可大大减少混凝土的收缩，采用普通蒸养可减少混凝土收缩，压蒸养护效果更显著。

### 5.3.3.3 温度变形

混凝土与其他材料一样，也具有热胀冷缩的性质，其温度膨胀系数约为10×10⁻⁶，即温度升高1℃，每1m膨胀0.01mm。温度变形对大体积混凝土及大面积混凝土工程极为不利。在实际工程中，外部工作环境在夏天可能达到50～70℃，会使内部混凝土产生较大的膨胀，而外部却随气温降低而收缩。内部膨胀和外部收缩互相制约，在外表混凝土中将产生很大拉应力，严重时会产生裂缝。

因此，对大体积混凝土工程，必须尽量设法减少混凝土发热量，如采用低热水泥，减少水泥用量，采取人工降温等措施。一般纵长的钢筋混凝土结构物，应采取每隔一段长度设置伸缩缝以及在结构物中设置温度钢筋等措施。

### 5.3.3.4 在荷载作用下的变形

1. 在短期荷载作用下的变形

（1）混凝土弹性和塑性变形。混凝土内部结构中含有砂石骨料、水泥石（水泥石中又存在着凝胶、晶体和未水化的水泥颗粒）、游离水分和气泡，这导致混凝土具有不匀质性，混凝土不是一种完全的弹性体，而是一种弹塑性体。它在受力时，既会产生可以恢复的弹性变形，又会产生不可恢复的塑性变形，其应力与应变之间的关系不是直线而是曲线，如图 5-15 所示。

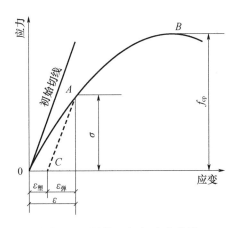

图 5-15　混凝土应力-应变曲线

在静力试验的加荷过程中，若加荷至应力为 $\sigma$、应变为 $\varepsilon$ 的 $A$ 点，然后将荷载逐渐卸去，则卸荷时的应力-应变曲线如 $\overset{\frown}{AC}$ 所示。卸荷后能恢复的应变 $\varepsilon_{\text{弹}}$ 是由混凝土的弹性作用引起的，称为弹性应变；剩余的不能恢复的应变 $\varepsilon_{\text{塑}}$ 则是由于混凝土的塑性性质引起的，称为塑性应变。

在重复荷载作用下的应力-应变曲线，因作用力的大小而有不同的形式。当应力小于 $(0.3\sim0.5)f_{\text{cp}}$ 时，每次卸荷都残留一部分塑性变形，但随着重复次数的增加，$\varepsilon_{\text{塑}}$ 的增量逐渐减小，最后曲线稳定于 $A'C'$ 线。它与初始切线大致平行，如图 5-16 所示。若所加应力 $\sigma$ 在 $(0.5\sim0.7)f_{\text{cp}}$ 以上重复时，随着重复次数的增加，塑性应变逐渐增加，将导致混凝土疲劳破坏。

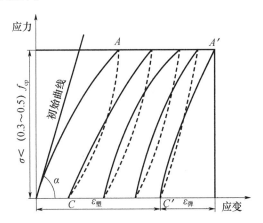

图 5-16　混凝土在重复荷载作用下的应力-应变曲线

（2）混凝土的变形模量。在应力-应变曲线上任一点的应力 $\sigma$ 与其应变 $\varepsilon$ 的比值，叫作混凝土在该应力下的变形模量。它反映混凝土所受应力与所产生应变之间的关系。在计算钢筋混凝土的变形、裂缝开展及大体积混凝土的温度应力时，均需知道混凝土的变形模量。在混凝土结构或钢筋混凝土结构设计中，常采用一种按标准方法测得的静力受压弹性模量 $E_{\text{c}}$。

在静力受压弹性模量试验中，使混凝土的应力在 $1/3\,f_{\text{cp}}$ 水平下经过多次反复加荷和卸荷，最后所得应力-应变曲线与初始切线大致平行，这样测出的变形模量称为弹性

模量 $E_c$，在数值上与 $\tan\alpha$ 相近（图 5-16）。混凝土的强度越高，弹性模量越高，两者存在一定的相关性。混凝土的弹性模量随其骨料与水泥石的弹性模量而异。混凝土的骨料含量较多、水灰比较小、养护较好及龄期较长时，混凝土的弹性模量就较大。蒸汽养护的弹性模量比标准养护的低。

2. 徐变

混凝土在长期荷载作用下，沿着作用力方向的变形会随时间不断增长，即荷载不变而变形随时间增大，一般要延续 2～3 年才逐渐趋于稳定。这种在长期荷载作用下产生的变形，通常称为徐变。图 5-17 所示为混凝土徐变的一个实例。

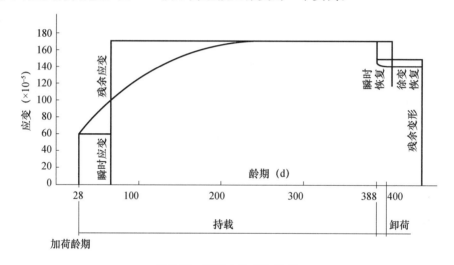

图 5-17　混凝土徐变和恢复

混凝土在长期荷载作用下，一方面在开始加荷时发生瞬时变形（又称瞬变，即混凝土受力后立刻产生的变形，以弹性变形为主）；另一方面发生缓慢增长的徐变。在荷载作用初期，徐变变形增长较快，以后逐渐变慢且稳定下来。混凝土的徐变应变一般可达 $(300～1500) \times 10^{-6}$ 即 $0.3～1.5 \text{mm/m}$。当变形稳定以后卸掉荷载，这时将产生瞬时变形，这个瞬时变形的符号与原来的弹性变形相反，而绝对值则较原来的小，称为瞬时恢复。在卸荷后的一段时间内变形还会继续恢复，称为徐变恢复。

混凝土徐变和许多因素有关。混凝土的水灰比较小或混凝土在水中养护时，同龄期的水泥石中未填满的孔隙较少，故徐变较小。水灰比相同的混凝土，其水泥用量越多，徐变越大。混凝土所用骨料弹性模量较大时，徐变较小。此外，徐变与混凝土的弹性模量也有密切关系，一般弹性模量大者，徐变小。混凝土在受压、受拉或受弯时均会有徐变现象，混凝土的徐变对钢筋混凝土构件来说，能消除钢筋混凝土内的应力集中，使应力较均匀地重新分布；对大体积混凝土，能消除一部分由于温度变形所产生的破坏应力。但在预应力钢筋混凝土结构中，混凝土的徐变将使钢筋的预加应力受到损失。

### 5.3.4　混凝土的耐久性

#### 5.3.4.1　耐久性概念

混凝土除要保证具有足够的承载能力外，还需要保证其在长期受力过程中，能够有稳定的性能，以保证混凝土结构可以达到设计年限。一般把混凝土抵抗环境介质和内部劣化并长期保持其良好的使用性能和外观完整性能，从而维持混凝土结构的安全、正常使用的能力称为耐久性。环境对混凝土结构的物理和化学作用以及混凝土结构抵御环境作用的能力，是影响混凝土结构耐久性的因素。混凝土结构耐久性设计的目标，是使混凝土结构在规定的使用年限即设计使用寿命内，在设计确定的环境作用和维修、使用条件下，结构保持其适用性和安全性。混凝土材料耐久是保证混凝土结构耐久的前提。

混凝土耐久性能主要包括抗渗、抗冻、抗侵蚀、抗氯离子渗透、抗碳化和碱-骨料反应等性能。

### 1. 抗渗性

抗渗性是指混凝土抵抗水、油等液体在压力作用下渗透的性能。它直接影响混凝土的抗冻性和抗侵蚀性。混凝土的抗渗性主要与其密实度及内部孔隙的大小和构造有关。混凝土内部互相连通的孔隙和毛细管通路，以及由于在混凝土施工成型时，振捣不实产生的蜂窝、孔洞都会造成混凝土渗水。

混凝土的抗渗性一般采用抗渗等级表示，也有采用相对渗透系数来表示的。抗渗等级是按标准试验方法进行试验，用每组 6 个试件中 4 个试件未出现渗水时的最大水压力来表示的。分为 P4、P6、P8、P10、P12、>P12 共 6 个等级，相应表示能抵抗 0.4MPa、0.6MPa、0.8MPa、1.0MPa、1.2MPa 及大于 1.2MPa 的静水压力而不渗水。抗渗等级≥P6 级的混凝土为抗渗混凝土。

影响混凝土抗渗性的因素有水灰比、骨料的最大粒径、养护方法、水泥品种、外加剂、掺和料及龄期等。

（1）水灰比。混凝土水灰比的大小，对其抗渗性起决定性作用。水灰比越大，其抗渗性越差。在成型密实的混凝土中，水泥石的抗渗性对混凝土的抗渗性影响最大。

（2）骨料的最大粒径。在水灰比相同时，混凝土骨料的最大粒径越大，其抗渗性越差。这是由于骨料和水泥浆的界面处易产生裂隙和较大骨料下方易形成孔穴。

（3）养护方法。蒸汽养护的混凝土，其抗渗性较潮湿养护的混凝土要差。在干燥条件下，混凝土早期失水过多，容易形成收缩裂隙，因而降低了混凝土的抗渗性。

（4）水泥品种。水泥的品种、性质也影响混凝土的抗渗性。水泥的细度越大，水泥硬化体孔隙率越小，强度就越高，则其抗渗性越好。

（5）外加剂。在混凝土中掺入某些外加剂，如减水剂等，可减小水灰比，改善混凝土的和易性，因而可改善混凝土的密实性，即提高了混凝土的抗渗性。

（6）掺和料。在混凝土中加入掺和料，如掺入优质粉煤灰，由于优质粉煤灰能发挥其形态效应、活性效应、微骨料效应和界面效应等，可提高混凝土的密实度、细化孔隙，从而改善了孔结构和骨料与水泥石界面的过渡区结构，因而提高了混凝土的抗渗性。

（7）龄期。混凝土龄期越长，其抗渗性越好。因为随着水泥水化的进展，混凝土的密实性逐渐增大。

### 2. 抗冻性

混凝土的抗冻性是指混凝土在水饱和状态下，经受多次冻融循环作用，能保持强度和外观完整性的能力。在寒冷地区，特别是在接触水又受冻的环境下的混凝土，要求具有较高的抗冻性。混凝土受冻融作用破坏，是由于混凝土内部孔隙中的水在负温下结冰后体积膨胀造成的静水压力和因冰水蒸气压的差别推动未冻水向冻结区的迁移所造成的渗透压力。当这两种压力所产生的内应力超过混凝土的抗拉强度，混凝土就会产生裂缝，多次冻融使裂缝不断扩展直至破坏。

随着混凝土龄期增加，混凝土抗冻性得到提高。因水泥不断水化，可冻结水量减少；且混凝土强度随龄期的增加而提高，抵抗冻融破坏的能力也随之增强。所以延长冻结前的养护时间可以提高混凝土的抗冻性。一般在混凝土抗压强度尚未达到 5.0MPa 或抗折强度尚未达到 1.0MPa 时，不得遭受冰冻。在接触盐溶液的混凝土受冻时，盐溶液会增大混凝土吸水饱和度，增加混凝土毛细孔水冻结的渗透压，使毛细孔中过冷水的结冰速度加快，同时还会因毛细孔内水结冰后，盐溶液浓缩而产生的盐结晶膨胀作用，引起混凝土受冻破坏更加严重。

混凝土的密实度、孔隙构造和数量、孔隙的充水程度是决定抗冻性的重要因素。因此，当混凝土采用的原材料质量好、水灰比小、具有封闭细小孔隙（如掺入引气剂的混凝土）时或掺入减水剂、防冻剂以及引气剂等时可提高混凝土的抗冻性。

混凝土的抗冻性能一般以加速试验方法检验，有冻融条件，有气冻水融、水冻水融和盐冻三种，分别用抗冻标号、抗冻等级和表面剥落质量等表示。

混凝土抗冻标号是用慢冻法（气冻水融）测得的最大冻融循环次数来划分的混凝土的抗冻性能等级。混凝土的抗冻标号划分为 D50、D100、D150、D200 和＞D200 共 5 个等级。

混凝土抗冻等级是用快冻法（水冻水融）测得的最大冻融循环次数来划分的 抗冻性能等级。混凝土按抗冻等级划分为 F50、F100、F150、F200、F250、F300、F350、F400 和＞F400 共 9 个等级。

3. 抗侵蚀性

混凝土遭受的侵蚀有淡水腐蚀、硫酸盐腐蚀、镁盐腐蚀、碳酸腐蚀、一般酸腐蚀与强碱腐蚀或复合盐类腐蚀等。除上述的化学侵蚀外，侵蚀环境中的盐结晶作用、混凝土在盐溶液作用下的干湿循环作用、浪溅冲磨气蚀作用、腐蚀疲劳作用等，多因素耦合作用会加速混凝土侵蚀速率，造成混凝土更为严重的侵蚀破坏。

混凝土的抗侵蚀性与所用水泥的品种或胶凝材料的组成、混凝土的密实程度和孔结构特征有关。一般掺用活性混合材的水泥，抗侵蚀性好。密实或孔隙封闭的混凝土，抗渗性高，环境水不易侵入，故其抗侵蚀性较强。掺加优质矿物掺和料的混凝土，其内部水化产物中 $Ca(OH)_2$ 及铝酸钙等含量低，其抗侵蚀能力较高。所以，提高混凝土抗侵蚀性的措施，主要是合理选择水泥品种或胶凝材料组成、降低水灰比、提高混凝土的密实度和改善孔结构。

4. 抗氯离子渗透性

环境水、土中的氯离子因浓度差会向混凝土中扩散渗透，当氯离子扩散渗透至混凝土结构中钢筋表面并达到一定浓度后，将导致钢筋很快锈蚀，严重影响混凝土结构的耐久性。海洋工程建筑对混凝土抗氯离子侵蚀性能具有较高要求。混凝土抗氯离子渗透性可采用快速氯离子迁移系数法（或称 RCM 法）或电通量法测定，分别用氯离子迁移系数和电通量表示。按氯离子迁移系数 $D_{RCM}$（$\times 10^{-12} m^2/s$）混凝土抗氯离子渗透性能划分为 RCM-Ⅰ（＞4.5），RCM-Ⅱ（＞3.5，＜4.5）、RCM-Ⅲ（≥2.5，＜3.5）、RCM-Ⅳ（≥1.5，＜2.5）和 RCM-Ⅴ（＜1.5）共 5 个等级。按电通量 $Q$（C）混凝土抗氯离子渗透性能划分为 Q-Ⅰ（≥4000）、Q-Ⅱ（≥2000，＜4000）、Q-Ⅲ（≥1000，＜2000）、Q-Ⅳ（≥500，＜1000）和 Q-Ⅴ（＜500）共 5 个等级。

在混凝土中，氯离子主要是通过水泥石中的孔隙和水泥石与骨料的界面扩散渗透的，因此，提高混凝土的密实度，降低孔隙率，减小孔隙和改善界面结构，是提高混凝土抗氯离子渗透性的主要途径。提高混凝土抗氯离子渗透性最有效的方法是掺加硅灰、优质粉煤灰等矿物掺和料。

5. 混凝土的碳化

混凝土的碳化作用是二氧化碳与水泥石中的氢氧化钙作用，生成碳酸钙和水。碳化过程是二氧化碳由表及里向混凝土内部逐渐扩散的过程。因此，气体扩散规律决定了碳化速度的快慢。碳化引起水泥石化学组成及组织结构的变化，从而对混凝土的化学性能和物理力学性能有明显的影响，主要是对碱度、强度和收缩的影响。

碳化使混凝土碱度降低，减弱了对钢筋的保护作用，可能导致钢筋锈蚀。混凝土在水泥用量固定条件下，水灰比越低，碳化速度就越慢；当水灰比固定，碳化深度随水泥用量提高而减小。混凝土所处环境条件（主要是空气中的二氧化碳浓度、空气相对湿度等因素）也会影响混凝土的碳化速度。二氧化碳浓度增大自然会加速碳化进程。一般认为相对湿度 50％～75％时碳化速度最快。

6. 碱-骨料反应

碱-骨料反应是指混凝土中的碱与具有碱活性的骨料之间发生反应，反应物吸水膨胀或反应导致骨料膨胀，造成混凝土开裂破坏的现象。根据骨料中活性成分不同，碱-骨料反应分为 3 种类型：碱-硅酸反应、碱-碳酸盐反应和碱-硅酸盐反应。

抑制碱-骨料反应的措施如下：

（1）条件许可时选择非活性骨料。

（2）当不可能采用完全没有活性的骨料时，则应严格控制混凝土中总的碱量符合现行有关标准的规定。首先是要选择低碱水泥（含碱量≤0.6％），以降低混凝土总的含碱量。另外，在混凝土配合比设计中，在保证质量要求的前提下，尽量降低水泥用量，从而进一步控制混凝土的含碱量。当掺入外加剂时，必须控制外加剂的含碱量，防止其对碱-骨料反应的促进作用。

（3）掺用活性混合材，如硅灰、粉煤灰，对碱-骨料反应有明显的抑制效果。

（4）碱-骨料反应要有水分，如果没有水分，反应就会大为减少乃至完全停止。因此，设法防止外界水分渗入混凝土，或者使混凝土变干可减轻反应的危害。

5.3.4.2　提高混凝土耐久性的措施

一般提高混凝土耐久性的措施有以下几个方面：

（1）合理选择水泥品种或胶凝材料组成。

（2）选用较好的砂、石骨料。质量良好、技术条件合格的砂、石骨料，是保证混凝土耐久性的重要条件。改善粗细骨料的颗粒级配，在允许的最大粒径范围内尽量选用较大粒径的粗骨料，可减小骨料的空隙率和比表面积，也有助于提高混凝土的耐久性。

（3）掺用外加剂和矿物掺和料。掺用引气剂或减水剂对提高抗渗、抗冻等有良好的作用，掺用矿物掺和料可显著改善抗渗性、抗氯离子渗透性和抗侵蚀性，并能抑制碱-骨料反应，还能节约水泥。

（4）适当控制混凝土的水灰比和水泥用量。混凝土的最大水灰比应符合现行国家标准 GB 50010—2010《混凝土结构设计规范》。混凝土最小水泥材料用量应符合现行行业标准 JGJ 55—2011《普通混凝土配合比设计规程》的规定，见表 5-16。对于耐久性要求较高的混凝土结构，混凝土的水灰（胶）比及水泥（胶凝材料）应符合 GB/T 50476—2019《混凝土结构耐久性设计标准》的要求。

表 5-16　混凝土的最小水泥用量

| 最大水灰比 | 最小水泥用量（kg/m³） | | |
|---|---|---|---|
| | 素混凝土 | 钢筋混凝土 | 预应力混凝土 |
| 0.60 | 250 | 280 | 300 |
| 0.55 | 280 | 300 | 300 |
| 0.50 | 320 | | |
| ≤0.45 | 330 | | |

注：表中数据系配制 C15 以上等级强度的混凝土。

（5）加强混凝土质量的生产控制。在混凝土施工中，应保证搅拌均匀、浇灌和振捣密实及加强养护，以保证混凝土的施工质量。

# 5.4　普通混凝土的质量控制

普通混凝土的质量控制至关重要。普通混凝土的质量控制包括初步控制、生产控制和合格控制。

初步控制包括混凝土各组成材料的质量检验与控制和混凝土配合比的合理确定的。通常配合比是通过设计计算和试配确定。在施工过程中，一般不得随意改变配合比，应根据混凝土质量的波动信息及时调整。

生产控制包括混凝土组成材料的计量，混凝土拌和物的搅拌、运输、浇筑和养护等工序的控制。施工（生产）单位应根据设计要求，提出混凝土质量控制的目标，建立混凝土质量保证体系，制定必要的混凝土生产质量管理制度，并应根据生产过程的质量波动分析，及时采取一定的措施。

合格控制是指混凝土质量的验收，即对混凝土强度或其他技术指标进行检验评定。

## 5.4.1　混凝土强度的波动规律——正态分布

在正常生产的条件下，影响混凝土强度的因素是随机变化的，因此混凝土强度规律符合正态分布（图 5-18）。

混凝土强度分布曲线呈"钟"形，两边对称。对称轴为平均强度，曲线的最高峰出现在该处。这表明混凝土强度接近其平均强度值处出现的次数最多，而随着远离对称轴，强度测定值出现的概率越来越少，最后趋近于零。曲线和横坐标之间所包围的面积为概率的总和，等于 100%，对称轴两边出现的概率相等，各为 50%。在对称轴两边的

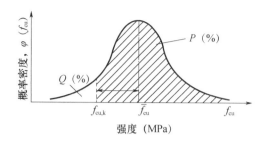

图 5-18 强度标准正态分布曲线

曲线上各有一个拐点。两拐点间的曲线向上凸弯，拐点以外的曲线向下凹弯，并以横坐标为渐近线。

### 5.4.2 强度平均值、标准差、变异系数

1. 混凝土强度平均值

$$\overline{f}_{cu} = \frac{1}{n} \sum_{i=1}^{n} f_{cu,i} \tag{5-13}$$

式中：$n$——试件的组数；

$f_{cu,i}$——第 $i$ 组试件的抗压强度，MPa；

$\overline{f}_{cu}$——$n$ 组抗压强度的算术平均值，MPa。

混凝土强度平均值仅代表混凝土强度总体的平均值，但并不说明其强度的波动情况。

2. 混凝土强度标准差

混凝土强度标准差又称均方差。其计算公式如下：

$$\sigma = \sqrt{\frac{\sum\limits_{i=1}^{n}\left(f_{cu,i} - \overline{f}_{cu}\right)^2}{n-1}} = \sqrt{\frac{\sum\limits_{i=1}^{n}\left(f_{cu,i}^2 - n\overline{f}_{cu}^{\,2}\right)}{n-1}} \tag{5-14}$$

它表明分布曲线的拐点与强度平均值的距离。$\sigma$ 值越大，说明其强度离散程度越大，混凝土质量也越不稳定。

3. 变异系数

$$C_V = \sigma \, / \, \overline{f}_{cu} \tag{5-15}$$

变异系数又称离差系数或标准差系数。$C_V$ 值越小，说明混凝土质量越稳定，混凝土生产的质量水平越高。

### 5.4.3 强度保证率

强度保证率是指混凝土强度总体中大于设计的强度等级值（$f_{cu,k}$）的概率，以正态分布曲线上的阴影部分来表示（图 5-18）。

经过随机变量 $t = \dfrac{f_{cu,k} - \overline{f}_{cu}}{\sigma}$ 的变量转换，可将正态分布曲线变换为随机变量 $t$ 的标准正态分布曲线。

在标准正态分布曲线上，自 $t$ 至 $+\infty$ 之间所出现的概率 $P$，则由下式表达。

$$P = \frac{1}{\sqrt{2\pi}} \int_{t}^{+\infty} e^{-\frac{t^2}{2}} dt \qquad (5\text{-}16)$$

混凝土强度保证率 $P$（%）的计算方法如下。先根据混凝土的设计强度等级值 $f_{cu,k}$、强度平均值 $\overline{f}_{cu}$、变异系数 $C_V$ 或标准差 $\sigma$ 计算出概率度 $t$，概率度又称保证率系数。

概率度 $t$ 的计算公式为：

$$t = \frac{f_{cu,k} - \overline{f}_{cu}}{\sigma} = \frac{f_{cu,k} - \overline{f}_{cu}}{C_V \overline{f}_{cu}} \qquad (5\text{-}17)$$

由概率度 $t$，再根据标准正态分布曲线方程即可求得强度保证率 $P$，或利用表 5-17 即可查出，表中 $t$ 值即为概率度，$P$ 即为强度保证率。

**表 5-17　不同 $t$ 值的保证率 $P$**

| $t$ | 0.00 | −0.50 | −0.84 | −1.00 | −1.20 | −1.28 | −1.40 | −1.60 |
|---|---|---|---|---|---|---|---|---|
| $P$（%） | 50.0 | 69.2 | 80.0 | 84.1 | 88.5 | 90.0 | 91.9 | 94.5 |
| $t$ | −1.645 | −1.70 | −1.81 | −1.88 | −2.00 | −2.05 | −2.33 | −3.00 |
| $P$（%） | 95.0 | 95.5 | 96.5 | 97.0 | 97.7 | 99.0 | 99.4 | 99.87 |

### 5.4.4　混凝土强度的检验评定

混凝土强度应分批次进行检验评定。一个检验批的混凝土应由强度等级相同、龄期相同以及生产工艺条件和配合比基本相同的混凝土组成。

当混凝土的生产条件在较长时间内能保持一致，且同一品种混凝土的强度变异性能保持稳定时，应由连续的三组试件组成一个检验批，其强度应同时满足下列要求：

$$\overline{f}_{cu} \geqslant f_{cu,k} + 0.7\sigma_0 \qquad (5\text{-}18)$$

$$f_{cu,min} \geqslant f_{cu,k} - 0.7\sigma_0 \qquad (5\text{-}19)$$

当混凝土强度等级不高于 C20 时，其强度的最小值尚应满足下式要求：

$$f_{cu,min} \geqslant 0.85 f_{cu,k} \qquad (5\text{-}20)$$

当混凝土强度等级高于 C20 时，其强度的最小值尚应满足下式要求：

$$f_{cu,min} \geqslant 0.90 f_{cu,k} \qquad (5\text{-}21)$$

式中：$\overline{f}_{cu}$——同一检验批混凝土立方体抗压强度的平均值，MPa；

　　　$f_{cu,k}$——混凝土立方体抗压强度标准值，MPa；

　　　$f_{cu,min}$——同一检验批混凝土立方体抗压强度的最小值，MPa；

　　　$\sigma_0$——检验批混凝土立方体抗压强度的标准差，MPa。

检验批混凝土立方体抗压强度的标准差 $\sigma_0$，应根据前一个检验期内同一品种混凝土试件的强度数据，按下列公式确定：

$$\sigma_0 = \sqrt{\frac{\sum\limits_{i=1}^{n} f_{cu,i}^2 - n m_{f_{cu}}^2}{n-1}} \qquad (5\text{-}22)$$

式中：$f_{cu,i}$——第 $i$ 组混凝土试件立方体抗压强度代表值，MPa；

　　　$m_{f_{cu}}$——同一检验批混凝土强度平均值，MPa；

$n$——用以确定检验批混凝土立方体抗压强度标准差的数据总组数。

注：上述检验期不应少于 60d，也不得大于 90d。且在该期间内强度数据的总组数不得少于 45 组。

当混凝土的生产条件在较长时间内不能保持一致，且混凝土强度变异性不能保持稳定时，或在前一个检验期内的同一品种混凝土没有足够的数据用以确定检验批混凝土立方体抗压强度的标准差时，应由不少于 10 组的试件组成一个检验批，其强度应同时满足下列公式的要求：

$$m_{f_{cu}} \geq f_{cu,k} + \lambda_1 S_{f_{cu}} \tag{5-23}$$

$$f_{cu,min} \geq \lambda_2 f_{cu,k} \tag{5-24}$$

式中：$S_{f_{cu}}$——同一检验批混凝土立方体抗压强度的标准差（MPa）。当 $S_{f_{cu}}$ 的计算值小于 2.5MPa 时，取 $S_{f_{cu}} = 2.5$MPa。

$\lambda_1$、$\lambda_2$——合格评定系数，按表 5-18 取用。

表 5-18 $\lambda_1$、$\lambda_2$ 取值

| 试件组数 | 10~14 | 15~24 | ≥25 |
|---|---|---|---|
| $\lambda_1$ | 1.15 | 1.05 | 0.95 |
| $\lambda_2$ | 0.90 | 0.85 | |

混凝土立方体抗压强度的标准差 $S_{f_{cu}}$ 可按下式计算：

$$S_{f_{cu}} = \sqrt{\frac{\sum_{i=1}^{n} f_{cu,i}^2 - n m_{f_{cu}}^2}{n-1}} \tag{5-25}$$

当用于评定的样本容量小于 10 组时，应采用非统计方法评定混凝土强度。其强度应满足下列要求：

$$m_{f_{cu}} \geq \lambda_3 f_{cu,k} \tag{5-26}$$

$$f_{cu,min} \geq \lambda_4 f_{cu,k} \tag{5-27}$$

式中：$\lambda_3$、$\lambda_4$——合格评定系数，按表 5-19 取用。

表 5-19 $\lambda_3$、$\lambda_4$ 取值

| 混凝土强度等级 | <C60 | ≥C60 |
|---|---|---|
| $\lambda_3$ | 1.15 | 1.10 |
| $\lambda_4$ | 0.95 | |

当检验结果不能满足上述规定时，该批混凝土强度判为不合格。由不合格批混凝土制成的结构或构件，应进行鉴定。对不合格的结构或构件必须及时处理。当对混凝土试件强度的代表性有怀疑时，可采用从结构或构件中钻取试件的方法或采用非破损检验方法，按有关标准的规定对结构或构件中混凝土的强度进行推定。

### 5.4.5 混凝土耐久性的检验评定

混凝土耐久性是评价混凝土质量的重要方面，根据 JGJ/T 193—2009《混凝土耐久性检验评定标准》的规定，混凝土耐久性检验评定的项目可包括抗冻性能、抗水渗透性能、抗硫酸盐侵蚀性能、抗氯离子渗透性能和抗碳化性能等。当混凝土需要进行耐久性

检验评定时，检验评定的项目及等级应根据设计要求确定。

进行耐久性评定的混凝土，强度应满足设计要求。一个检验批的混凝土强度等级、龄期、生产工艺和配合比应相同，混凝土的耐久性应根据各耐久性检验项目的检验结果，分项评定；符合设计要求的项目，可评定为合格；全部耐久性项目检验合格，则该检验批混凝土耐久性可评定为合格。具体的试验方法可参照 GB/T 50082—2019《普通混凝土长期性能和耐久性能试验方法标准》进行测定。

# 5.5　普通混凝土的配合比设计

混凝土配合比是指混凝土中各组成材料数量之间的比例关系。常用的表示方法有两种：一种是以每 1m³ 混凝土中各项材料的质量表示，如水泥 300kg/m³、水 180kg/m³、砂 720kg/m³、石子 1200kg/m³，其每 1m³ 混凝土总质量为 2400kg；另一种表示方法是以各项材料相互间的质量比来表示（以水泥质量为 1），将上例换算成质量比为：水泥：砂：石＝1：2.4：4，水灰比＝0.60。

## 5.5.1　混凝土配合比设计的基本要求

混凝土配合比设计的基本要求是：

（1）满足混凝土结构设计的强度等级；

（2）满足施工所要求的混凝土拌和物的和易性；

（3）满足混凝土结构设计中耐久性要求指标（如抗冻等级、抗渗等级和抗侵蚀性等）；

（4）节约水泥和降低混凝土成本。

## 5.5.2　混凝土配合比设计的三个基本参数

1. 水灰比

混凝土中水与水泥用量的质量比称为水灰比。水灰比的确定决定了混凝土的强度等级，同时水灰比也会影响混凝土拌和物的和易性、硬化混凝土强度和耐久性等。一般情况下，水灰比越低，强度越高，混凝土耐久性越好。

2. 用水量

用水量指 1m³ 混凝土拌和物中的用水量（kg/m³）。用水量影响混凝土拌和物的流动性，同时决定了硬化后混凝土内部孔隙率，对强度和耐久性均有重要影响。

3. 砂率

砂率是指砂子占砂石总质量的百分率。砂率不仅影响拌和物的和易性，同时砂率对混凝土体积稳定性、强度和耐久性均会产生影响。

混凝土配合比设计，实质上就是确定水泥、水、砂与石子这四项基本组成材料用量之间的三个比例关系。即水与水泥之间的比例关系，常用水灰比表示；砂与石子之间的比例关系，常用砂率表示；水泥浆与骨料之间的比例关系，常用单位用水量（1m³ 混凝土的用水量）来反映。水灰比、砂率、单位用水量是混凝土配合比的三个重要参数。因为这三个参数与混凝土的各项性能之间有着密切的关系，在配合比设计中正确地确定这三个参数，就能使混凝土满足上述设计要求。

### 5.5.3 混凝土配合比设计的步骤

混凝土配合比设计包括初步配合比的计算、试配和调整及确定等步骤。

1. 初步配合比的计算

混凝土初步配合比设计包括：①配制强度（$f_{cu,0}$）的确定，确定混凝土的水胶比；②确定每 $1m^3$ 混凝土的用水量；③选取合理砂率，计算粗细骨料用量。

（1）配制强度（$f_{cu,0}$）的确定。JGJ 55—2011《普通混凝土配合比设计规程》中规定，混凝土配制强度应按以下两种情况确定：

① 当混凝土设计强度等级小于 C60 时有：

$$f_{cu,0} \geqslant f_{cu,k} + 1.645\sigma \tag{5-28}$$

式中：$f_{cu,0}$——混凝土配制强度，MPa；

$f_{cu,k}$——混凝土立方体强度标准值，这里取混凝土设计强度等级值，MPa；

$\sigma$——混凝土强度标准差，MPa。

② 当混凝土设计强度大于等于 C60 时有：

$$f_{cu,0} \geqslant 1.15 f_{cu,k} \tag{5-29}$$

混凝土强度标准差应按以下规定确定：

① 当施工单位具有近期的同一品种、同一强度等级的混凝土强度资料时，其混凝土强度标准差 $\sigma$ 应按下列公式计算：

$$\sigma = \sqrt{\frac{\sum\limits_{i=1}^{n} f_{cu,i}^2 - n m_{f_{cu}}^2}{n-1}} \tag{5-30}$$

式中：$f_{cu,i}$——统计周期内同一品种混凝土第 $i$ 组试件的强度值，MPa；

$m_{f_{cu}}$——统计周期内同一品种混凝土 $n$ 组强度的平均值，MPa；

$n$——统计周期内同一品种混凝土试件的总组数，$n$ 值应大于或者等于 30。

当混凝土强度不大于 C30 时，当强度标准差计算值不小于 3.0MPa 时，应按式（5-30）计算结果取值；当强度标准差计算值小于 3.0MPa 时，强度标准差应取 3.0MPa；当混凝土强度等级大于 C30 且小于 C60 时，当强度标准差计算值不小于 4.0MPa 时，应按式（5-30）计算结果取值；当强度标准差计算值小于 4.0MPa 时，强度标准差应取 4.0MPa。

② 当施工单位不具有近期的同一品种、同一强度等级的混凝土强度资料时，其混凝土强度标准差 $\sigma$ 可按表 5-20 取用。

表 5-20　标准差 $\sigma$ 值（MPa）

| 混凝土强度等级 | 低于 C20 | C25～C45 | C50～C55 |
| --- | --- | --- | --- |
| $\sigma$ | 4.0 | 5.0 | 6.0 |

（2）初步确定水胶比值（$W/B$）。根据已测定的水泥实际强度 $f_{ce}$（或选用的水泥强度等级）、粗骨料种类及所要求的混凝土配制强度（$f_{cu,0}$），按 JGJ 55—2011《普通混凝土配合比设计规程》计算出所要求的水灰比值（适用于混凝土强度等级小于 C60）：

$$\frac{W}{B} = \frac{\alpha_a f_b}{f_{cu,0} + \alpha_a \alpha_b f_b} \tag{5-31}$$

式中：$W/B$——混凝土水胶比；

$\alpha_a$、$\alpha_b$——回归系数，按照表 5-21 选取；

$f_b$——胶凝材料 28d 胶砂抗压强度，MPa。

回归系数$\alpha_a$和$\alpha_b$宜按照下列规定确定：

① 根据工程中所使用的原材料，通过试验建立的水胶比与混凝土强度关系式来确定；

② 当不具备上述试验统计资料时，按照表 5-21 选用。

表 5-21　回归系数取值

| 系数 | 碎石 | 卵石 |
|---|---|---|
| $\alpha_a$ | 0.53 | 0.49 |
| $\alpha_b$ | 0.20 | 0.13 |

当胶凝材料 28d 胶砂抗压强度值（$f_b$）无实测值时，可按下式计算：

$$f_b = \gamma_f \gamma_s f_{ce} \tag{5-32}$$

式中：$\gamma_f$、$\gamma_s$——粉煤灰影响系数和粒化高炉矿渣影响系数，可按表 5-22 选用；

$f_{ce}$——水泥 28d 胶砂抗压强度，MPa。

表 5-22　粉煤灰和粒化高炉矿渣影响系数

| 掺量（%） | 粉煤灰影响系数（$\gamma_f$） | 粒化高炉矿渣影响系数（$\gamma_f$） |
|---|---|---|
| 0 | 1.00 | 1.00 |
| 10 | 0.85～0.95 | 1.00 |
| 20 | 0.75～0.85 | 0.95～1.00 |
| 30 | 0.65～0.75 | 0.90～1.00 |
| 40 | 0.55～0.65 | 0.80～0.90 |
| 50 | — | 0.70～0.85 |

注：a 采用Ⅰ级、Ⅱ级粉煤灰宜取上限值。

　　b 采用 S75 级粒化高炉矿渣粉宜取下限值，采用 S95 级粒化高炉矿渣粉宜取上限值，采用 S105 级粒化高炉矿渣粉宜取上限值加 0.05。

　　c 当超出表中掺量时，粉煤灰和粒化高炉矿渣影响系数应经试验确定。

当水泥 28d 胶砂抗压强度（$f_{ce}$）无实测值时，可按下式计算：

$$f_{ce} = \gamma_c f_{ce,g} \tag{5-33}$$

式中：$\gamma_c$——水泥强度等级值的富余系数，可按实际统计资料或表 5-23 选用；

$f_{ce,g}$——水泥强度等级，MPa。

表 5-23　水泥强度等级值的富余系数

| 水泥强度等级值 | 32.5 | 42.5 | 52.5 |
|---|---|---|---|
| 富余系数 | 1.12 | 1.16 | 1.10 |

如计算所得的水灰比大于规定的最大水灰比值时，应取规定的最大水灰比值。

（3）选取每 $1m^3$ 混凝土的用水量（$m_{w0}$）。

① 混凝土水胶比在 0.40～0.80 范围时，可按表 5-24 和表 5-25 选取；

② 混凝土水胶比小于 0.40 时，可通过试验确定。

表 5-24 干硬性混凝土的用水量（$kg/m^3$）

| 拌和物稠度 | | 卵石最大工程粒径（mm） | | | 碎石最大工程粒径（mm） | | |
|---|---|---|---|---|---|---|---|
| 项目 | 指标 | 10.0 | 20.0 | 40.0 | 16.0 | 20.0 | 40.0 |
| 维勃稠度 （s） | 16～10 | 175 | 160 | 145 | 180 | 170 | 155 |
| | 11～15 | 180 | 165 | 150 | 185 | 175 | 160 |
| | 5～10 | 185 | 170 | 155 | 190 | 180 | 165 |

表 5-25 塑性混凝土的用水量（$kg/m^3$）

| 拌和物稠度 | | 卵石最大工程粒径（mm） | | | | 碎石最大工程粒径（mm） | | | |
|---|---|---|---|---|---|---|---|---|---|
| 项目 | 指标 | 10.0 | 20.0 | 31.5 | 40.0 | 16.0 | 20.0 | 31.5 | 40.0 |
| 坍落度 （mm） | 10～30 | 190 | 170 | 160 | 150 | 200 | 185 | 175 | 165 |
| | 35～50 | 200 | 180 | 170 | 160 | 210 | 195 | 185 | 175 |
| | 55～70 | 210 | 190 | 180 | 170 | 220 | 205 | 195 | 185 |
| | 75～90 | 215 | 195 | 185 | 175 | 230 | 215 | 205 | 195 |

若掺加外加剂时，每 $1m^3$ 流动性或大流动性混凝土的用水量（$m_{w0}$）可按下式计算：

$$m_{w0} = m'_{w0}(1-\beta) \tag{5-34}$$

式中：$m_{w0}$——计算配合比每 $1m^3$ 混凝土的用水量，$kg/m^3$；

$m'_{w0}$——未掺加外加剂时推定的满足坍落度需求的每 $1m^3$ 混凝土用水量，$kg/m^3$；

$\beta$——外加剂的减水率，%。

每 $1m^3$ 的外加剂用量（$m_{a0}$）应用下式计算得到：

$$m_{a0} = m_{b0}\beta_a \tag{5-35}$$

式中：$m_{w0}$——计算配合比每 $1m^3$ 混凝土中外加剂用量，$kg/m^3$；

$m_{b0}$——计算配合比每 $1m^3$ 混凝土中胶凝材料用量，$kg/m^3$；

$\beta_a$——外加剂掺量。

（4）计算混凝土的单位水泥用量（$m_{c0}$）。根据已选定的每 $1m^3$ 混凝土用水量（$m_{w0}$）和得出的水胶比比值（$W/B$），可求出胶凝材料用量（$m_{b0}$）：

$$m_{b0} = \frac{m_{w0}}{W/B} \tag{5-36}$$

每 $1m^3$ 矿物掺和料用量按下式计算：

$$m_{f0} = m_{b0}\beta_f \tag{5-37}$$

式中：$m_{f0}$——计算配合比每 $1m^3$ 混凝土中矿物掺和料用量，$kg/m^3$；

$\beta_f$——矿物掺和料掺量，%。

每 $1m^3$ 水泥用量（$m_{c0}$）即为：

$$m_{c0} = m_{b0} - m_{f0} \tag{5-38}$$

（5）选取合理的砂率值（$\beta_s$）。砂率选取一般要考虑设计水灰比以及所用骨料的尺寸，在缺乏工程和历史资料时，混凝土砂率确定应满足以下要求：

① 坍落度小于 10mm 的混凝土，其砂率应经试验取代；

② 坍落度为 10～60mm 的混凝土，其砂率可根据粗骨料品种、最大公称粒径以及水胶比按表 5-25 选取；

③ 坍落度大于 60mm 的混凝土，砂率可经试验确定，也可在表 5-26 基础上，按坍落度每增大 20mm，砂率增大 1％予以调整。

表 5-26　混凝土的砂率（％）

| 水胶比 | 卵石最大工程粒径（mm） | | | 碎石最大工程粒径（mm） | | |
|---|---|---|---|---|---|---|
| | 10.0 | 20.0 | 40.0 | 16.0 | 20.0 | 40.0 |
| 0.40 | 26～32 | 25～31 | 24～30 | 30～35 | 29～34 | 27～32 |
| 0.50 | 30～35 | 29～34 | 28～33 | 33～38 | 32～37 | 30～35 |
| 0.60 | 33～38 | 32～37 | 31～36 | 36～41 | 35～40 | 33～38 |
| 0.70 | 36～41 | 35～40 | 34～39 | 39～44 | 38～43 | 36～41 |

注：a 本表数值系中砂的选用砂率，对细砂和粗砂，可相应的减少或增大砂率。

　　b 采用人工砂配制混凝土时，砂率可适当增大。

　　c 只用一个单粒级粗骨料配制混凝土时，砂率应适当增大。

（6）计算粗、细骨料的用量。

① 体积法。假定混凝土拌和物的体积等于各组成材料绝对体积和混凝土拌和物中所含空气的体积之总和。因此在计算 1m³ 混凝土拌和物的各材料用量时，可列出下式：

$$\frac{m_{c0}}{\rho_c}+\frac{m_{f0}}{\rho_f}+\frac{m_{g0}}{\rho_g}+\frac{m_{s0}}{\rho_s}+\frac{m_{w0}}{\rho_w}+0.01\alpha=1 \tag{5-39}$$

式中：$\rho_c$——水泥密度，kg/m³；

　　　$\rho_f$——矿物掺和料密度，kg/m³；

　　　$\rho_g$——粗骨料密度，kg/m³；

　　　$\rho_s$——细骨料密度，kg/m³；

　　　$\rho_w$——水的密度，kg/m³；

　　　$\alpha$——混凝土的含气量百分数，在不使用引气型外加剂时，$\alpha$ 可取为 1。

② 假定表观密度法（质量法）。除体积法外，如果原材料情况比较稳定，所配制的混凝土拌和物的表观密度将接近一个固定值，这就可先假设（估计）一个混凝土拌和物表观密度，单位体积的混凝土质量即可表达出来，此时可用下式计算混凝土中未知组分的用量：

$$m_{c0}+m_{f0}+m_{g0}+m_{s0}+m_{w0}=m_{cp} \tag{5-40}$$

式中：$m_{cp}$——每 1m³ 混凝土拌和物的假定质量，由假定密度乘以单位体积得到，kg/m³。

上述两种方法对应的砂率（$\beta_s$，％）可由下式计算得到：

$$\beta_s=\frac{m_{s0}}{m_{s0}+m_{g0}}\times100\% \tag{5-41}$$

由以上关系式可求出粗、细骨料的用量。

2. 配合比的试配、调整

按初步配合比称取材料进行试拌。混凝土拌和物搅拌均匀后应测定坍落度，并检查其黏聚性和保水性能的好坏。如坍落度不满足要求，或黏聚性和保水性不好，则应在保持水灰比不变的条件下相应调整用水量或砂率。当坍落度低于设计要求，可保持水灰比不变，增加适量水泥浆。如坍落度太大，可在保持砂率不变条件下增加骨料。如出现含砂不足，黏聚性和保水性不良，可适当增大砂率；反之应减小砂率。每次调整后再试拌，直到符合要求为止。当试拌调整工作完成后，应测出混凝土拌和物的表观密度（$\rho_{cp0}$）。

经过和易性调整试验得出的混凝土基准配合比，其结果是强度不一定符合要求。所以应检验混凝土的强度，此时需要进一步调整水灰比。一般采用三个不同的配合比，其中一个为基准配合比，另外两个配合比的水灰比值，应较基准配合比分别增加及减少0.05，其用水量应该与基准配合比相同，砂率值可分别增加或减少1%。每种配合比制作一组（三块）试块，标准养护28d试压（在制作混凝土强度试块时，尚需检验混凝土拌和物的和易性及测定表观密度，并以此结果作为代表这一配合比的混凝土拌和物的性能），通过混凝土抗压试判断定抗压强度是否满足设计强度要求。

3. 配合比的确定

（1）由试验得出的不同水胶比对应的混凝土强度，绘制强度和水胶比的线性关系曲线或采用插值法确定略大于配制强度的对应水胶比；

（2）在试拌配合比基础上，根据调整后的水胶比调整用水量和外加剂用量；

（3）用水量乘以调整后的水胶比以确定胶凝材料用量；

（4）根据最新用水量和水胶比，调整砂率并计算最终的细骨料和粗骨料用量。

调整后的混凝土密度由下式计算得到：

$$m_c + m_f + m_g + m_s + m_w = \rho_{c,c} \tag{5-42}$$

式中：$m_c$——每 1m³ 混凝土的水泥用量，kg/m³；

　　　$m_f$——每 1m³ 混凝土的矿物掺和料用量，kg/m³；

　　　$m_g$——每 1m³ 混凝土的粗骨料用量，kg/m³；

　　　$m_s$——每 1m³ 混凝土的细骨料用量，kg/m³；

　　　$m_w$——每 1m³ 混凝土的水用量，kg/m³。

混凝土配合比校正系数由下式计算得到：

$$\delta = \frac{\rho_{c,t}}{\rho_{c,c}} \tag{5-43}$$

式中：$\delta$——混凝土配合比校正系数；

　　　$\rho_{c,t}$——混凝土拌和物表观密度实测值，kg/m³；

　　　$\rho_{c,c}$——混凝土拌和物表观密度计算值，kg/m³。

当混凝土拌和物表观密度实测值与计算值之差的绝对值不超过计算值的2%时，按本小节调整的配合比可保持不变，但当二者之差超过2%时，应将配合比中每项材料用量均乘以校正系数。

除混凝土设计的一般要求外，混凝土配合比设计还需考虑混凝土结构所在环境、骨料和砂石差异等进行调整，具体要求可参见 GB 50010—2019《混凝土结构设计规范》、

JGJ 55—2011《普通混凝土配合比设计规程》以及 GB/T 50476—2019《混凝土结构耐久性设计标准》。

### 5.5.4 混凝土设计实例

#### 5.5.4.1 设计要求

某现浇钢筋混凝土结构需配制 C30 混凝土，所采用水泥为 42.5 级普通硅酸盐水泥，无实测强度，水泥密度为 $3100kg/m^3$；粉煤灰为 Ⅱ 级灰，表观密度为 $3100kg/m^3$；砂子为中砂，表观密度为 $2600kg/m^3$，堆积密度为 $1500kg/m^3$；石子为碎石，表观密度为 $2690kg/m^3$；堆积密度为 $1550kg/m^3$。混凝土要求坍落度为 $35\sim50mm$，该混凝土用于易受雨雪影响的混凝土柱结构中，柱截面最小尺寸为 300mm，钢筋间距最小尺寸为 60mm，试设计配合比。

#### 5.5.4.2 设计思路

1. 初步确定配合比

(1) 根据 JGJ 55—2011《普通混凝土配合比设计规程》，粉煤灰掺量宜取 30%。

(2) 配制轻度确定：由于没有 $\sigma$ 的统计资料，因此根据规范查表（本书中的表 5-20）得到 $\sigma=5.0$，同时 $f_{cu,k}=30MPa$，此时设计强度为：

$$f_{cu,0} \geqslant f_{cu,k} + 1.645\sigma = 30 + 1.645 \times 5 = 38.2(MPa)$$

(3) 确定水胶比。因为采用碎石，查表得到 $\alpha_a=0.53$，$\alpha_b=0.20$，$\gamma_f=0.75$，$\gamma_s=1.00$，$\gamma_c=1.16$。可计算得到设计水胶比：

$$f_b = \gamma_f \gamma_s \gamma_c f_{ce,g} = 0.75 \times 1.00 \times 1.16 \times 42.6 = 37.1(MPa)$$

$$\frac{W}{B} = \frac{\alpha_a f_b}{f_{cu,0} + \alpha_a \alpha_b f_b} = \frac{0.53 \times 37.1}{38.2 + 0.53 \times 0.2 \times 37.1} = 0.47$$

雨雪天气易出现干湿交替，根据 GB 50010—2019《混凝土结构设计规范》、JGJ 55—2011《普通混凝土配合比设计规程》以及 GB/T 50476—2019《混凝土结构耐久性设计标准》的规定，处于该条件下混凝土水胶比不得大于 0.5，经过计算得到的水胶比为 0.47，满足要求。

(4) 确定用水量。根据混凝土柱最小尺寸和钢筋最小间距，得到骨料最大粒径范围：

$$D_{max} \leqslant \frac{1}{4} \times 300 = 75(mm)$$

$$D_{max} \leqslant \frac{3}{4} \times 60 = 45(mm)$$

因此，粗骨料最大粒径选取 31.5mm，单位用水量初选 $185kg/m^3$。

(5) 计算胶凝材料用量。

$$m_{b0} = \frac{m_{w0}}{W/B} = \frac{185}{0.47} = 394(kg/m^3)$$

$394kg/m^3$ 的胶凝材料用量满足 GB/T 50476—2019《混凝土结构耐久性设计标准》中对 C30 混凝土的最小胶凝材料用量要求。

考虑用 30% 的粉煤灰，故有：

$$m_{f0} = m_{b0} \times 30\% = 394 \times 0.3 = 118(kg/m^3)$$

$$m_{c0}=m_{b0}-m_{f0}=394-118=276(kg/m^3)$$

（6）确定砂率。按照表 5-25，并采用插值法选取砂率为 35%。

（7）计算砂石用量。

体积法：

$$1=\frac{m_{c0}}{\rho_c}+\frac{m_{f0}}{\rho_f}+\frac{m_{g0}}{\rho_g}+\frac{m_{s0}}{\rho_s}+\frac{m_{w0}}{\rho_{cw}}+0.01\alpha=\frac{376}{3100}+\frac{118}{2200}+\frac{m_{g0}}{2690}+\frac{m_{s0}}{2600}+\frac{185}{1000}+0.01$$

$$\beta_s=\frac{m_{s0}}{m_{s0}+m_{g0}}\times100\%=35\%$$

联立求得

$$m_{s0}=1144(kg/m^3),m_{g0}=616(kg/m^3)$$

确定初步配比为：

$$m_{c0}:m_{f0}:m_{w0}:m_{s0}:m_{g0}=276:118:185:616:1144$$

2. 配合比调整

（1）和易性调整。按初步配合比，取 15L 混凝土的材料用量，按照规定方法拌和并测定坍落度，若坍落度满足要求，且黏聚性和保水性均良好，则进行下一步设计。

（2）强度校验。配制 0.42、0.47 和 0.52 三个不同配合比的混凝土，检测和易性并制备混凝土试件在标准养护条件下养护 28d 后测定抗压强度，具体结果见表 5-27。

表 5-27　混凝土 28d 抗压强度

| $W/B$ | 混凝土配合比（kg） | | | | | 坍落度（mm） | 表观密度（kg/m³） | 强度（MPa） |
| --- | --- | --- | --- | --- | --- | --- | --- | --- |
| | 水泥 | 粉煤灰 | 砂 | 石 | 水 | | | |
| 0.42 | 4.63 | 1.99 | 9.24 | 17.16 | 2.78 | 32 | 2355 | 44.1 |
| 0.47 | 4.14 | 1.77 | 9.24 | 17.16 | 2.78 | 38 | 2350 | 39.5 |
| 0.52 | 3.74 | 1.61 | 9.24 | 17.16 | 2.78 | 48 | 2340 | 32.9 |

（3）表观密度的校正。

$$\delta=\frac{2350}{4.14+1.77+9.24+17.16+2.78}=67.0$$

$$m_c=4.14\times67.0=277(kg/m^3)$$

$$m_f=1.77\times67.0=119(kg/m^3)$$

$$m_w=2.78\times67.0=186(kg/m^3)$$

$$m_s=9.24\times67.0=619(kg/m^3)$$

$$m_g=17.16\times67.0=1150(kg/m^3)$$

确定的混凝土配合比为：

$$m_c:m_f:m_w:m_s:m_g=277:119:186:619:1150$$

3. 施工配合比

施工中，测得所用砂含水率 3%，石含水率 1%，此时调整后的配合比为：

$$m'_c=m_c=277(kg/m^3)$$

$$m'_f=m_f=119(kg/m^3)$$

$$m'_w = m_w - 0.03m_s - 0.01m_g = 156(\text{kg/m}^3)$$

$$m'_s = m_s(1+0.03) = 638(\text{kg/m}^3)$$

$$m'_g = m_g(1+0.01) = 1162(\text{kg/m}^3)$$

$$m'_c : m'_f : m'_w : m'_s : m'_g = 277 : 119 : 156 : 638 : 1162$$

## 5.6    课后习题

1. 归纳总结影响混凝土和易性的因素有哪些?

2. 常用的混凝土矿物掺和料有哪些? 分别对混凝土性能有哪些影响和作用?

3. 若 5.5.4 中的混凝土设计实例改为设计 C40 混凝土,应如何设计? 按照 5.5.4 中计算方法写出详细的计算步骤。

# 6 特种混凝土

进入 20 世纪后，科技和现代工业的发展开始突飞猛进，尤其是到 20 世纪 90 年代后，社会都市化的发展及产业技术的进步对混凝土性能和功能的要求也越来越多。为适应这种要求，陆续研制出了如轻质混凝土、重混凝土、纤维增强混凝土、再生骨料混凝土、自密实混凝土、超高性能混凝土和 3D 打印混凝土等与普通混凝土不同的混凝土，我们称之为"特种混凝土"。

## 6.1 轻质混凝土

轻质混凝土的密度一般小于 1900kg/m³。轻质混凝土主要用作保温隔热材料，也可以作为结构材料使用。一般情况下，密度较小的轻质混凝土强度也较低，但保温隔热性能较好；密度较大的轻质混凝土强度也较高，可以用作结构材料。轻质混凝土目前主要有 4 种类型：轻骨料混凝土、多孔混凝土（根据引气的方法不同，又分为加气混凝土和泡沫混凝土两种）、轻骨料多孔混凝土和大孔混凝土。

### 6.1.1 轻骨料混凝土

#### 6.1.1.1 水泥、水和外加剂

按照 JGJ/T 12—2019《轻骨料混凝土应用技术标准》的要求，配制轻骨料混凝土所使用的水泥（cement），如硅酸盐水泥、普通硅酸盐水泥、矿渣硅酸盐水泥、火山灰质硅酸盐水泥、粉煤灰硅酸盐水泥和复合硅酸盐水泥应符合现行国家标准 GB 175《通用硅酸盐水泥》的规定。轻骨料混凝土用水（water）应符合现行行业标准 JGJ 63《混凝土用水标准》的规定。未经处理的海水不应用于轻骨料混凝土结构中混凝土的拌制和养护。外加剂（additive）应符合现行国家标准 GB 8076《混凝土外加剂》的规定。

#### 6.1.1.2 轻骨料

轻骨料（lightweight aggregate），即轻集料，泛指堆积密度不大于 1200kg/m³ 的粗、细骨料的总称。轻骨料可分为人造轻骨料、天然轻骨料、工业废渣轻骨料、煤渣、自燃煤矸石、超轻骨料和高强轻骨料。各种轻粗骨料和轻细骨料的颗粒级配应符合现行国家标准 GB/T 17431.1《轻集料及其试验方法 第 1 部分：轻集料》的要求，但人造轻粗骨料的最大粒径不宜大于 19mm，轻细骨料的细度模数宜在 2.3～4.0 范围内。轻骨料密度等级按堆积密度划分，并应符合表 6-1 的要求。堆积密度也称松堆密度，是指轻骨料以一定高度自由落下、装满单位体积的质量。堆积密度与轻骨料的表观密度、粒径、粒形、颗粒级配有关，同时还与骨料的含水率有关。一般情况下，轻骨料的堆积密度约为表观密度的 1/20。

表 6-1 密度等级

| 轻骨料种类 | 密度等级 | | 堆积密度范围（kg/m³） |
| --- | --- | --- | --- |
| | 轻粗骨料 | 轻细骨料 | |
| 人造轻骨料<br>天然轻骨料<br>工业废渣轻骨料 | 200 | — | >100，≤200 |
| | 300 | — | >200，≤300 |
| | 400 | — | >300，≤400 |
| | 500 | 500 | >400，≤500 |
| | 600 | 600 | >500，≤600 |
| | 700 | 700 | >600，≤700 |
| | 800 | 800 | >700，≤800 |
| | 900 | 900 | >800，≤900 |
| | 1000 | 1000 | >900，≤1000 |
| | 1100 | 1100 | >1000，≤1100 |
| | 1200 | 1200 | >1100，≤1200 |

　　轻骨料的强度不是以单粒强度来表征的，而是以筒压强度和强度等级来衡量轻骨料的强度。筒压强度的试验应符合国家标准 GB/T 17431.2《轻集料及其试验方法 第 2 部分：轻集料试验方法》的相应规定。筒压强度反映了轻骨料颗粒总体的强度水平。筒压强度与轻骨料的堆积密度有密切关系，经试验研究，筒压强度与堆积密度的关系式为：

$$f_t = 0.48\rho_1' \tag{6-1}$$

式中：$\rho_1'$——轻骨料的堆积密度，$kg/m^{-3}$。

　　轻骨料筒压强度与堆积密度的关系见表 6-2。

表 6-2 轻粗骨料筒压强度

| 轻粗骨料种类 | 密度等级 | 筒压强度（MPa） |
| --- | --- | --- |
| 人造轻骨料 | 200 | 0.2 |
| | 300 | 0.5 |
| | 400 | 1.0 |
| | 500 | 1.5 |
| | 600 | 2.0 |
| | 700 | 3.0 |
| | 800 | 4.0 |
| | 900 | 5.0 |
| 天然轻骨料<br>工业废渣轻骨料 | 600 | 0.8 |
| | 700 | 1.0 |
| | 800 | 1.2 |
| | 900 | 1.5 |
| | 1000 | 1.5 |

| 轻粗骨料种类 | 密度等级 | 筒压强度（MPa） |
|---|---|---|
| 工业废渣轻骨料中的自燃煤矸石 | 900 | 3.0 |
| | 1000 | 3.5 |
| | 1100～1200 | 4.0 |

#### 6.1.1.3　轻骨料混凝土的强度及强度指标

依据 JGJ/T 12—2019《轻骨料混凝土应用技术标准》的规定，轻骨料混凝土的强度等级可划分为 LC5.0、LC7.5、LC10、LC15、LC20、LC25、LC30、LC35、LC40、LC45、LC50、LC55、LC60。其中 LC5.0 可用于围护结构或热工构筑物保温；LC7.5～LC15 用于既承重又需保温的围护结构；LC20～LC60 用于承重构件或构筑物。轻骨料混凝土的强度等级应按立方体抗压强度标准值确定。立方体抗压强度标准值是指按标准方法制作并养护的边长为 150mm 的立方体试体，在 28d 龄期或设计规定龄期以标准试验方法测得的具有 95％保证率的抗压强度值。结构用人造轻骨料混凝土的轴心抗压、轴心抗拉强度标准值 $f_{ck}$、$f_{tk}$ 应按表 6-3 采用。轴心抗拉强度标准值，对自燃煤矸石混凝土应按表 6-3 中数值乘以系数 0.85，对火山渣混凝土应按表 6-3 中数值乘以系数 0.80。

**表 6-3　人造轻骨料混凝土的强度标准值（MPa）**

| 强度类别 | 轻骨料混凝土强度等级 | | | | | | | | | |
|---|---|---|---|---|---|---|---|---|---|---|
| | LC15 | LC20 | LC25 | LC30 | LC35 | LC40 | LC45 | LC50 | LC55 | LC60 |
| $f_{ck}$ | 10.0 | 13.4 | 16.7 | 20.1 | 23.4 | 26.8 | 29.6 | 32.4 | 35.5 | 38.5 |
| $f_{tk}$ | 1.27 | 1.54 | 1.78 | 2.01 | 2.20 | 2.39 | 2.51 | 2.64 | 2.74 | 2.85 |

### 6.1.2　泡沫混凝土

#### 6.1.2.1　材料组成及材料要求

泡沫混凝土的主要原料为水泥、石灰、具有一定水硬性的掺和料、发泡剂及对泡沫有稳定作用的稳泡剂。水泥一般采用硅酸盐系列的水泥（硅酸盐水泥、普通硅酸盐水泥、矿渣硅酸盐水泥、火山灰质硅酸盐水泥、粉煤灰硅酸盐水泥、复合硅酸盐水泥等），也可采用硫铝酸盐水泥和高铝水泥。硅酸盐系列的水泥应符合现行国家标准 GB 175《通用硅酸盐水泥》的规定。应注意的是，采用蒸汽养护或掺加石灰时不能选用高铝水泥。泡沫混凝土的用水应符合现行行业标准 JGJ 63《混凝土用水标准》的规定。

泡沫剂是配制泡沫混凝土的关键原料。目前用于泡沫混凝土的发泡剂主要有纯天然非离子表面活性剂、造纸厂废液发泡剂和松香皂发泡剂。发泡剂应符合发泡要求，其性能指标参见表 6-4。测试其性能指标的试验应符合行业标准 JG/T 266—2011《泡沫混凝土》的规定。

表 6-4　泡沫剂性能指标

| 项目 | 指标 |
|---|---|
| 发泡倍数 | ＞20 |
| 沉降距（mm） | ＜10 |
| 泌水量（mL） | ＜80 |

#### 6.1.2.2　分类和标记

泡沫混凝土按干密度分为 11 个等级，分别用符号 A03、A04、A05、A06、A07、A08、A09、A10、A12、A14、A16 表示。按强度等级分为 11 个等级，分别用符号 C0.3、C0.5、C1、C2、C3、C4、C5、C7.5、C10、C15、C20 表示。按吸水率分为 8 个等级，分别用符号 W5、W10、W15、W20、W25、W30、W40、W50 表示。按施工工艺分为现浇泡沫混凝土和泡沫混凝土制品两类，分别用符号 S、P 表示。泡沫混凝土按照下列顺序标记：泡沫混凝土代号 FC、干密度等级、强度等级、吸水率等级、施工工艺、标准号，参数无要求的可缺省。例如，干密度等级为 A03、强度等级为 C0.3、吸水率等级为 W10 的现浇泡沫混凝土，其标记应为：FC A03-C0.3-W10-S-JG/T 266—2011。

#### 6.1.2.3　泡沫混凝土的性能要求

泡沫混凝土干密度不应大于表 6-5 中的规定，其容许误差应为±5％；导热系数不应大于表 6-5 中的规定。泡沫混凝土干密度试验的方法应符合行业标准 JG/T 266—2011《泡沫混凝土》的规定。导热系数试验的方法应符合国家标准 GB/T 10294《绝热材料稳态热阻及有关特性的测定 防护热板法》的规定。

表 6-5　泡沫混凝土干密度和导热系数

| 干密度等级 | A03 | A04 | A05 | A06 | A07 | A08 | A09 | A10 | A12 | A14 | A16 |
|---|---|---|---|---|---|---|---|---|---|---|---|
| 干密度（kg/m³） | 300 | 400 | 500 | 600 | 700 | 800 | 900 | 1000 | 1200 | 1400 | 1600 |
| 导热系数[W/（m·K）] | 0.08 | 0.10 | 0.12 | 0.14 | 0.18 | 0.21 | 0.24 | 0.27 | — | — | — |

泡沫混凝土强度试验的方法应符合行业标准 JG/T 266—2011《泡沫混凝土》的相关规定。除此以外，每组立方体试件的强度平均值和单块强度最小值不应小于表 6-6 中的规定数值。

表 6-6　泡沫混凝土强度等级（MPa）

| | 强度等级 | C0.3 | C0.5 | C1 | C2 | C3 | C4 | C5 | C7.5 | C10 | C15 | C20 |
|---|---|---|---|---|---|---|---|---|---|---|---|---|
| 强度 | 每组平均值 | 0.30 | 0.50 | 1.00 | 2.00 | 3.00 | 4.00 | 5.00 | 7.50 | 10.00 | 15.00 | 20.00 |
| | 单块最小值 | 0.23 | 0.43 | 0.85 | 1.70 | 2.55 | 3.40 | 4.25 | 6.38 | 8.50 | 12.76 | 17.00 |

注：泡沫混凝土干密度与强度的大致关系参见 JG/T 266—2011《泡沫混凝土》附录 B。

泡沫混凝土的干密度试件应采用符合 JG 237—2008《混凝土试模》规定的尺寸为

100mm×100mm×100mm 的立方体混凝土试模，应在现场浇注试模，24h 后脱模，并标准养护 28d。如在随机抽样的泡沫混凝土制品中采用机锯或刀锯切取，试件应沿制品的长方向的中央位置均匀切取，试件与试件、试件表面与制品端头表面的距离不宜小于30mm。试验方法应符合行业标准 JG/T 266—2011《泡沫混凝土》的规定。吸水率不应大于表 6-7 的规定。

表 6-7 泡沫混凝土吸水率（%）

| 吸水率等级 | W5 | W10 | W15 | W20 | W25 | W30 | W40 | W50 |
|---|---|---|---|---|---|---|---|---|
| 吸水率 | 5 | 10 | 15 | 20 | 25 | 30 | 40 | 50 |

### 6.1.3 其他轻质混凝土

#### 6.1.3.1 加气混凝土

加气混凝土是一种多孔硅酸盐混凝土。它是由钙质材料与硅质材料在水热合成过程中生成的一系列水化产物，是由通过发气剂使水泥料浆拌和物发气产生大量孔径为 0.5～1.5mm 的均匀封闭气泡结构，以及未反应完的原料颗粒共同组成的一个统一体。这种结构是由料浆浇注、静停和蒸压养护等生产工序所发生的化学反应和物理变化而形成的。加气混凝土又称发气混凝土，是通过发气剂使水泥料浆拌和物发气产生大量孔径为 0.5～1.5mm 的均匀封闭气泡，并经蒸压养护硬化而成的一种多孔混凝土。加气混凝土的原料由 5 大部分组成。其中，钙质原料主要包含石灰、水泥、粒化高炉矿渣，其主要作用是向加气混凝土提供 CaO，使之与硅质材料中的活性成分 $SiO_2$、$Al_2O_3$ 作用生成水化产物，使制品获得强度。硅质原料主要包含磨细砂和粉煤灰，其主要作用是提供 $SiO_2$ 和 $Al_2O_3$，尚未反应完的砂起到骨料的作用；发气剂主要包含双氧水、碳化钙和活泼金属。发气剂是生产加气混凝土的关键原料，它不仅能在料浆中发气形成大量细小而均匀的气泡，还不会对混凝土性能产生不良影响；气泡稳定剂主要包含可溶油、氧化石蜡皂和 SP 稳泡剂，稳泡剂通过降低料浆体系的表面能，增加气泡膜的机械强度，可防止气泡破裂；调节剂主要包含纯碱、烧碱、石膏、水玻璃和硼砂，掺加调节剂的主要目的是使料浆的稠化速度与发气速度同步，避免出现"憋气"或"冒泡""塌模"等影响料浆稳定性的现象。加气混凝土在我国目前主要应用于墙体和楼板，其性能应满足国家标准 GB/T 11968—2020《蒸压加气混凝土砌块》和 GB/T 15762—2020《蒸压加气混凝土板》的要求。

#### 6.1.3.2 轻骨料多孔混凝土

轻骨料多孔混凝土是在轻骨料混凝土和多孔混凝土基础上发展起来的一种轻质混凝土。其力学性能基本上介于多孔混凝土和轻骨料混凝土之间。但相同表观密度的轻骨料混凝土、多孔混凝土和轻骨料多孔混凝土相比，其保温隔热性和隔声性能以轻骨料多孔混凝土最好。轻骨料多孔混凝土的水泥多选用强度等级为 42.5MPa 的硅酸盐水泥或普通硅酸盐水泥；轻骨料一般选用各种陶粒或天然浮石，堆积密度小于或等于 $600kg/m^3$，表观密度为 $900～1000kg/m^3$；根据不同的成孔方法可选用铝粉发气剂或泡沫混凝土用发泡剂，经蒸养后表观密度为 $950～1000kg/m^3$，强度可达 7.5～10.0MPa。

### 6.1.3.3 大孔混凝土

大孔混凝土是指不用细骨料（或只用很少细骨料），由粗骨料、水泥、水拌和配制而成的具有大量孔径较大的孔组成的轻质混凝土。粗骨料可以是一般的碎石或卵石，也可以是各种陶粒等轻骨料。用普通碎石或卵石作骨料的大孔混凝土称为普通大孔混凝土，用陶粒等轻骨料的大孔混凝土称为轻骨料大孔混凝土。大孔混凝土中大孔的形成是因为配制混凝土时不加细骨料（或只加很少的细骨料），如果对水泥浆体量加以控制，水泥浆体只作为粗骨料之间的胶结料而没有多余的料浆对粗骨料之间的孔隙进行填充，粗骨料之间的孔隙就成为混凝土的大孔。

## 6.2 重混凝土

表观密度为 2500～5500kg/m³ 的混凝土被称为重混凝土。重混凝土是一种能够有效防护对人体有害的射线辐射的特种混凝土。也经常被称为防辐射混凝土、屏蔽混凝土、原子能防护混凝土、核反应堆混凝土等。当地下室底板位于地下水位以下时，在工程内部填压重混凝土可以解决埋藏较浅的地下工程的抗浮问题。

### 6.2.1 重混凝土的组成材料

#### 6.2.1.1 胶凝材料

按照 GB/T 50557—2010《重晶石防辐射混凝土应用技术规范》的相关规定，防辐射混凝土宜选用通用硅酸盐水泥，中、低热硅酸盐水泥，钡水泥和锶水泥等，并应符合国家现行有关标准的规定。具体水泥品种的选择应视工程的需要，一般的防辐射工程可以采用硅酸盐水泥、普通硅酸盐水泥，但体积较大的混凝土构筑物应选择水化热较小的水泥。因为对大体积混凝土而言，若水泥水化热高，由水化热温升引起的应力破坏而产生的裂纹不仅影响混凝土的强度，而且影响其防辐射能力。对于有耐热要求的混凝土构筑物，如核反应堆的防护构筑物，则应选用耐热性较好的水泥，如矾土水泥。如果要配制对射线防护要求很高的混凝土，也可选用一些专用特种水泥，如含重金属硅酸盐（硅酸钡、硅酸锶）水泥及含铁量较高的高铁硅酸盐水泥（$C_4AF>18\%$）。

#### 6.2.1.2 骨料

配制重混凝土需选用高密度的骨料。常用的骨料品种包含重晶石、铁矿石类骨料、铁质或钢质骨料、含硼骨料。重晶石的主要成分为 $BaSO_4$，密度为 $4.3～4.7g/cm^3$，可配制出表观密度为 $3200～3400kg/m^3$ 的混凝土。但重晶石抗冻性较差，且热膨胀系数较大，因此不能用于寒冷冰冻的环境和温度变化大的环境。用于防辐射混凝土的重晶石中 $BaSO_4$ 含量应大于 $80\%$，且不得有风化现象。重晶石骨料的质量与技术性能指标应符合 GB/T 50557—2010《重晶石防辐射混凝土应用技术规范》的相关规定。

铁矿石细骨料的细度模数和颗粒级配宜符合 JGJ 52《普通混凝土用砂、石质量及检验方法标准》中级配Ⅱ区中砂的规定，石粉含量和有机物含量应符合 JGJ 52《普通混凝土用砂、石质量及检验方法标准》的规定，并应符合表 6-8 的规定。

表 6-8 铁矿石细骨料技术要求

| 项目 | 指标 |
|---|---|
| 表观密度（kg/m³） | ≥3700 |
| 泥块含量（%） | ≤0.5 |
| 坚固性（%） | ≤8 |
| 氯离子含量（%） | ≤0.02 |
| 硫化物和硫酸盐含量（按 SO₃ 计,%） | ≤0.5 |
| 放射性 | 符合 GB 6566 的规定 |

铁矿石粗骨料宜采用二级或多级级配骨料配制而成，其性能应满足表 6-9 的规定，粗骨料的颗粒级配应符合 JGJ 52《普通混凝土用砂、石质量及检验方法标准》的规定。

表 6-9 铁矿石粗骨料技术要求

| 项目 | 指标 |
|---|---|
| 表观密度（kg/m³） | ≥3700 |
| 针片状颗粒含量（%） | ≤15 |
| 压碎值指标（%） | ≤12 |
| 含泥量（%） | ≤1.0 |
| 泥块含量（%） | ≤0.5 |
| 坚固性（%） | ≤8 |
| 氯离子含量（%） | ≤0.02 |
| 硫化物和硫酸盐含量（按 SO₃ 计,%） | ≤0.5 |
| 放射性 | 符合 GB 6566 的规定 |

铁质、铅质等金属骨料不宜采用单粒级。铁质、铅质等金属骨料应符合表 6-10 的技术要求。

表 6-10 金属骨料的技术要求

| 项目 | 指标 |
|---|---|
| 表观密度（kg/m³） | ≥7000 |
| 硫化物和硫酸盐含量（按 SO₃ 计,%） | ≤0.5 |
| 放射性 | 符合 GB 6566 的规定 |

### 6.2.1.3 防辐射添加剂

含硼、锂、铬等元素的防辐射添加剂的技术要求应符合表 6-11 的规定。

表 6-11 防辐射添加剂的技术要求

| 项目 | 指标 |
|---|---|
| 含水量（%） | ≤1.0 |
| 游离氧化钙含量（%） | ≤3.0 |
| 氯离子含量（%） | ≤0.02 |

续表

| 项目 | 指标 |
|------|------|
| 三氧化硫含量（%） | ≤4.0 |
| 安定性（沸煮法） | 合格 |
| 放射性 | 符合 GB 6566 的规定 |

#### 6.2.1.4  掺和料

防辐射混凝土所用矿物掺和料宜选用Ⅱ级及以上等级粉煤灰、S95 及以上等级的粒化高炉矿渣粉和 G85 及以上等级的钢铁渣粉，并应符合国家现行有关标准的规定。

#### 6.2.1.5  外加剂、纤维和拌和用水

外加剂应符合国家现行标准 GB 8076《混凝土外加剂》和 GB 50119《混凝土外加剂应用技术规范》的规定，其中重晶石防辐射混凝土所用的外加剂还应符合 JC 476《混凝土膨胀剂》的有关规定；减水剂宜使用高性能减水剂；用于防辐射混凝土中的钢纤维和合成纤维应符合 JGJ/T 221《纤维混凝土应用技术规程》和 GB/T 21120《水泥混凝土和砂浆用合成纤维》的规定；拌和用水应符合 JGJ 63《混凝土用水标准》的规定。

### 6.2.2  分类、性能等级及标记

根据所用骨料的种类将防辐射混凝土分为重晶石防辐射混凝土、铁矿石防辐射混凝土和复合骨料防辐射混凝土。防辐射混凝土种类及其代号见表 6-12。

表 6-12  防辐射混凝土种类及其代号

| 防辐射混凝土种类 | 重晶石防辐射混凝土 | 铁矿石防辐射混凝土 | 复合骨料防辐射混凝土 |
|------|------|------|------|
| 防辐射混凝土种类代号 | $W_Z$ | $W_T$ | $W_F$ |

防辐射混凝土强度等级可划分为：C20、C25、C30、C35、C40、C45、C50、C55、C60。防辐射混凝土密度等级可按表 6-13 的规定将其干表观密度分为六个等级。

表 6-13  防辐射混凝土的密度等级划分

| 密度等级 | 干表观密度范围（kg/m³） | 密度等级 | 干表观密度范围（kg/m³） |
|------|------|------|------|
| RS1 | ≥2800 且＜3200 | RS4 | ≥4000 且＜4400 |
| RS2 | ≥3200 且＜3600 | RS5 | ≥4400 且＜4800 |
| RS3 | ≥3600 且＜4000 | RS6 | ≥4800 |

防辐射混凝土拌和物坍落度的等级划分应符合表 6-14 的规定。

表 6-14  防辐射混凝土拌和物的坍落度等级划分（mm）

| 等级 | 坍落度 |
|------|------|
| S1 | 10～40 |
| S2 | 50～90 |
| S3 | 100～150 |
| S4 | ≥160 |

防辐射混凝土抗冻性等级可划分为：F50、F100、F150、F200、F250、F300、F350、F400、＞F400；抗水渗透性能等级可划分为：P4、P6、P8、P10、P12、＞P12；抗碳化性能的等级划分应符合表 6-15 的规定。

**表 6-15　防辐射混凝土抗碳化性能的等级划分**

| 等级 | T-Ⅰ | T-Ⅱ | T-Ⅲ | T-Ⅳ | T-Ⅴ |
|---|---|---|---|---|---|
| 碳化深度（d/mm） | ≥30 | ≥20 且＜30 | ≥10 且＜20 | ≥0.1 且＜10 | ＜0.1 |

防辐射混凝土应按防辐射混凝土种类的代号、强度等级、干表观密度设计值（后附密度等级代号在括号中）、坍落度控制目标值（后附坍落度等级代号在括号中）、本标准编号的顺序依次标记。如强度等级为 C40，干表观密度为 3300kg/m³，坍落度为 100mm，抗渗等级为 P12 的铁矿石防辐射混凝土，其标记为：$W_T$-C40-3300（RS2）-100（S3）-GB/T 34008。

### 6.2.3　配合比设计

防辐射混凝土的配合比应根据干表观密度和强度等级设计要求选择原材料进行计算；配制强度应按式（6-2）计算，强度标准差应按照表 6-16 取值；配制干表观密度应按式（6-3）计算。

$$f_{cu,0} \geqslant f_{cu,k} + 1.645\sigma \qquad (6-2)$$

式中：$f_{cu,0}$——防辐射混凝土配制强度，MPa；

　　　$f_{cu,k}$——防辐射混凝土立方体抗压强度标准值，这里取设计混凝土强度等级值，MPa；

　　　$\sigma$——防辐射混凝土强度标准差，MPa。

**表 6-16　标准差 $\sigma$ 值（MPa）**

| 混凝土强度标准值 | C20 | C25～C45 | C50～C60 |
|---|---|---|---|
| $\sigma$ | 4.0 | 5.0 | 6.0 |

$$\rho_{c,0} \geqslant 1.02\rho_{c,k} \qquad (6-3)$$

式中：$\rho_{c,0}$——防辐射混凝土配制干表观密度，kg/m³；

　　　$\rho_{c,k}$——防辐射混凝土设计干表观密度，kg/m³。

并且，防辐射混凝土的配合比计算应符合下列规定：

（1）铁石矿防辐射混凝土的配合比计算应符合 GB/T 34008—2017《防辐射混凝土》附录 B 的规定；

（2）采用重晶石配制防辐射混凝土时，应在 GB/T 34008—2017《防辐射混凝土》附录 B 中式 B.1 计算的水胶比基础上适当降低，并应通过试验验证确定，强度等级不宜大于 C40；

（3）采用金属骨料配制防辐射混凝土时，金属骨料应等体积取代 GB/T 34008—2017《防辐射混凝土》附录 B 计算配合比计算中的骨料，并应经试验调整确定。

此外，防辐射混凝土的试配与调整应符合下列规定，并应根据 JGJ 55《普通混凝土配合比设计规程》的规定和工程要求对设计配合比进行施工适应性调整后确定施工配合比。

（1）配合比调整后的混凝土拌和物的表观密度应按式 6-4 计算。

（2）配合比校正系数应按式 6-5 计算。

（3）配合比中每项材料用量均应乘以校正系数 δ；拌和物表观密度实测值应满足式 6-6 的要求。

$$\rho_{c,c} = m_c + m_f + m_g + m_s + m_w + m_p \qquad (6\text{-}4)$$

式中：$\rho_{c,c}$——按配合比组成计算的混凝土拌和物的表观密度，$kg/m^3$；

$\quad m_c$——每 $1m^3$ 混凝土的水泥用量，$kg/m^3$；

$\quad m_f$——每 $1m^3$ 混凝土的矿物掺和料用量，$kg/m^3$；

$\quad m_g$——每 $1m^3$ 混凝土的粗骨料用量，$kg/m^3$；

$\quad m_s$——每 $1m^3$ 混凝土的细骨料用量，$kg/m^3$；

$\quad m_w$——每 $1m^3$ 混凝土的用水量，$kg/m^3$；

$\quad m_p$——每 $1m^3$ 混凝土中减水剂、防辐射添加剂或纤维等其他材料用量，$kg/m^3$。

$$\delta = \frac{\rho_{c,t}}{\rho_{c,c}} \qquad (6\text{-}5)$$

式中：$\delta$——混凝土配合比校正系数。

$$\rho_{c,t} \geqslant 1.02\rho_{c,0} \qquad (6\text{-}6)$$

式中：$\rho_{c,t}$——混凝土拌和物的表观密度实测值，$kg/m^3$。

# 6.3 纤维增强混凝土

纤维增强混凝土也称纤维混凝土，是在混凝土基体中均匀分散一定比例的特定纤维，使混凝土的韧性得到改善，抗弯性和折压比得到提高的一种特种混凝土。目前纤维增强混凝土在工程中的应用越来越广泛，特别是应用在强度要求较高的大体积混凝土工程，抗折、抗拉强度要求较高及要求韧性较好的楼面混凝土柱、梁等结构混凝土工程及桩用混凝土，重要的设备底座，飞机场跑道等。常用来增强混凝土的纤维的种类有钢纤维、玻璃纤维、碳纤维、陶纤维、聚丙烯纤维、尼龙纤维、聚乙烯纤维、丙烯酸纤维、木纤维、竹纤维。

## 6.3.1 纤维增强混凝土的增强机理

由于纤维增强混凝土是一种多相、多组分、非均质且不连续的复合材料，导致纤维增强机理十分复杂。混合定律是研究复合材料性能与复合材料各组分性能之间关系的理论。应用混合定律研究纤维增强混凝土时，应基于以下假设：①纤维增强混凝土宏观上是均质的；②纤维与混凝土基体本身是各向同性（或正交各向异性）的线弹性材料；③纤维与基体之间无任何相对滑动（完全黏着状态）。在满足以上条件下，若纤维在基体连续均匀排列，并与荷载方向一致（图 6-1），即成为单向连续纤维增强复合材料。

当纤维的掺量较低时，掺加纤维有助于基体在破坏前耗散大量能量，当基体达到其极限应力时，纤维增强混凝土也达到极限应力。根据混合定律，复合材料的极限强度可写为：

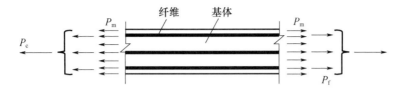

图 6-1　单向连续纤维增强复合材料

$$\sigma_{cu}=V_m\sigma_{mu}+V_f\sigma_f$$
$$=V_mE_m\varepsilon_{mu}+V_fE_f\varepsilon_{mu} \quad\quad\quad (6\text{-}7)$$
$$=V_mE_m\varepsilon_{mu}+V_f\frac{E_f}{E_m}\sigma_{mu}$$

式中：$\sigma_{cu}$——纤维增强混凝土的极限应力；

$\sigma_{mu}$——基体的极限应力；

$\sigma_f$——纤维应力；

$E_m$——基体的杨氏模量；

$\varepsilon_{mu}$——极限应变；

$V_m$——基体体积；

$V_f$——纤维体积。

当纤维的掺量较高时，掺加纤维可以增强基体的抗拉强度并改变其破坏模式。此时，复合材料的极限强度主要由纤维的极限强度决定，因为基体的贡献可以因开裂而被忽略。因此，复合材料的极限强度可写为：

$$\sigma_{cu}=V_f\sigma_{fu} \quad\quad\quad (6\text{-}8)$$

式中：$\sigma_{cu}$——纤维增强混凝土的极限应力；

$\sigma_{fu}$——纤维极限应力；

$V_f$——纤维体积。

如果我们将方程式（6-7）和式（6-8）以$V_f$的函数进行绘图，则可以获得图 6-2。两条线的交点是区分单裂纹破坏还是多裂纹破坏的临界点。

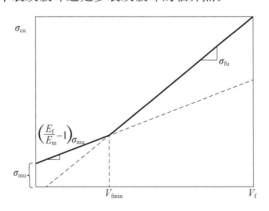

图 6-2　应力和纤维掺量关系图

因此，通过使上述两个方程相等，获得达到多裂纹破坏模式的最小纤维掺量为：

$$V_\mathrm{f}^\mathrm{minimum} = \frac{\sigma_\mathrm{mu}}{\sigma_\mathrm{fu} + \left(1 - \dfrac{E_\mathrm{f}}{E_\mathrm{m}}\right)\sigma_\mathrm{mu}}$$
(6-9)

式中：$V_\mathrm{f}^\mathrm{minimum}$——最小纤维掺量；

$\sigma_\mathrm{mu}$——基体的极限应力；

$\sigma_\mathrm{fu}$——纤维极限应力；

$E_\mathrm{f}$——纤维的杨氏模量；

$E_\mathrm{m}$——基体的杨氏模量。

从式（6-9）中可以看出，根据此处应用的理论，最小纤维掺量仅取决于纤维和基体的极限强度。然而，在实际情况中，许多其他因素，如纤维与基体之间的结合以及纤维的极限应变，都会影响获得多裂纹破坏模式所需的最小纤维掺量。

### 6.3.2　纤维增强混凝土的组成材料

#### 6.3.2.1　胶凝材料

按照 JGJ/T 221—2010《纤维混凝土应用技术规程》的有关规定，纤维混凝土所用水泥应符合现行国家标准 GB 175《通用硅酸盐水泥》和 GB/T 13693《道路硅酸盐水泥》的规定。钢纤维混凝土宜采用普通硅酸盐水泥和硅酸盐水泥。

#### 6.3.2.2　骨料

粗、细骨料应符合现行行业标准 JGJ 52《普通混凝土用砂、石质量及检验方法标准》的规定，并宜采用 5～25mm 连续级配的粗骨料以及级配Ⅱ区中砂。钢纤维混凝土不得使用海砂，粗骨料最大粒径不宜大于钢纤维长度的 2/3；喷射钢纤维混凝土的骨料最大粒径不宜大于 10mm。

#### 6.3.2.3　掺和料

粉煤灰和粒化高炉矿渣粉等矿物掺和料应符合现行国家标准 GB/T 1596《用于水泥和混凝土中的粉煤灰》和 GB/T 18046《用于水泥、砂浆和混凝土中的粒化高炉矿渣粉》的规定。

#### 6.3.2.4　外加剂和拌和用水

外加剂应符合现行国家标准 GB 8076《混凝土外加剂》和 GB 50119《混凝土外加剂应用技术规范》的规定，并不得使用含氯盐的外加剂。速凝剂应符合现行行业标准 JC 477《喷射混凝土用速凝剂》的规定，并宜采用低碱速凝剂。而拌和用水应符合现行行业标准 JGJ 63《混凝土用水标准》的规定，并不得采用海水。

### 6.3.3　纤维增强混凝土的分类和标记

#### 6.3.3.1　钢纤维的分类和标记

按照 GB/T 39147—2020《混凝土用钢纤维》的规定，钢纤维按原材料可分为：碳素结构钢（代号 CA）；合金结构钢（代号 AL）；不锈钢（代号 ST）；其他钢（代号 OT）。按生产工艺可分为：Ⅰ类，钢丝冷拉型；Ⅱ类，钢板剪切型；Ⅲ类，钢锭铣削型；Ⅳ类，钢丝削刮型；Ⅴ类，熔抽型。需要注意的是Ⅰ类和Ⅳ类为线材型纤维，其他为非线材型纤维。按形状和表面分类，其类型和代号见表 6-17。按成型方式分为：黏结成排型（代号 G）；单根散状型（代号 L）。按镀层方式分为：带镀层型（代号 C）；无镀层型（代号 B），并且当使用镀层钢纤维时，应标明镀层类型、特征和使用量。钢纤维的公称抗拉强度（$R_m$）分为 5 个等级，见表 6-18。

表 6-17 钢纤维按形状和表面的分类及代号

| 分类 | 代号 | 形状 | 表面特征 |
|---|---|---|---|
| 平直型 | 01 | 纵向为平直形 | 光滑 |
|  | 02 |  | 粗糙或有细密压痕 |
| 异型 | 03 | 纵向为平直形且两端带钩或带锚尾 | 光滑 |
|  | 04 |  | 粗糙或有细密压痕 |
|  | 05 | 纵向为扭曲型且两端带钩或带锚尾 | 光滑 |
|  | 06 |  | 粗糙或有细密压痕 |
|  | 07 | 纵向为波纹形 | 光滑 |
|  | 08 |  | 粗糙或有细密压痕 |

表 6-18 钢纤维公称抗拉强度和等级 （MPa）

| 等级 | 400 级 | 700 级 | 1000 级 | 1300 级 | 1700 级 |
|---|---|---|---|---|---|
| 公称抗拉强度 $R_m$ | 400～<700 | 700～<1000 | 1000～<1300 | 1300～<1700 | ≥1700 |

钢纤维的标记方式如下所示：

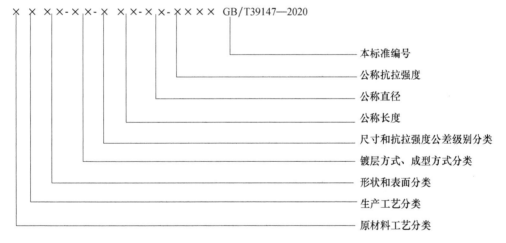

如碳素结构钢，钢丝冷拉型纤维，外形为纵向平直且两端带钩，表面光滑，黏结成排型，无镀层，尺寸和强度公差级别 A，公称长度 60mm，公称直径 0.9mm，公称抗拉强度 1115MPa，其标记为：CAI03-BG-A-60-0.9-1115-GB/T 39147—2020。

**6.3.3.2 合成纤维的分类和标记**

按照 GB/T 21120—2018《水泥混凝土和砂浆用合成纤维》的相关规定，合成纤维按材料组成分为聚丙烯纤维（代号 PP）、聚丙烯腈纤维（代号 PAN）、聚酰胺纤维（代号 PA）、聚乙烯醇纤维（代号 PVA）、聚甲醛纤维（代号 POM）。用于砂浆和混凝土中的聚酰胺纤维主要有尼龙 6 和尼龙 66 两种纤维。合成纤维的主要性能参数参见 GB/T 21120—2018《水泥混凝土和砂浆用合成纤维》的附录 A。按外形粗细分为单丝纤维

（代号 M）、膜裂网状纤维（代号 S）和粗纤维（代号 T）。按用途分为用于混凝土的防裂抗裂纤维（代号 HF）和增韧纤维（代号 HZ）、用于砂浆的防裂抗裂纤维（代号 SF）。合成纤维的规格根据需要确定。表 6-19 为合成纤维的规格范围。

**表 6-19　合成纤维的规格**

| 外形分类 | 公称长度（mm） | | 当量直径（μm） |
| --- | --- | --- | --- |
| | 用于水泥砂浆 | 用于水泥混凝土 | |
| 单丝纤维 | 3～20 | 4～40 | 5～100 |
| 膜裂网状纤维 | 5～20 | 15～40 | — |
| 粗纤维 | — | 10～65 | >100 |

注：经供需双方协商，可生产其他规格的合成纤维。

产品标记应由材料组成、用途、公称长度、当量直径、外形和标准号组成，表示方法如下：

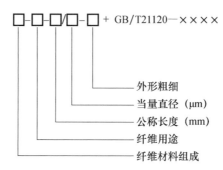

用于混凝土的防裂抗裂纤维、长度 15mm、当量直径 20μm 的聚丙烯单丝纤维标记为 PP-HF-15mm/20-M GB/T 21120—××××。

### 6.3.4　纤维增强混凝土的配合比设计

#### 6.3.4.1　一般规定

纤维增强混凝土配合比设计应满足混凝土试配强度的要求，并应满足混凝土拌和物性能、力学性能和耐久性能的设计要求。纤维混凝土的最大水胶比应符合现行国家标准 GB/T 50476《混凝土结构耐久性设计标准》的规定。纤维混凝土的最小胶凝材料用量应符合表 6-20 的规定；喷射钢纤维混凝土的胶凝材料用量不宜小于 380kg/m³。矿物掺和料掺量和外加剂掺量应经混凝土试配确定，并应满足纤维混凝土强度和耐久性能的设计要求以及施工要求；钢纤维混凝土矿物掺和料掺量不宜大于胶凝材料用量的 20%。用于公路路面的钢纤维混凝土的配合比设计应符合现行行业标准 JTG F30《公路水泥混凝土路面施工技术规范》的规定。

**表 6-20　纤维混凝土的最小胶凝材料用量**

| 最大水胶比 | 最小胶凝材料用量（kg/m³） | |
| --- | --- | --- |
| | 钢纤维混凝土 | 合成纤维混凝土 |
| 0.60 | — | 280 |

| 最大水胶比 | 最小胶凝材料用量（kg/m³） | |
| --- | --- | --- |
| | 钢纤维混凝土 | 合成纤维混凝土 |
| 0.55 | 340 | 300 |
| 0.50 | 360 | 320 |
| ≤0.45 | 360 | 340 |

#### 6.3.4.2 配制强度的确定

纤维混凝土的配制强度应符合下列规定：

（1）当设计强度等级小于 C60 时，配制强度应符合下列规定：

$$f_{cu,0} \geqslant f_{cu,k} + 1.645\sigma \tag{6-10}$$

式中：$f_{cu,0}$——纤维混凝土的配制强度，MPa；

$f_{cu,k}$——纤维混凝土立方体抗压强度标准值，MPa；

$\sigma$——纤维混凝土的强度标准差，MPa。

（2）当设计强度等级大于或等于 C60 时，配制强度应符合下列规定：

$$f_{cu,0} \geqslant 1.15 f_{cu,k} \tag{6-11}$$

纤维混凝土强度标准差的取值应符合表 6-21 的规定。

表 6-21 纤维混凝土强度标准差（MPa）

| 混凝土强度标准值 | ≤C20 | C25～C45 | C50～C55 |
| --- | --- | --- | --- |
| $\sigma$ | 4.0 | 5.0 | 6.0 |

#### 6.3.4.3 配合比计算

掺加纤维前的混凝土配合比计算应符合现行行业标准 JGJ 55《普通混凝土配合比设计规程》的规定。配合比中的每 1m³ 混凝土纤维用量应按质量计算；在设计参数选择时，可用纤维体积率表达。普通钢纤维混凝土中的纤维体积率不宜小于 0.35%，当采用抗拉强度不低于 1000MPa 的高强异型钢纤维时，钢纤维体积率不宜小于 0.25%；钢纤维混凝土的纤维体积率范围宜符合表 6-22 的规定。

表 6-22 钢纤维混凝土的纤维体积率范围

| 工程类型 | 使用目的 | 体积率（%） |
| --- | --- | --- |
| 工业建筑地面 | 防裂、耐磨、提高整体性 | 0.35～1.00 |
| 薄型屋面板 | 防裂、提高整体性 | 0.75～1.50 |
| 局部增强预制桩 | 增强、抗冲击 | ≥0.50 |
| 桩基承台 | 增强、抗冲切 | 0.50～2.00 |
| 桥梁结构构件 | 增强 | ≥1.00 |
| 公路路面 | 防裂、耐磨、防重载 | 0.35～1.00 |
| 机场道面 | 防裂、耐磨、抗冲击 | 1.00～1.50 |
| 港区道路和堆场铺面 | 防裂、耐磨、防重载 | 0.50～1.20 |

续表

| 工程类型 | 使用目的 | 体积率（%） |
|---|---|---|
| 水工混凝土结构 | 高应力区局部增强 | ≥1.00 |
| | 抗冲磨、防空蚀区增强 | ≥0.50 |
| 喷射混凝土 | 支护、砌衬、修复和补强 | 0.35～1.00 |

合成纤维混凝土的纤维体积率范围宜符合表 6-23 的规定。纤维最终掺量应经试验验证确定。

**表 6-23　合成纤维混凝土的纤维体积率范围**

| 使用部位 | 使用目的 | 体积率（%） |
|---|---|---|
| 楼面板、剪力墙、楼地面、建筑结构中的板壳结构、体育场看台 | 控制混凝土早期收缩裂缝 | 0.06～0.20 |
| 刚性防水屋面 | 控制混凝土早期收缩裂缝 | 0.10～0.30 |
| 机场跑道、公路路面、桥面板、工业地面 | 控制混凝土早期收缩裂缝 | 0.06～0.20 |
| | 改善混凝土抗冲击、抗疲劳性能 | 0.10～0.30 |
| 水坝面板、储水池、水渠 | 控制混凝土早期收缩裂缝 | 0.06～0.20 |
| | 改善抗冲磨和抗冲蚀等性能 | 0.10～0.30 |
| 喷射混凝土 | 控制混凝土早期收缩裂缝、改善混凝土整体性 | 0.06～0.25 |

注：增韧用粗纤维的体积率可大于 0.5%，并不宜超过 1.5%。

#### 6.3.4.4　配合比试配、调整与确定

纤维混凝土配合比的试配、调整与确定应符合现行行业标准 JGJ 55《普通混凝土配合比设计规程》的规定。

纤维混凝土配合比应根据纤维掺量按下列规定进行试配：

（1）对于钢纤维混凝土，应保持水胶比不降低，可适当提高砂率、用水量和外加剂用量；对于钢纤维长径比为 35～55 的钢纤维混凝土，钢纤维体积率增加 0.5% 时，砂率可增加 3%～5%，用水量可增加 4～7kg，胶凝材料用量应随用水量相应增加，外加剂用量应随胶凝材料用量相应增加，外加剂掺量也可适当提高；当钢纤维体积率较高或强度等级不低于 C50 时，其砂率和用水量等宜取给出范围的上限值。喷射钢纤维混凝土的砂率宜大于 50%。

（2）对于纤维体积率为 0.04%～0.10% 的合成纤维混凝土，可按计算配合比进行试配和调整；可适当提高外加剂用量或（和）胶凝材料用量，但水胶比不得降低。

（3）对于掺加增韧合成纤维的混凝土，配合比调整可按（1）进行，砂率和用水量等宜取给出范围的下限值。

在配合比试配的基础上，纤维混凝土配合比应按现行行业标准 JGJ 55《普通混凝土配合比设计规程》的规定进行混凝土强度试验并进行配合比调整。

调整后的纤维混凝土配合比应按下列方法进行校正：

（1）纤维混凝土配合比校正系数应按下式计算：

$$\delta = \frac{\rho_{c,t}}{\rho_{c,c}} \tag{6-12}$$

式中：$\delta$——纤维混凝土配合比校正系数；

$\rho_{c,t}$——纤维混凝土拌和物的表观密度实测值，$kg/m^3$；

$\rho_{c,c}$——纤维混凝土拌和物的表观密度计算值，$kg/m^3$。

（2）调整后的配合比中每项原材料用量均应乘以校正系数（$\delta$）。

校正后的纤维混凝土配合比，应在满足混凝土拌和物性能要求和混凝土试配强度的基础上，对设计提出的混凝土耐久性项目进行检验和评定，符合要求的，可确定为设计配合比。纤维混凝土设计配合比确定后，应进行生产适应性验证。

# 6.4 再生骨料混凝土

再生混凝土骨料（recycled concrete aggregate，RCA），由建（构）筑废物中的混凝土、砂浆、石、砖瓦等加工而成，用于配制混凝土的颗粒，简称再生骨料。其中，粒径不大于 4.75mm 的骨料为再生细骨料，粒径大于 4.75mm 的骨料为再生粗骨料。而再生骨料混凝土（recycled aggregate concrete，RAC）是指再生骨料部分或全部代替天然骨料配制而成的混凝土，简称再生混凝土。

## 6.4.1 再生骨料的生产工艺

目前国内外再生骨料的简单破碎工艺大同小异，主要是将不同的切割破碎设备、传送机械、筛分设备和清除杂质的设备有机地组合在一起，共同完成破碎、筛分和去除杂质等工序。图 6-3 展示了一套带有风力分级设备的再生骨料生产工艺流程。该工艺构思新颖，使用了风力分级装置及吸尘设备将粒径为 0.15～5mm 的骨料筛分出来，为我国今后循环利用再生细骨料奠定了基础。

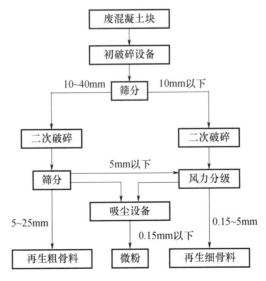

图 6-3 带有风力分级设备的再生骨料生产工艺流程

简单破碎再生骨料棱角多、表面粗糙，组分中还含有硬化水泥砂浆，再加上混凝土块在破碎过程中因损伤累积在内部造成大量微裂纹，导致再生骨料自身的孔隙率大、吸水率大、堆积密度小、堆积空隙率大、压碎指标值高，性能明显劣于天然骨料。简单破碎再生骨料品质低，严重影响到所配制混凝土的性能，限制了再生混凝土的应用。为了充分利用废混凝土资源，使建筑业走上可持续发展的道路，必须提高再生骨料的品质，对再生骨料进行强化处理。再生骨料的强化方法可以分为化学强化法和物理强化法。国内外专家学者曾经利用化学强化法对再生骨料进行强化研究，采用不同性质的材料（如聚合物、有机硅防水剂、纯水泥浆、水泥外掺Ⅰ级粉煤灰等）对再生骨料进行浸渍、淋洗、干燥等处理，使再生骨料得到强化。所谓物理强化法是指使用机械设备对简单破碎的再生骨料进一步处理，通过骨料之间的相互撞击、磨削等机械作用除去表面黏附的水泥砂浆和颗粒棱角的方法。物理强化法主要有立式偏心装置研磨法、卧式回转研磨法、加热研磨法、磨内研磨法和颗粒整形法等几种方法。

### 6.4.2 再生骨料的分类及要求

#### 6.4.2.1 再生细骨料的分类及要求

根据 GB/T 25176—2010《混凝土和砂浆用再生细骨料》的相关规定，混凝土和砂浆用再生细骨料（以下简称再生细骨料）按性能要求分为Ⅰ类、Ⅱ类、Ⅲ类；按细度模数分为粗、中、细三种规格，其细度模数 $M_x$ 分别如下。

粗：$M_x=3.7\sim3.1$；

中：$M_x=3.0\sim2.3$；

细：$M_x=2.2\sim1.6$。

对于再生细骨料的要求包括以下几点：

（1）再生细骨料的颗粒级配应符合表 6-24 的规定。

表 6-24 颗粒级配

| 方孔筛筛孔边长 | 累计筛余（%） | | |
|---|---|---|---|
| | 1级配区 | 2级配区 | 3级配区 |
| 9.50mm | 0 | 0 | 0 |
| 4.75mm | 10~0 | 10~0 | 10~0 |
| 2.36mm | 35~5 | 25~0 | 15~0 |
| 1.18mm | 65~35 | 50~10 | 25~0 |
| 600μm | 85~71 | 70~41 | 40~16 |
| 300μm | 95~80 | 92~70 | 85~55 |
| 150μm | 100~85 | 100~80 | 100~75 |

注：再生细骨料的实际颗粒级配与表中所列数字相比，除 4.75mm 和 600μm 筛档外，可以略有超出，但是超出总量应小于 5%。

（2）根据亚甲蓝试验结果不同，再生细骨料的微粉含量和泥块含量应符合表 6-25 的规定。

表 6-25  微粉含量和泥块含量

| 项目 | | Ⅰ类 | Ⅱ类 | Ⅲ类 |
|---|---|---|---|---|
| 微粉含量（按质量计，%） | MB 值<1.40 或合格 | <5.0 | <7.0 | <10.0 |
| | MB 值≥1.40 或不合格 | <1.0 | <3.0 | <5.0 |
| 泥块含量（按质量计，%） | | <1.0 | <2.0 | <3.0 |

（3）再生细骨料中如含有云母、轻物质、有机物、硫化物及硫酸盐或氯盐等有害物质，其含量应符合表 6-26 的规定。

表 6-26  再生细骨料中的有害物质含量

| 项目 | Ⅰ类 | Ⅱ类 | Ⅲ类 |
|---|---|---|---|
| 云母含量（按质量计，%） | | <2.0 | |
| 轻物质含量（按质量计，%） | | <1.0 | |
| 有机物含量（比色法） | | 合格 | |
| 硫化物及硫酸盐含量（按 $SO_3$ 质量计，%） | | <2.0 | |
| 氯化物含量（以氯离子质量计，%） | | <0.06 | |

（4）应采用硫酸钠溶液法进行坚固性试验。再生细骨料经 5 次循环后，其指标应符合表 6-27 的规定。

表 6-27  坚固性指标

| 项目 | Ⅰ类 | Ⅱ类 | Ⅲ类 |
|---|---|---|---|
| 饱和硫酸钠溶液中质量损失（%） | <8.0 | <10.0 | <12.0 |

（5）再生细骨料压碎指标应符合表 6-28 的规定。

表 6-28  压碎指标

| 项目 | Ⅰ类 | Ⅱ类 | Ⅲ类 |
|---|---|---|---|
| 单级最大压碎指标值（%） | <20 | <25 | <30 |

（6）再生胶砂需水量比应符合表 6-29 的规定。

表 6-29  再生胶砂需水量比

| 项目 | Ⅰ类 | | | Ⅱ类 | | | Ⅲ类 | | |
|---|---|---|---|---|---|---|---|---|---|
| | 细 | 中 | 粗 | 细 | 中 | 粗 | 细 | 中 | 粗 |
| 需水量比 | <1.35 | <1.30 | <1.20 | <1.55 | <1.45 | <1.35 | <1.80 | <1.70 | <1.50 |

（7）再生胶砂强度比应符合表 6-30 的规定。

表 6-30  再生胶砂强度比

| 项目 | Ⅰ类 | | | Ⅱ类 | | | Ⅲ类 | | |
|---|---|---|---|---|---|---|---|---|---|
| | 细 | 中 | 粗 | 细 | 中 | 粗 | 细 | 中 | 粗 |
| 强度比 | >0.80 | >0.90 | >1.00 | >0.70 | >0.85 | >0.95 | >0.60 | >0.75 | >0.90 |

（8）再生细骨料的表观密度、堆积密度和空隙率应符合表 6-31 的规定。

表 6-31 表观密度、堆积密度和空隙率

| 项目 | Ⅰ类 | Ⅱ类 | Ⅲ类 |
|---|---|---|---|
| 表观密度（kg/m³） | >2450 | >2350 | >2250 |
| 堆积密度（kg/m³） | >1350 | >1300 | >1200 |
| 空隙率（%） | <46 | <48 | <52 |

（9）经碱-骨料反应试验后，由再生细骨料制备的试件应无裂缝、酥裂或胶体外溢等现象，膨胀率应小于 0.10%。

### 6.4.2.2 再生粗骨料的分类及要求

根据 GB/T 25177—2010《混凝土用再生粗骨料》的相关规定，混凝土用再生粗骨料（以下简称再生粗骨料）按性能要求可分为Ⅰ类、Ⅱ类和Ⅲ类。按粒径尺寸分为连续粒级和单粒级。连续粒级分为 5~16mm、5~20mm、5~25mm 和 5~31.5mm 四种规格，单粒级分为 5~10mm、10~20mm 和 16~31.5mm 三种规格。对于再生粗骨料有以下几点要求：

（1）再生粗骨料的颗粒级配应符合表 6-32 的规定。

表 6-32 颗粒级配

| 公称粒径（mm） | | 累计筛余（%） | | | | | | | |
|---|---|---|---|---|---|---|---|---|---|
| | | 方孔筛筛孔边长（mm） | | | | | | | |
| | | 2.36 | 4.75 | 9.50 | 16.0 | 19.0 | 26.5 | 31.5 | 37.5 |
| 连续粒级 | 5~16 | 95~100 | 85~100 | 30~60 | 0~10 | 0 | | | |
| | 5~20 | 95~100 | 90~100 | 40~80 | — | 0~10 | 0 | | |
| | 5~25 | 95~100 | 90~100 | — | 30~70 | — | 0~5 | 0 | |
| | 5~31.5 | 95~100 | 90~100 | 70~90 | — | 15~45 | — | 0~5 | 0 |
| 单粒级 | 5~10 | 95~100 | 80~100 | 0~15 | 0 | | | | |
| | 10~20 | | 95~100 | 85~100 | | 0~15 | 0 | | |
| | 16~31.5 | | 95~100 | | 85~100 | | | 0~10 | 0 |

（2）再生粗骨料的微粉含量和泥块含量应符合表 6-33 的规定。

表 6-33 微粉含量和泥块含量

| 项目 | Ⅰ类 | Ⅱ类 | Ⅲ类 |
|---|---|---|---|
| 微粉含量（按质量计，%） | <1.0 | <2.0 | <3.0 |
| 泥块含量（按质量计，%） | <0.5 | <0.7 | <1.0 |

（3）再生粗骨料的吸水率应符合表 6-34 的规定。

表 6-34 吸水率

| 项目 | Ⅰ类 | Ⅱ类 | Ⅲ类 |
|---|---|---|---|
| 吸水率（按质量计，%） | <3.0 | <5.0 | <8.0 |

（4）再生粗骨料的针片状颗粒含量应符合表 6-35 的规定。

**表 6-35  针片状颗粒含量**

| 项目 | Ⅰ类 | Ⅱ类 | Ⅲ类 |
|------|------|------|------|
| 针片状颗粒（按质量计，%） | | <10 | |

（5）再生粗骨料中有害物质含量应符合表 6-36 的规定。

**表 6-36  有害物质含量**

| 项目 | Ⅰ类 | Ⅱ类 | Ⅲ类 |
|------|------|------|------|
| 有机物 | | 合格 | |
| 硫化物及硫酸盐（折算成 $SO_3$，按质量计，%） | | <2.0 | |
| 氯化物（以氯离子质量计，%） | | <0.06 | |

（6）再生粗骨料中的杂物含量应符合表 6-37 的规定。

**表 6-37  杂物含量**

| 项目 | Ⅰ类 | Ⅱ类 | Ⅲ类 |
|------|------|------|------|
| 杂物（按质量计，%） | | <1.0 | |

（7）采用硫酸钠溶液法进行坚固性试验。再生粗骨料经 5 次循环后，其质量损失应符合表 6-38 的规定。

**表 6-38  坚固性指标**

| 项目 | Ⅰ类 | Ⅱ类 | Ⅲ类 |
|------|------|------|------|
| 质量损失（%） | <5.0 | <10.0 | <15.0 |

（8）再生粗骨料的压碎指标值应符合表 6-39 的规定。

**表 6-39  压碎指标**

| 项目 | Ⅰ类 | Ⅱ类 | Ⅲ类 |
|------|------|------|------|
| 压碎指标（%） | <12 | <20 | <30 |

（9）再生粗骨料的表观密度和空隙率应符合表 6-40 的规定。

**表 6-40  表观密度和空隙率**

| 项目 | Ⅰ类 | Ⅱ类 | Ⅲ类 |
|------|------|------|------|
| 表观密度（$kg/m^3$） | >2450 | >2350 | >2250 |
| 空隙率（%） | <47 | <50 | <53 |

（10）经碱-骨料反应试验后，由再生粗骨料制备的试件无裂缝、酥裂或胶体外溢等现象，膨胀率应小于 0.10%。

### 6.4.3　再生骨料混凝土的组成材料

#### 6.4.3.1　胶凝材料

水泥宜采用通用硅酸盐水泥，并应符合现行国家标准 GB 175《通用硅酸盐水泥》的规定；当采用其他品种水泥时，其性能应符合国家现行有关标准的规定；不同水泥不得混合使用。

#### 6.4.3.2　骨料

天然粗骨料和天然细骨料应符合现行行业标准 JGJ 52《普通混凝土用砂、石质量及检验方法标准》的规定。此外，Ⅰ类再生粗骨料可用于配制各种强度等级的混凝土；Ⅱ类再生粗骨料宜用于配制 C40 及以下强度等级的混凝土；Ⅲ类再生粗骨料可用于配制 C25 及以下强度等级的混凝土，不宜用于配制有抗冻性要求的混凝土。Ⅰ类再生细骨料可用于配制 C40 及以下强度等级的混凝土；Ⅱ类再生细骨料宜用于配制 C25 及以下强度等级的混凝土；Ⅲ类再生细骨料不宜用于配制结构混凝土。此外，再生骨料不得用于配制预应力混凝土。再生骨料混凝土的耐久性设计应符合现行国家标准 GB 50010《混凝土结构设计规范》和 GB/T 50476《混凝土结构耐久性设计标准》的相关规定。当再生骨料混凝土用于设计使用年限为 50 年的混凝土结构时，其耐久性宜符合表 6-41 的规定。再生骨料混凝土中三氧化硫的允许含量应符合现行国家标准 GB/T 50476《混凝土结构耐久性设计标准》的规定。当再生粗骨料或再生细骨料不符合现行国家标准 GB/T 25177《混凝土用再生粗骨料》或 GB/T 25176《混凝土和砂浆用再生细骨料》的规定，但经过试验试配验证能满足相关使用要求时，可用于非结构混凝土。

**表 6-41　再生骨料混凝土耐久性基本要求**

| 环境类别 | 最大水胶比 | 最低强度等级 | 最大氯离子含量（%） | 最大碱含量（kg/m³） |
| --- | --- | --- | --- | --- |
| 一 | 0.55 | C25 | 0.20 | 3.0 |
| 二 a | 0.50（0.55） | C30（C25） | 0.15 | 3.0 |
| 二 b | 0.45（0.50） | C35（C30） | 0.15 | 3.0 |
| 三 a | 0.40 | C40 | 0.10 | 3.0 |

注：a 氯离子含量是指氯离子占胶凝材料总量的百分比。

　　b 素混凝土构件的水胶比及最低强度等级可不受限制。

　　c 有可靠工程经验时，二类环境中的最低混凝土强度等级可降低一个等级。

　　d 处于严寒和寒冷地区二 b、三 a 类环境中的混凝土应使用引气剂或引气型外加剂，并可采用括号中的有关参数。

　　e 当使用非碱活性骨料时，对混凝土中的碱含量可不作限制。

#### 6.4.3.3　掺和料

矿物掺和料应分别符合国家现行标准 GB/T 1596《用于水泥和混凝土中的粉煤灰》、GB/T 18046《用于水泥、砂浆和混凝土中的粒化高炉矿渣粉》、GB/T 18736《高强高性能混凝土用矿物外加剂》和 JG/T 3048《混凝土和砂浆用天然沸石粉》的规定。

#### 6.4.3.4　外加剂、混凝土用水及其他

外加剂应符合现行国家标准 GB 8076《混凝土外加剂》和 GB 50119《混凝土外加

剂应用技术规范》的规定。拌和用水和养护用水应符合现行行业标准 JGJ 63《混凝土用水标准》的规定。另外，当采用其他原材料时，应符合国家现行相关标准的规定。

### 6.4.4　再生骨料混凝土的配合比设计

根据 JGJ/T 240—2011《再生骨料应用技术规程》的相关规定，再生骨料混凝土配合比设计应满足混凝土和易性、强度和耐久性的要求。再生骨料混凝土配合比设计可按下列步骤进行：

（1）根据已有技术资料和混凝土性能要求，确定再生粗骨料取代率（$\delta_g$）和再生细骨料取代率（$\delta_s$）；当缺乏技术资料时，$\delta_g$ 和 $\delta_s$ 不宜大于 50%，Ⅰ类再生粗骨料取代率（$\delta_g$）可不受限制；当混凝土中已掺用Ⅲ类再生粗骨料时，不宜再掺入再生细骨料。

（2）确定混凝土强度标准差（$\sigma$），并可按下列规定进行：

① 对于不掺用再生细骨料的混凝土，当仅掺Ⅰ类再生粗骨料或Ⅱ类、Ⅲ类再生粗骨料取代率（$\delta_g$）小于 30%时，$\sigma$ 可按现行行业标准 JGJ 55《普通混凝土配合比设计规程》的规定取值。

② 对于不掺用再生细骨料的混凝土，当Ⅰ类、Ⅲ类再生粗骨料取代率（$\delta_g$）不小于 30%时，$\sigma$ 值应根据相同再生粗骨料掺量和同强度等级的同品种再生骨料混凝土统计资料计算确定。计算时，强度试件组数不应小于 30 组。对于强度等级不大于 C20 的混凝土，当 $\sigma$ 计算值不小于 3.0MPa 时，应按计算结果取值；当 $\sigma$ 计算值小于 3.0MPa 时，$\sigma$ 应取 3.0MPa；对于强度等级大于 C20 且不大于 C40 的混凝土，当 $\sigma$ 计算值不小于 4.0MPa 时，应按计算结果取值，当 $\sigma$ 计算值小于 4.0MPa 时，$\sigma$ 应取 4.0MPa。

当无统计资料时，对于仅掺再生粗骨料的混凝土，其 $\sigma$ 值可按表 6-42 的规定确定。

③ 掺用再生细骨料的混凝土，也应根据相同再生骨料掺量和同强度等级的同品种再生骨料混凝土统计资料计算确定 $\sigma$ 值。计算时，强度试件组数不应小于 30 组。对于各强度等级的混凝土，当 $\sigma$ 计算值小于表 6-42 中对应值时，应取表 6-42 中对应值。当无统计资料时，$\sigma$ 值也可按表 6-42 选取。

**表 6-42　再生骨料混凝土抗压强度标准差推荐值**

| 强度等级 | ≤C20 | C25、C30 | C35、C40 |
|---|---|---|---|
| $\sigma$（MPa） | 4.0 | 5.0 | 6.0 |

（3）计算基准混凝土配合比，应按现行行业标准 JGJ 55《普通混凝土配合比设计规程》的方法进行。外加剂和掺和料的品种和掺量应通过试验确定；在满足和易性要求的前提下，再生骨料混凝土宜采用较低的砂率。

（4）以基准混凝土配合比中的粗、细骨料用量为基础，并根据已确定的再生粗骨料取代率（$\delta_g$）和再生细骨料取代率（$\delta_s$），计算再生骨料用量。

（5）通过试配及调整，确定再生骨料混凝土最终配合比，配制时，应根据工程具体要求采取控制拌和物坍落度损失的相应措施。

# 6.5　自密实混凝土

自密实混凝土是指具有高流动性、均匀性和稳定性，浇筑时无须外力振捣，能够在自重作用下流动并充满模板空间的混凝土。它不离析，能够在自身重力作用下自行密实。其突出特点是拌和物具有良好的工作性能，即使在配筋密集和浇筑形状复杂的条件下，仅依靠自身而无须振捣或少振捣便能自动流平，并均匀密实填充成型和包裹钢筋，为施工操作带来极大方便。适合于浇筑量大、浇筑高度大、钢筋密集、有特殊形状等的工程；特别适用于难以浇筑甚至无法浇筑的部位，可避免出现因振捣不足而造成的空洞、蜂窝、麻面等质量缺陷；可提高混凝土质量、改善施工环境、加快施工进度、提高劳动生产率、降低工程费用等。与普通混凝土相比，其强度等级越高，优势就越明显。因此，自密实混凝土被称为"最近几十年中混凝土技术最具革命性的发展"。

### 6.5.1 自密实混凝土的组成材料

#### 6.5.1.1 胶凝材料

配制自密实混凝土宜采用硅酸盐水泥或普通硅酸盐水泥，并应符合现行国家标准GB 175《通用硅酸盐水泥》的规定。当采用其他品种水泥时，其性能指标应符合国家现行相关标准的规定。

#### 6.5.1.2 骨料

粗骨料宜采用连续级配或 2 个及以上单粒径级配搭配使用，最大公称粒径不宜大于20mm；对于结构紧密的竖向构件、复杂形状的结构以及有特殊要求的工程，粗骨料的最大公称粒径不宜大于16mm。粗骨料的针片状颗粒含量、含泥量及泥块含量，应符合表 6-43 的规定，其他性能及试验方法应符合现行行业标准 JGJ 52《普通混凝土用砂、石质量及检验方法标准》的规定。

**表 6-43 粗骨料的针片状颗粒含量、含泥量及泥块含量**

| 项目 | 针片状颗粒含量 | 含泥量 | 泥块含量 |
|---|---|---|---|
| 指标（%） | ≤8 | ≤1.0 | ≤0.5 |

轻粗骨料宜采用连续级配，性能指标应符合表 6-44 的规定，其他性能及试验方法应符合国家现行标准 GB/T 17431.1《轻集料及其试验方法 第 1 部分：轻集料》和 JGJ 51《轻骨料混凝土技术规程》的规定。

**表 6-44 轻粗骨料的性能指标**

| 项目 | 密度等级 | 最大粒径 | 粒形系数 | 24h 吸水率 |
|---|---|---|---|---|
| 指标 | ≥700 | ≤16mm | ≤2.0 | ≤10% |

细骨料宜采用级配 II 区的中砂。天然砂的含泥量、泥块含量应符合表 6-45 的规定；人工砂的石粉含量应符合表 6-46 的规定。细骨料的其他性能及试验方法应符合现行行业标准 JGJ 52《普通混凝土用砂、石质量及检验方法标准》的规定。

**表 6-45 天然砂的含泥量和泥块含量**

| 项目 | 含泥量 | 泥块含量 |
|---|---|---|
| 指标（%） | ≤3.0 | ≤1.0 |

表 6-46 人工砂的石粉含量

| 项目 | | 指标 | | |
|---|---|---|---|---|
| | | ≥C60 | C55～C30 | ≤C25 |
| 石粉含量<br>（%） | MB<1.4 | ≤5.0 | ≤7.0 | ≤10.0 |
| | MB≥1.4 | ≤2.0 | ≤3.0 | ≤5.0 |

### 6.5.1.3 掺和料

配制自密实混凝土可采用粉煤灰、粒化高炉矿渣粉、硅灰等矿物掺和料，且粉煤灰应符合现行国家标准 GB/T 1596《用于水泥和混凝土中的粉煤灰》的规定，粒化高炉矿渣粉应符合现行国家标准 GB/T 18046《用于水泥、砂浆和混凝土中的粒化高炉矿渣粉》的规定，硅灰应符合现行国家标准 GB/T 18736《高强高性能混凝土用矿物外加剂》的规定。当采用其他矿物掺和料时，应通过充分试验进行验证，确定混凝土性能满足工程应用要求后再使用。

### 6.5.1.4 外加剂、混凝土用水及其他

外加剂应符合现行国家标准 GB 8076《混凝土外加剂》和 GB 50119《混凝土外加剂应用技术规范》的有关规定。掺用增稠剂、絮凝剂等其他外加剂时，应通过充分试验进行验证，其性能应符合国家现行有关标准的规定。自密实混凝土的拌和用水和养护用水应符合现行行业标准 JGJ 63《混凝土用水标准》的规定。当自密实混凝土加入钢纤维、合成纤维时，其性能应符合现行行业标准 JGJ/T 221《纤维混凝土应用技术规程》的规定。

## 6.5.2 自密实混凝土的性能要求

### 6.5.2.1 混凝土拌和物性能

自密实混凝土拌和物除应满足普通混凝土拌和物对凝结时间、黏聚性和保水性等的要求外，还应满足自密实性能的要求。其中，自密实混凝土拌和物的自密实性能及要求可按表 6-47 确定，试验方法应按 JGJ/T 283—2012《自密实混凝土应用技术规程》中的附录 A 执行。

表 6-47 自密实混凝土拌和物的自密实性能及要求

| 自密实性能 | 性能指标 | 性能等级 | 技术要求 |
|---|---|---|---|
| 填充性 | 坍落扩展度（mm） | SF1 | 550～655 |
| | | SF2 | 660～755 |
| | | SF3 | 760～850 |
| | 扩展时间 $T_{500}$（s） | VS1 | ≥2 |
| | | VS2 | <2 |
| 间隙通过性 | 坍落扩展度与 J 环扩展度差值（mm） | PA1 | 25<PA1≤50 |
| | | PA2 | 0≤PA2≤25 |
| 抗离析性 | 离析率（%） | SR1 | ≤20 |
| | | SR2 | ≤15 |
| | 粗骨料振动离析率（%） | $f_{\mathrm{m}}$ | ≤10 |

注：当抗离析性试验结果有争议时，以离析率筛析法试验结果为准。

不同性能等级自密实混凝土的应用范围应按表6-48确定。

**表6-48　不同性能等级自密实混凝土的应用范围**

| 自密实性能 | 性能等级 | 应用范围 | 重要性 |
|---|---|---|---|
| 填充性 | SF1 | 1. 从顶部浇筑的无配筋或配筋较少的混凝土结构物<br>2. 泵送浇筑施工的工程<br>3. 截面较小，无须水平长距离流动的竖向结构物 | 控制指标 |
| | SF2 | 适合一般的普通钢筋混凝土结构 | |
| | SF3 | 适用于结构紧密的竖向构件、形状复杂的结构等（粗骨料最大公称粒径宜小于16mm） | |
| | VS1 | 适用于一般的普通钢筋混凝土结构 | |
| | VS2 | 适用于配筋较多的结构或有较高混凝土外观性能要求的结构，应严格控制 | |
| 间隙通过性ᵃ | PA1 | 适用于钢筋净距80～100mm | 可选指标 |
| | PA2 | 适用于钢筋净距60～80mm | |
| 抗离析性ᵇ | SR1 | 适用于流动距离小于5m、钢筋净距大于80mm的薄板结构和竖向结构 | 可选指标 |
| | SR2 | 适用于流动距离超过5m、钢筋净距大于80mm的竖向结构。也适用于流动距离小于5m、钢筋净距小于80mm的竖向结构，当流动距离超过5m，$SR$值宜小于10% | |

a 钢筋净距小于60mm时宜进行浇筑模拟试验；对于钢筋净距大于80mm的薄板结构或钢筋净距大于100mm的其他结构可不作间隙通过性指标要求。

b 高填充性（坍落扩展度指标为SF2或SF3）的自密实混凝土，应有抗离析性要求。

### 6.5.2.2　硬化混凝土的性能

硬化混凝土力学性能、长期性能和耐久性能应满足设计要求和国家现行相关标准的规定。

## 6.5.3　自密实混凝土的配合比设计

### 6.5.3.1　一般规定

根据 JGJ/T 283—2012《自密实混凝土应用技术规程》的相关规定，自密实混凝土应根据工程结构形式、施工工艺以及环境因素进行配合比设计，并应在综合考虑混凝土自密实性能、强度、耐久性以及其他性能要求的基础上，计算初始配合比，经试验室试配、调整得出满足自密实性能要求的基准配合比，经强度、耐久性复核得到设计配合比。并且，自密实混凝土配合比设计宜采用绝对体积法。自密实混凝土水胶比宜小于0.45，胶凝材料用量宜控制在400～550kg/m³；自密实混凝土宜采用通过增加粉体材料的方法适当增加浆体体积，也可通过添加外加剂的方法来改善浆体的黏聚性和流动性。需要注意的是，钢管自密实混凝土配合比设计时，应采取减少收缩的措施。

### 6.5.3.2　混凝土配合比设计

根据 JGJ/T 283—2012《自密实混凝土应用技术规程》的规定，自密实混凝土初始配合比设计宜符合下列规定：

（1）配合比设计应确定拌和物中粗骨料体积、砂浆中砂的体积分数、水胶比、胶凝材料用量、矿物掺和料的比例等参数。

（2）粗骨料体积及质量的计算宜符合下列规定：

① 每 $1m^3$ 混凝土中粗骨料的体积（$V_g$）可按表 6-49 选用。

**表 6-49 每 $1m^3$ 混凝土中粗骨料的体积**

| 填充性指标 | SF1 | SF2 | SF3 |
|---|---|---|---|
| 每 $1m^3$ 混凝土中粗骨料的体积（$m^3$） | 0.32～0.35 | 0.30～0.33 | 0.28～0.30 |

② 每 $1m^3$ 混凝土中粗骨料的质量（$m_g$）可按下式计算：

$$m_g = V_g \cdot \rho_g \qquad (6\text{-}13)$$

式中：$\rho_g$——粗骨料的表观密度，$kg/m^3$。

（3）砂浆体积（$V_m$）可按下式计算：

$$V_m = 1 - V_g \qquad (6\text{-}14)$$

（4）砂浆中砂的体积分数（$\Phi_s$）可取 0.42～0.45。

（5）每 $1m^3$ 混凝土中砂的体积（$V_s$）和质量（$m_s$）可按下列公式计算：

$$V_s = V_m \cdot \Phi_s \qquad (6\text{-}15)$$

$$m_s = V_s \cdot \rho_s \qquad (6\text{-}16)$$

式中：$\rho_s$——砂的表观密度，$kg/m^3$。

（6）浆体体积（$V_p$）可按下式计算：

$$V_p = V_m - V_s \qquad (6\text{-}17)$$

（7）胶凝材料表观密度（$\rho_b$）可根据矿物掺和料和水泥的相对含量及各自的表观密度确定，并可按下式计算：

$$\rho_b = \frac{1}{\dfrac{\beta}{\rho_m} + \dfrac{(1-\beta)}{\rho_c}} \qquad (6\text{-}18)$$

式中：$\rho_m$——矿物掺和料的表观密度，$kg/m^3$。

$\rho_c$——水泥的表观密度，$kg/m^3$。

$\beta$——每 $1m^3$ 混凝土中矿物掺和料占胶凝材料的质量分数，%；当采用两种或两种以上矿物掺和料时，可以 $\beta_1$、$\beta_2$、$\beta_3$ 表示，并进行相应计算；根据自密实混凝土工作性、耐久性、温升控制等要求，合理选择胶凝材料中水泥、矿物掺和料类型，矿物掺和料占胶凝材料用量的质量分数 $\beta$ 不宜小于 0.2。

（8）自密实混凝土配制强度（$f_{cu,0}$）应按现行行业标准 JGJ 55《普通混凝土配合比设计规程》的规定进行计算。

（9）水胶比（$m_w/m_b$）应符合下列规定：

① 当具备试验统计资料时，可根据工程所使用的原材料，通过建立的水胶比与自密实混凝土抗压强度关系式来计算得到水胶比。

② 当不具备上述试验统计资料时，水胶比可按下式计算：

$$m_w/m_b = \frac{0.42 f_{ce}(1 - \beta + \beta \cdot \gamma)}{f_{cu,0} + 1.2} \qquad (6\text{-}19)$$

式中：$m_b$——每 $1m^3$ 混凝土中胶凝材料的质量，kg。

   $m_w$——每 $1m^3$ 混凝土中用水的质量，kg。

   $f_{ce}$——水泥的 28d 实测抗压强度，MPa；当水泥 28d 抗压强度未能进行实测时，可采用水泥强度等级对应值乘以 1.1 得到的数值作为水泥抗压强度值。

   $\gamma$——矿物掺和料的胶凝系数；粉煤灰（$\beta\leqslant0.3$）可取 0.4，矿渣粉（$\beta\leqslant0.4$）可取 0.9。

（10）每 $1m^3$ 自密实混凝土中胶凝材料的质量（$m_b$）可根据自密实混凝土中的浆体体积（$V_p$）、胶凝材料的表观密度（$\rho_b$）、水胶比（$m_w/m_b$）等参数确定，并可按下式计算：

$$m_b=\frac{V_p-V_a}{\frac{1}{\rho_b}+\frac{m_w/m_b}{\rho_w}} \tag{6-20}$$

式中：$V_a$——每 $1m^3$ 混凝土中引入空气的体积，L。对于非引气型的自密实混凝土，$V_a$ 可取 10～20L。

   $\rho_w$——每 $1m^3$ 混凝土中拌和水的表观密度，$kg/m^3$。取 $1000kg/m^3$。

（11）每 $1m^3$ 混凝土中用水的质量（$m_w$）应根据每 $1m^3$ 混凝土中胶凝材料质量（$m_b$）以及水胶比（$m_w/m_b$）确定，并可按下式计算：

$$m_w=m_b\cdot(m_w/m_b) \tag{6-21}$$

（12）每 $1m^3$ 混凝土中水泥的质量（$m_c$）和矿物掺和料的质量（$m_m$）应根据每 $1m^3$ 混凝土中胶凝材料的质量（$m_b$）和胶凝材料中矿物掺和料的质量分数（$\beta$）确定，并可按下列公式计算：

$$m_m=m_b\cdot\beta \tag{6-22}$$

$$m_c=m_b-m_m \tag{6-23}$$

（13）外加剂的品种和用量应根据试验确定，外加剂用量可按下式计算：

$$m_{ca}=m_b\cdot\alpha \tag{6-24}$$

式中：$m_{ca}$——每 $1m^3$ 混凝土中外加剂的质量，kg；

   $\alpha$——每 $1m^3$ 混凝土中外加剂占胶凝材料总量的质量分数，%。

此外，自密实混凝土配合比的试配、调整与确定应符合下列规定：

（1）混凝土试配时应采用工程实际使用的原材料，每盘混凝土的最小搅拌量不宜小于 25L。

（2）试配时，首先应进行试拌，先检查拌和物自密实性能必控指标，再检查拌和物自密实性能可选指标。当试拌得出的拌和物自密实性能不能满足要求时，应在水胶比不变、胶凝材料用量和外加剂用量合理的原则下调整胶凝材料用量、外加剂用量或砂的体积分数等，直到符合要求为止。应根据试拌结果提出混凝土强度试验用的基准配合比。

（3）混凝土强度试验时至少应采用三个不同的配合比。当采用不同的配合比时，其中一个应为自密实混凝土配合比的试配、调整与确定的规定中的第 2 点确定的基准配合比，另外两个配合比的水胶比宜较基准配合比分别增加和减少 0.02；用水量与基准配合比相同，砂的体积分数可分别增加或减少 1%。

（4）制作混凝土强度试验试件时，应验证拌和物自密实性能是否达到设计要求，并以该结果代表相应配合比的混凝土拌和物性能指标。

（5）混凝土强度试验时每种配合比至少应制作一组试件，标准养护到 28d 或设计要求的龄期时试压，也可同时多制作几组试件，按 JGJ/T 15《早期推定混凝土强度试验方法标准》早期推定混凝土强度，用于配合比调整，但最终应满足标准养护 28d 或设计规定龄期的强度要求。如有耐久性要求时，还应检测相应的耐久性指标。

（6）应根据试配结果对基准配合比进行调整，调整与确定应按 JGJ 55《普通混凝土配合比设计规程》的规定执行，确定的配合比即为设计配合比。

（7）对于应用条件特殊的工程，宜采用确定的配合比进行模拟试验，以检验所设计的配合比是否满足工程应用条件。

# 6.6  3D 打印混凝土

3D 打印技术是一种快速成型的制造技术，通过连续的物理层叠加，逐层增加材料来生成三维实体。近年来，3D 打印技术被引入建筑领域，受到广泛关注并表现出巨大的发展潜力。与传统的施工工艺相比，建筑 3D 打印有明显的技术优势：①由于移除了模板，建筑 3D 打印可以减少 35%～60% 的施工成本。②可以大幅提高施工速度，至少要快 10 倍。③大大降低对劳动力的需求，既节约了成本，又减少了伤亡事故的发生。④建筑 3D 打印可用材料范围宽，可极大地提高废物利用率，实现绿色环保。⑤高度集成，实现设计制造一体化。建筑 3D 打印使用的主要材料为混凝土，3D 打印混凝土是将3D 打印技术与商品混凝土领域的技术相结合，其主要原理是利用计算机对混凝土构件进行 3D 建模和分割生产三维信息，然后将配制好的混凝土拌和物通过挤出装置，按照设定好的程序，通过机械控制，由喷嘴挤出进行打印，最后得到混凝土构件。

## 6.6.1  3D 打印混凝土的特点

为满足 3D 打印建筑的需求，混凝土拌和物必须达到特定的要求。流动性是评估打印混合物可打印性能的重要参数。流动性控制得当能够确保浆料顺利通过输送系统进行泵送并最终进行打印沉积。用于 3D 打印的混凝土材料需要具有良好的可挤出性，即材料通过输料管连续输送的能力以及顺利通过打印头喷嘴进行沉积的能力。可建造性是评估混凝土材料可打印性能的另一个关键参数，即材料在自重和上层压力作用下保持其挤出形状的能力以及沉积的新鲜材料在负载下抗变形能力。如前所述，打印材料一方面需要较长的凝结时间以获得良好的流动性和挤出性，另一方面需要较短的凝结时间以获得足够的早期强度。因此，凝结时间也是 3D 打印材料性能指标研究中的重要参数之一。

3D 打印混凝土的成分和配合比设计一定要与 3D 打印系统协调兼容，包括贮存系统、传输系统、挤出系统、打印系统和控制系统等，如图 6-4 所示。

在实际建造活动中，打印材料配合比的优化设计需要与 3D 打印系统的改进相协调。原则上，打印材料应具有易挤出、易流动、易建造的特性，同时还必须具有良好的力学强度和合理的凝结特性，保证材料在打印喷头挤出过程中的连续性及在建造过程中快速成型。

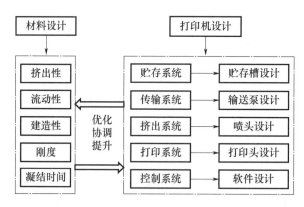

图 6-4　材料配合比设计和 3D 打印系统协同优化示意图

## 6.6.2　3D 打印混凝土的组成材料

### 6.6.2.1　胶凝材料

配制 3D 打印混凝土宜选用硅酸盐水泥或普通硅酸盐水泥，并应符合现行国家标准 GB 175《通用硅酸盐水泥》的有关规定。当采用其他品种水泥时，其性能应符合现行国家标准 GB/T 2015《白色硅酸盐水泥》、GB 20472《硫铝酸盐水泥》、GB/T 201《铝酸盐水泥》的有关规定。

### 6.6.2.2　骨料

配制 3D 打印混凝土的粗骨料宜选用级配合理、粒形良好、质地坚固的碎石或卵石，最大粒径不应超过打印头出口内径的 1/3，且不宜超过 16mm。粗骨料的含泥量和泥块含量应符合表 6-50 的规定，其他性能及试验方法应符合现行国家标准 GB/T 14685《建设用卵石、碎石》的有关规定。

表 6-50　粗骨料的含泥量和泥块含量

| 项目 | 含泥量 | 泥块含量 |
|---|---|---|
| 指标（％） | ≤1.0 | ≤0.5 |

配制 3D 打印混凝土的细骨料宜选用级配 Ⅱ 区的中砂。当 3D 打印混凝土中无粗骨料时，细骨料的最大粒径不应超过打印头出口内径的 1/3。天然砂的含泥量、泥块含量应符合表 6-51 的规定；人工砂的石粉含量应符合表 6-52 的规定。细骨料的其他性能及试验方法应符合现行国家标准 GB/T 14684《建设用砂》的有关规定。

表 6-51　天然砂的含泥量和泥块含量

| 项目 | 含泥量 | 泥块含量 |
|---|---|---|
| 指标（％） | ≤3.0 | ≤1.0 |

### 6.6.2.3　掺和料

配制 3D 打印混凝土可采用粉煤灰、粒化高炉矿渣粉、钢渣粉和硅灰等矿物掺和料，且应符合现行国家标准 GB/T 1596《用于水泥和混凝土中的粉煤灰》、GB/T 18046《用于水泥、砂浆和混凝土中的粒化高炉矿渣粉》、GB/T 27690《砂浆和混凝土用硅灰》、GB/T 20491《用于水泥和混凝土中的钢渣粉》以及 GB/T 51003《矿物掺合料应用技术规范》的有关规定。当采用其他矿物掺和料时，应通过试验验证。

表 6-52　人工砂的石粉含量

| 项目 | | 指标（%） |
|---|---|---|
| 石粉含量（%） | MB<1.4 | ≤7.0 |
| | MB≥1.4 | ≤3.0 |

#### 6.6.2.4　外加剂、纤维、混凝土用水及其他

配制 3D 打印混凝土外加剂应符合现行国家标准 GB 8076《混凝土外加剂》的有关规定。配制 3D 打印混凝土纤维性能应符合现行国家标准 GB/T 21120《水泥混凝土和砂浆用合成纤维》的有关规定。配制 3D 打印混凝土拌和水和养护用水应符合现行行业标准 JGJ 63《混凝土用水标准》的有关规定。配制 3D 打印混凝土使用的其他材料，应符合国家现行有关标准的规定。

### 6.6.3　3D 打印混凝土的性能要求

3D 打印混凝土拌和物在泵送前和泵送后均不应离析和泌水，凝结时间应满足可打印时间的要求。新拌 3D 打印混凝土的流动性、可挤出性、支撑性和凝结时间性能宜符合表 6-53 的规定。

表 6-53　新拌 3D 打印混凝土要求及检验方法

| 项目 | | 技术要求 | | 检验方法 |
|---|---|---|---|---|
| | | 骨料最大粒径（mm） | | |
| | | ≤5 | 5～16 | |
| 流动性 | 流动度（mm） | 160～220 | — | GB/T 2419《水泥胶砂流动度测定方法》 |
| | 坍落度（mm） | — | 80～150 | GB/T 50080《普通混凝土拌合物性能试验方法标准》 |
| 凝结时间（min） | | ≤90 | | JGJ/T 70《建筑砂浆基本性能试验方法标准》 |
| 可挤出性 | | 连续均匀、无堵塞、无明显拉裂 | | 观测 |
| 支撑性 | | 挤出后形态保持稳定且不倒塌 | | 观测 |

3D 打印混凝土的力学性能应符合设计要求，检验方法应符合现行国家标准 GB/T 50081《混凝土物理力学性能试验方法标准》的有关规定。硬化 3D 打印混凝土的抗压强度折减率、层间劈裂强度和层间黏结强度等性能宜符合表 6-54 的规定。

表 6-54　硬化 3D 打印混凝土性能技术要求及检验方法

| 项目 | 技术要求 | 检验方法 |
|---|---|---|
| 打印成型抗压强度 | 满足设计要求 | T/CECS 786—2020《混凝土 3D 打印技术规程》附录 A |
| 打印强度折减率（%） | ≤20 | |

续表

| 项目 | 技术要求 | | 检验方法 |
|---|---|---|---|
| 层间劈裂强度（MPa） | C20 | 0.8 | T/CECS 786—2020《混凝土 3D 打印技术规程》附录 B |
| | C30 | 1.0 | |
| | C40 | 1.5 | |
| | C50 | 2.5 | |
| | C60 | 3.5 | |
| 层间黏结强度（MPa） | ≥1.5 | | T/CECS 786—2020《混凝土 3D 打印技术规程》附录 C |
| 耐久性 | 满足设计要求 | | GB/T 50476《混凝土结构耐久性设计标准》 |

硬化 3D 打印机混凝土力学性能、长期性能和耐久性能除应满足工程设计、施工和应用环境要求，尚应符合国家现行有关标准 GB 50010《混凝土结构设计规范》、GB 50003《砌体结构设计规范》和 GB/T 50476《混凝土结构耐久性设计标准》的有关规定。

### 6.6.4　3D 打印混凝土的配合比设计

#### 6.6.4.1　一般规定

按照 T/CECS 786—2020《混凝土 3D 打印技术规程》的相关规定，3D 打印混凝土应根据 3D 打印建筑的结构形式、施工工艺以及环境因素进行配合比设计，并在综合考虑混凝土的可打印性、强度、耐久性及其他性能的基础上优化配合比。根据 3D 打印混凝土的凝结时间、工作性、力学性能以及耐久性能要求，可使用矿物掺和料替代胶凝材料中部分水泥，调节混凝土的可打印性，矿物掺和料的品种和掺量应通过试验确定。3D 打印混凝土外加剂的品种和掺量应通过试验确定，外加剂与胶凝材料的适应性应满足打印要求。

#### 6.6.4.2　配制强度的确定

（1）混凝土立方体抗压强度标准值按 3D 打印混凝土立方体抗压强度标准值以及 3D 打印抗压强度折减率确定，并按下式计算：

$$f_{cu,k} = 1/(1-x) f_{cu,k3D} \tag{6-25}$$

式中：$f_{cu,k}$——混凝土立方体抗压强度标准值，MPa；

$f_{cu,k3D}$——3D 打印混凝土立方体抗压强度标准值，MPa；

$x$——3D 打印抗压强度折减率，%。

（2）混凝土打印抗压强度折减率应根据 3D 打印工艺通过 T/CECS 786—2020《混凝土 3D 打印技术规程》附录 A 的测试方法试验确定，无法通过试验确定时可取 20%。

（3）混凝土配制强度应按下列规定确定：

① 当混凝土的设计强度等级小于 C60 时，配制强度应按下式确定：

$$f_{cu,0} \geqslant f_{cu,k} + 1.645\sigma \tag{6-26-1}$$

式中：$f_{cu,0}$——混凝土配制强度，MPa；

$f_{cu,k}$——混凝土立方体抗压强度标准值，MPa；

$\sigma$——混凝土强度标准差，MPa。

对于强度等级不大于C30的混凝土，当混凝土强度标准差计算值不小于3.0MPa时，应按式（6-27）的计算结果取值；当混凝土强度标准差计算值小于3.0MPa时，应取3.0MPa。

对于强度等级大于C30且小于C60的混凝土，当混凝土强度标准差计算值不小于4.0MPa时，应按式（6-27）的计算结果取值；当混凝土强度标准差计算值小于4.0MPa时，应取4.0MPa。

② 当混凝土的设计强度不小于C60时，配制强度应按下式确定：

$$f_{cu,0} \geqslant 1.15 f_{cu,k} \tag{6-26-2}$$

（4）混凝土强度标准差应按下列规定确定：

① 当具有3个月以内的同一品种、同一强度等级的混凝土强度资料，且试件组数不小于30组时，其混凝土强度标准差 $\sigma$ 应按下式计算：

$$\sigma = \sqrt{\frac{\sum\limits_{i=1}^{n} f_{cu,i}^2 - n m_{f_{cu}}^2}{n-1}} \tag{6-27}$$

式中：$\sigma$——混凝土强度标准差，MPa；

$f_{cu,i}$——第 $i$ 组的试件强度，MPa；

$m_{f_{cu}}$——$n$ 组试件的强度平均值，MPa；

$n$——试件的组数。

② 当没有近期的同一品种、同一强度等级的混凝土强度资料时，混凝土强度标准差 $\sigma$ 可按表6-55取值。

表6-55　强度标准差 $\sigma$ 取值表

| 混凝土强度标准值 | ≤C20 | C25～C45 | C50～C55 |
| --- | --- | --- | --- |
| $\sigma$（MPa） | 4.0 | 5.0 | 6.0 |

### 6.6.4.3　配合比设计参数

（1）3D打印混凝土配合比设计的水胶比根据混凝土的设计强度可按表6-56选取。

表6-56　不同强度等级3D打印混凝土的水胶比范围

| 强度等级 | C20 | C30 | C40 | C50 | C60 |
| --- | --- | --- | --- | --- | --- |
| 水胶比 | 0.40～0.46 | 0.36～0.42 | 0.34～0.40 | 0.30～0.36 | 0.28～0.34 |

（2）3D打印混凝土配合比设计的胶凝材料和骨料的体积比按表6-57选取。

表6-57　胶凝材料与骨料用量体积比

| 强度等级 | C20 | C30 | C40 | C50 | C60 |
| --- | --- | --- | --- | --- | --- |
| 胶凝材料/骨料（体积比） | 0.52～0.65 | 0.57～0.70 | 0.65～0.74 | 0.70～0.81 | 0.74～0.87 |

（3）3D打印混凝土配合比设计中的矿物掺和料掺量可按表6-58选取，不同种类矿

物掺和料的最大掺量宜符合表 6-59 的规定。

**表 6-58　不同强度等级的 3D 打印混凝土中的矿物掺和料用量（质量分数，%）**

| 强度等级 | C20～C30 | C30～C40 | C40～C50 | C50～C60 | C60～C70 |
|---|---|---|---|---|---|
| 胶凝材料/骨料（体积比） | ≤50 | ≤40 | ≤30 | ≤20 | ≤10 |

**表 6-59　不同种类矿物掺和料的最大掺量**

| 矿物掺和料种类 | 最大掺量（%） | | | |
|---|---|---|---|---|
| | 采用硅酸盐水泥时 | 采用普通硅酸盐水泥时 | 采用其他通用硅酸盐水泥时 | 采用非硅酸盐体系水泥时 |
| 粉煤灰 | 45 | 35 | 15 | 30 |
| 粒化高炉矿渣粉 | 50 | 45 | 20 | 30 |
| 钢渣粉 | 30 | 20 | 10 | 20 |
| 磷渣粉 | 30 | 20 | 10 | 20 |
| 硅灰 | 10 | 10 | 10 | 10 |
| 复合掺和料 | 50 | 45 | 20 | 30 |

注：a 采用其他通用硅酸盐水泥时，宜将水泥混合材掺量 20% 以上的混合材量计入矿物掺和料。

　　b 复合掺和料各组分的掺量不宜超过单掺时的最大掺量限值。

　　c 在混合使用两种或两种以上矿物掺和料时，矿物掺和料总掺量宜符合表中复合掺和料的规定限值。

### 6.6.4.4　混凝土配合比计算

3D 打印混凝土配合比设计宜按下列步骤进行：

（1）应根据本书第 6.6.4.2 节中的第 3 点计算 3D 打印混凝土配制强度。

（2）根据本书第 6.6.4.3 节中的第 1 点选取 3D 打印混凝土的水胶比。

（3）每 $1m^3$ 3D 打印混凝土中胶凝材料和骨料的体积比应按本书第 6.6.4.3 节中的第 2 点选择，按下式计算：

$$V_b/V_s = \frac{m_b/\rho_b}{m_s/\rho_s} \tag{6-28-1}$$

式中：$V_b/V_s$——胶凝材料和骨料的体积比；

　　　　$m_b$——每 $1m^3$ 3D 打印混凝土中胶凝材料的用量，kg；

　　　　$\rho_b$——胶凝材料的表观密度，$kg/m^3$；

　　　　$m_s$——每 $1m^3$ 3D 打印混凝土中骨料的用量，kg；

　　　　$\rho_s$——骨料的表观密度，$kg/m^3$。

（4）每 $1m^3$ 混凝土中用水的质量应根据每 $1m^3$ 混凝土中胶凝材料质量以及水胶比确定，按下式计算：

$$m_w = m_b \cdot (m_w/m_b) \tag{6-28-2}$$

式中：$m_w$——每 $1m^3$ 3D 打印混凝土中水的质量，kg；

　　　　$m_w/m_b$——3D 打印混凝土的水胶比。

（5）每 $1m^3$ 混凝土中矿物掺和料的掺量应根据本书第 6.6.4.3 中的第 3 点选择，按下列公式计算矿物掺和料用量和水泥用量：

$$m_f = m_b \beta_f \tag{6-28-3}$$

$$m_c = m_b - m_f \tag{6-28-4}$$

式中：$m_f$——每 $1m^3$ 3D 打印混凝土中矿物掺和料用量，kg；

$m_b$——每 $1m^3$ 3D 打印混凝土中胶凝材料用量，kg；

$\beta_f$——矿物掺和料掺量，%；

$m_c$——每 $1m^3$ 3D 打印混凝土中水泥用量，kg。

（6）根据 3D 打印混凝土拌和物性能要求，选取外加剂种类并根据试验确定用量，且按下式计算：

$$m_a = m_b \cdot \alpha \tag{6-28-5}$$

式中：$m_a$——每 $1m^3$ 3D 打印混凝土中外加剂的质量，kg；

$\alpha$——每 $1m^3$ 3D 打印混凝土中外加剂占胶凝材料总量的质量分数，%。

（7）3D 打印混凝土的配合比可按下式计算：

$$m_w + m_b + m_s + m_a = m_{cp} \tag{6-28-6}$$

式中：$m_s$——每 $1m^3$ 3D 打印混凝土中骨料的质量，kg；

$m_{cp}$——每 $1m^3$ 3D 打印混凝土拌和物的假定质量，kg。当含有粗骨料时，每 $1m^3$ 混凝土拌和物质量可取 2350～2450kg；当不含粗骨料时，每 $1m^3$ 混凝土拌和物质量可取 2150～2250kg。

（8）3D 打印混凝土配合比设计中各材料用量应根据式（6-28-1）～式（6-28-6）联立方程组计算得出。

6.6.4.5 混凝土配合比试配、调整与确定

（1）混凝土试配应采用强制式搅拌机进行搅拌，并应符合现行国家标准 GB/T 9142—2021《建筑施工机械与设备 混凝土搅拌机》的有关规定，搅拌方法宜与打印施工采用的方法相同。

（2）试验室成型条件应符合现行国家标准 GB/T 50080《普通混凝土拌合物性能试验方法标准》的有关规定。

（3）3D 打印混凝土配合比试配时应采用工程实际使用的原材料，每盘混凝土的最小搅拌量不应小于 20L。

（4）3D 打印混凝土试配时，按照计算配合比进行试拌，检查拌和物的可打印性和可打印时间。当拌和物可打印性和可打印时间不能满足要求时，通过调整外加剂和掺和料用量使混凝土拌和物性能符合设计和打印要求，然后修正计算配合比，提出混凝土强度试验用的试拌配合比。

（5）在试拌配合比的基础上进行混凝土配制强度试验，并应符合下列规定：

① 应采用三个不同的配合比，其中一个应为本小节第 4 点确定的试拌配合比，另两个配合比的水胶比宜较试拌配合比分别增加和减少 0.02，通过适当调整用水量实现；

② 进行混凝土强度试验时，拌和物性能应符合设计和打印施工的要求；

③ 进行混凝土强度试验时，每个配合比应至少制作一组试件，并标准养护到 28d 或设计规定龄期时试压。

（6）根据本小节第 5 点混凝土强度试验结果，确定略大于配制强度对应的水胶比的配合比。

（7）混凝土拌和物表观密度和配合比校正系数的计算应符合下列规定：

① 配合比调整后的混凝土拌和物的表观密度应按下式计算：

$$\rho_{c,c} = m_w + m_b + m_s + m_a \tag{6-29-1}$$

式中：$\rho_{c,c}$——混凝土拌和物的表观密度计算值，$kg/m^3$；

$m_w$——每 $1m^3$ 3D 打印混凝土中水的质量，kg；

$m_b$——每 $1m^3$ 3D 打印混凝土中胶凝材料用量，kg；

$m_s$——每 $1m^3$ 3D 打印混凝土中骨料的质量，kg；

$m_a$——每 $1m^3$ 3D 打印混凝土中外加剂的质量，kg。

② 混凝土配合比校正系数应按下式计算：

$$\delta = \rho_{c,c} / \rho_{c,t} \tag{6-29-2}$$

式中：$\delta$——混凝土配合比修正系数；

$\rho_{c,t}$——混凝土拌和物的表观密度实测值，$kg/m^3$。

（8）当混凝土拌和物表观密度实测值与计算值之差的绝对值不超过计算值的 2% 时，按本小节第 6 点确定的配合比可维持不变；当二者之差超过 2% 时，应将配合比中每项材料用量均乘以校正系数 $\delta$。

（9）混凝土配合比的确定应符合下列规定：

① 调整后的配合比应按 T/CECS 786—2020《混凝土 3D 打印技术规程》附录 A 测试方法中的规定制作 3D 打印混凝土试件，3D 打印的试件至少应制作一组，并应标准养护到 28d 或设计规定龄期时试压；

② 3D 打印成型的混凝土试件的抗压强度在满足设计强度等级时，确定该配合比为 3D 打印混凝土的施工打印配合比；

③ 当 3D 打印成型的混凝土试件的抗压强度低于结构设计的强度等级时，需要重新进行配合比设计；

④ 生产单位在遇到原材料品种和质量有显著变化时，应重新进行配合比设计。

## 6.7 课后习题

1. 轻质混凝土可以分为哪几种类型？简述不同类型轻质混凝土的特点。

2. 怎样标记强度等级为 C30，干表观密度为 $3800kg/m^3$，坍落度为 60mm，抗渗等级为 P8 的重晶石防辐射混凝土？

3. 简述应用混合定律研究纤维增强混凝土的前提条件。

4. 假设连续纤维增强的水泥浆体轴心受拉，水泥浆体的杨氏模量为 20 GPa，抗拉强度为 5MPa，纤维的杨氏模量为 210 GPa。如果纤维的体积掺量是 1%，由 50 根直径为 0.2mm 的纤维所组成，当纤维增强水泥浆体的应力达到 5MPa 时，求此时水泥浆体和纤维的应力。

5. 再生骨料有什么样的缺点？怎样对再生骨料进行强化处理？

6. 与传统的施工工艺相比，建筑 3D 打印有哪些明显的技术优势？

# 7 建筑砂浆

建筑砂浆（construction mortar）是由水泥基胶凝材料、细骨料、水以及根据性能确定的其他组分按照适当比例配合、拌制并经硬化而成的工程材料，在建筑工程中主要起黏结、衬垫、填充和传递应力的作用。

建筑砂浆按胶凝材料种类可分为水泥砂浆、石灰砂浆、石膏砂浆、混合砂浆及聚合物砂浆等；按用途可分为砌筑砂浆、抹面砂浆、装饰砂浆、特种砂浆及套筒灌浆料等；按生产方法可分为现场拌制砂浆和工厂预拌砂浆。

## 7.1 砌筑砂浆

砌筑砂浆（masonry mortar）是一种将砖、石块、砌块黏结成砌体的砂浆，起到胶结块体和传递荷载的作用，是砌体的重要组成部分。

### 7.1.1 砌筑砂浆的组成材料

#### 7.1.1.1 胶凝材料

胶凝材料（cementitious material）在砌筑砂浆中起到胶结作用，是决定砂浆技术性质的重要组分。常用的胶凝材料水泥、石灰、石膏和有机胶凝材料等，应根据砂浆的用途和使用环境进行选用。对于干燥环境，可选用气硬性胶凝材料；对于潮湿环境或水中使用的砂浆，必须选用水硬性胶凝材料。

水泥是最常用的砂浆胶凝材料，常用品种包括砌筑水泥、普通硅酸盐水泥、矿渣硅酸盐水泥、火山灰硅酸盐水泥等。砂浆的强度一般要求不高，因此，一般的中、低等级水泥即可满足砌筑砂浆的要求。按照 JGJ/T 98—2010《砌筑砂浆配合比设计规程》的要求，宜采用通用硅酸盐水泥或砌筑水泥，且应符合现行国家标准 GB 175《通用硅酸盐》和 GB/T 3183《砌筑水泥》的规定。水泥强度等级应根据砂浆品种及强度等级的要求进行选择。M15 及以下强度等级的砌筑砂浆宜选用 32.5 级的通用硅酸盐水泥或砌筑水泥；M15 以上强度等级的砌筑砂浆宜选用 42.5 级通用硅酸盐水泥。

#### 7.1.1.2 细骨料

砂浆中的细骨料（fine aggregate）主要为天然砂和机制砂。细骨料在砂浆中起到骨架和填充作用，对砂浆的和易性和强度等技术性质有重要影响。砂浆宜选用中砂，并应符合现行行业标准 JGJ 52《普通混凝土用砂、石质量及检验方法标准》的规定，且应全部通过 4.75mm 筛孔。与混凝土用砂不同，砂浆层一般较薄，所以根据砂浆缝厚度对砂的最大粒径有所限制，用于毛石砌体的砂浆，砂最大粒径应小于砂浆层厚度的 1/5～1/4；用于砖砌体的砂浆，砂的最大粒径应不大于 2.36mm。

### 7.1.1.3  掺和料及外加剂

为改善和易性，经常在砂浆中掺入石灰膏、电石膏、粉煤灰、粒化高炉矿渣、硅灰、天然沸石粉等掺和料（admixture）。为了消除过火石灰带来的危害，应对石灰进行充分熟化，且应对储存的石灰膏采取防止干燥、冻结和污染的措施，严禁使用脱水硬化的石灰膏。制作电石膏的电石渣应用孔径不大于 3mm×3mm 的网过滤，检验时应加热至 70℃，至少保持 20min 至乙炔挥发完后再使用。粉煤灰、粒化高炉矿渣、硅灰、天然沸石粉应分别符合国家现行标准 GB/T 1596《用于水泥和混凝土中的粉煤灰》、GB/T 18046《用于水泥、砂浆和混凝土中的粒化高炉矿渣粉》、GB/T 18736《高强高性能混凝土用矿物外加剂》的规定。

外加剂（additive）是根据砂浆用途和技术性质需要，用于改善砂浆的和易性及其他性能的掺加剂，包括增稠剂、保水剂、减水剂、早强剂、缓凝剂、引气剂、膨胀剂等。砂浆中掺入外加剂时，应考虑对砂浆使用性能的影响，并应通过试验确定外加剂的品种和掺量。

### 7.1.1.4  水

砂浆拌和用水（water）的技术要求与混凝土拌和用水相同，应选用洁净、无油污、无硫酸盐和有害杂质的水进行砂浆拌和，并应符合 JGJ 63—2006《混凝土用水标准》的规定。

## 7.1.2  砌筑砂浆的技术性质

砌筑砂浆的技术性质主要包括新拌砂浆的和易性、硬化后砂浆的强度和收缩性以及砂浆的耐久性等。

### 7.1.2.1  砂浆的和易性

砂浆的和易性（workability）是指新拌砂浆（fresh mortar）是否便于施工且保证质量的综合性能，主要包括流动性（fluidity）和保水性（water retentivity）。和易性良好的砂浆在搅拌、运输、摊铺过程中易于流动、不泌水、不分层，并能在粗糙的砖石表面铺抹成均匀的薄层，与底层良好黏结。

1. 流动性

砂浆的流动性，又称稠度，是指砂浆在重力或外力作用下流动的性能。影响砂浆流动性的主要因素有胶凝材料、掺和料和外加剂的种类和掺量，用水量，砂的细度、级配、表面特征以及搅拌时间等。

和易性可采用砂浆稠度仪测定，以"沉入度"表示。沉入度即标准圆锥体在砂浆中 10s 贯入的深度（mm）。沉入度越大，砂浆的流动性越好，施工时宜根据砌体种类，按照表 7-1 进行选择。

表 7-1  砌筑砂浆的流动性选择 （JGJ 98—2010）

| 砌体种类 | 施工稠度（mm） |
| --- | --- |
| 烧结普通砖砌体、粉煤灰砖砌体 | 70～90 |
| 混凝土砖砌体、普通混凝土小型空心砌块砌体、灰砂砖砌体 | 50～70 |

| 砌体种类 | 施工稠度（mm） |
|---|---|
| 烧结多孔砖砌体、烧结空心砖砌体、轻集料混凝土小型空心砌块砌体、蒸压加气混凝土砌块砌体 | 60～80 |
| 石砌体 | 30～50 |

**2. 保水性**

保水性是指新拌砂浆保持内部水分不流出的性能，也反映新拌砂浆内各组分分离难易的性质。保水性不好的砂浆塑性差，在存放、运输和施工过程中易发生泌水和离析，砌筑时水分易被砖石吸收，砂浆干涩，不便施工，且不易形成均匀密实的砂浆薄层。同时，保水性不好影响水泥的正常水化和硬化，使砂浆的强度和黏结力降低，影响砌体质量。影响砂浆保水性的因素主要包括：胶凝材料、掺和料和外加剂的种类和掺量，砂的细度、级配、表面特征等。为提高水泥砂浆的保水性，可通过掺入适量的保水增稠材料、石灰膏、微沫剂、塑化剂等，但应严格控制掺量。

砂浆的保水性可用砂浆分层度筒测定，以分层度（mm）表示。分层度过大，砂浆易产生分层离析，不利于施工；分层度过小，或接近于零时，水泥浆量多，砂浆易产生干缩裂缝。分层度一般控制在 10～30mm。

### 7.1.2.2 强度及强度指标

砂浆硬化后成为砌体的组成材料之一，主要起黏结和传递荷载的作用，需要具有一定的强度和黏结性。

**1. 强度**

硬化后的砂浆以抗压强度为强度指标，采用边长为 70.7mm 的标准立方体试件，在规定条件下养护 28d 后进行强度测定，一组 6 块，计算抗压强度平均值（MPa），据此将砂浆强度等级划分为 M5、M7.5、M10、M15、M20、M25 和 M30 共 7 个等级。

砂浆的强度除受砂浆本身组成材料及配比的影响外，还与基面材料的吸水性有关，可按照吸水基层和不吸水基层两种情况进行强度估算。

（1）基层为不吸水材料（如致密石材）时，影响砂浆强度的因素与混凝土基本相同，主要取决于水泥强度与水灰比，可按式（7-1）计算：

$$f_m = 0.29 f_{ce}(C/W - 0.40) \tag{7-1}$$

式中：$f_m$——砂浆 28d 抗压强度，MPa；

$f_{ce}$——水泥实测强度，MPa；

$C/W$——灰水比。

（2）基层为吸水材料（如黏土砖和其他多孔材料）时，由于基层吸水性强，要求砂浆具有良好的保水性，因此不论拌和用水多少，这时经多孔基层吸水后，保留在砂浆中的水量均大致相同。砂浆强度与灰水比无关，主要由水泥的强度和用量决定，可按式（7-2）计算：

$$f_m = \frac{\alpha f_{ce} Q_c}{1000} + \beta \tag{7-2}$$

式中：$Q_c$——每 1m³ 砂浆中水泥用量（kg），对于水泥砂浆 $Q_c$ 不应小于 200kg；

$\alpha$、$\beta$——砂浆的特征系数，$\alpha=3.03$，$\beta=-15.09$。

**2. 强度等级**

砌筑砂浆的强度等级应根据工程类别及不同砌体部位选定。在一般建筑工程中，办公楼、教学楼及多层商店等工程宜用 M5.0～M10 的砂浆；平房宿舍、商店等工程多用 M5.0 的砂浆；食堂、仓库、地下室及工业厂房等多用 M5.0～M10 的砂浆；检查井、雨水井、化粪池等可用 M5.0 砂浆。特别重要的砌体才使用 M10 以上的砂浆。

### 7.1.2.3 其他性质

**1. 凝结时间**

建筑砂浆的凝结时间（setting time），以贯入阻力达到 0.5MPa 时所用的时间为评定的依据。水泥砂浆不宜超过 8h，水泥混合砂浆不宜超过 10h，加入外加剂后应满足设计和施工的要求。

**2. 黏结力**

砖、石等块状材料是通过砌筑砂浆黏结成为一个建筑整体的，因此砂浆的黏结力（cohesive force）是影响砌体结构抗剪强度、抗震性、抗裂性等的重要因素，因此要求砂浆与基层材料之间应有足够的黏结力。一般来说，砂浆抗压强度越高，黏结力也越大。另外，在干净、粗糙、充分湿润的基层表面上，砂浆的黏结力较好。

**3. 变形性**

砂浆在硬化过程中承受荷载、温度变化或湿度变化时容易产生变形。如果变形过大或不均匀，会降低砂浆质量，引起沉降或开裂。当使用过细的砂、过多胶凝材料或轻骨料时，容易引起较大的收缩变形而开裂。因此，为减小收缩，可在砂浆中加入适量的膨胀剂。

**4. 耐久性**

砌筑砂浆应具有良好的耐久性（durability），如抗冻性、抗渗性、抗侵蚀性等。凡按工程技术要求，具有明确冻融次数要求的建筑砂浆，经冻融试验后，应同时满足质量损失率不大于 8%，强度损失率不大于 25%。

## 7.1.3　砌筑砂浆的配合比设计

砌筑砂浆要根据结构部位和工程类型来选择强度等级，再按照所要求的强度等级确定砂浆的配合比。按照 JGJ/T 98—2010《砌筑砂浆配合比设计规程》，现场配制水泥混合砂浆的试配应按照以下步骤进行：①计算砂浆试配强度（$f_{m,0}$）；②计算每 1m³ 砂浆中的水泥用量（$Q_c$）；③计算每 1m³ 砂浆中石灰膏用量（$Q_l$）；④确定每 1m³ 砂浆中的砂用量（$Q_s$）；⑤按砂浆稠度选每 1m³ 砂浆用水量（$Q_w$）。

### 7.1.3.1　水泥混合砂浆配合比计算

（1）计算砂浆试配强度。水泥混合砂浆的试配强度按下式计算：

$$f_{m,0}=k f_2 \tag{7-3}$$

式中：$f_{m,0}$——砂浆的试配强度（MPa），应精准至 0.1 MPa；

$f_2$——砂浆的强度等级值（MPa），应精准至 0.1 MPa；

$k$——系数，按照表 7-2 取值。

表 7-2 砂浆强度标准差 σ 及 k 值

| 施工水平 | 强度标准差 σ（MPa） | | | | | | | k |
|---|---|---|---|---|---|---|---|---|
| | M5 | M7.5 | M10 | M15 | M20 | M25 | M30 | |
| 优良 | 1.00 | 1.50 | 2.00 | 3.00 | 4.00 | 5.00 | 6.00 | 1.15 |
| 一般 | 1.25 | 1.88 | 2.50 | 3.75 | 5.00 | 6.25 | 7.50 | 1.20 |
| 较差 | 1.50 | 2.25 | 3.00 | 4.50 | 6.00 | 7.50 | 9.00 | 1.25 |

砂浆强度标准差的确定应按照下列规定确定：

① 当有统计资料时，砂浆强度标准差应按下式计算：

$$\sigma = \sqrt{\frac{\sum\limits_{i=1}^{n} f_{m,i}^2 - n\mu_{fm}^2}{n-1}} \qquad (7-4)$$

式中：$f_{m,i}$——统计周期内统一品种砂浆第 $n$ 组试件的强度，MPa；

$\mu_{fm}$——统计周期内统一品种砂浆 $n$ 组试件强度的平均值，MPa；

$n$——统计周期内统一品种砂浆试件的总组数，$n \geqslant 25$。

② 当无统计资料时，砂浆强度标准差可按表取值。

（2）确定水泥用量。

① 每 1m³ 砂浆中的水泥用量按下式计算：

$$Q_c = 1000(f_{m,0} - \beta)/(\alpha \cdot f_{ce}) \qquad (7-5)$$

式中：$Q_c$——每 1m³ 砂浆的水泥用量（kg），应精确至 1kg；

$f_{ce}$——水泥的实测强度（MPa），应精确至 0.1MPa；

$\alpha$、$\beta$——砂浆的特征系数，其中 $\alpha$ 取 3.03，$\beta$ 取 −15.09。

注：各地区也用本地区试验资料确定 $\alpha$、$\beta$ 值，统计用的试验组数不得少于 30 组。

② 在无法取得水泥的实测强度值时，可按下式计算：

$$f_{ce} = \gamma_c \cdot f_{ce,k} \qquad (7-6)$$

式中：$f_{ce,k}$——水泥强度等级值，MPa；

$\gamma_c$——水泥强度等级值的富余系数，宜按实际统计资料确定，无统计资料时可取 1.0。

（3）石灰膏量应按下式计算：

$$Q_D = Q_A - Q_c \qquad (7-7)$$

式中：$Q_D$——每 1m³ 砂浆的石灰膏用量（kg），应精确至 1kg；石灰膏使用时的稠度宜为 120±5mm。

$Q_c$——每 1m³ 砂浆的水泥用量（kg），应精确至 1kg。

$Q_A$——每 1m³ 砂浆水泥和石灰膏总量，应精确至 1kg，可为 350kg。

（4）每 1m³ 砂浆中的砂用量 $Q_s$（kg），应以干燥状态（含水率小于 0.5%）的堆积密度值作为计算值（kg）。

（5）每 1m³ 砂浆中的用水量 $Q_w$（kg），可根据砂浆稠度等要求选用 210～310kg。

注：混合砂浆中的用水量，不包括石灰膏中的水；当采用细砂或粗砂时，用水量分别取上限或下限；稠度小于 70mm 时，用水量可小于下限；施工现场气候炎热或干燥季节，可酌量增加用水量。

### 7.1.3.2 水泥砂浆配合比选用

由于水泥强度太高，按照 7.1.3.1 节的规程计算水泥砂浆配合比时普遍出现水泥用量偏少的现象，造成砂浆强度太低，配合比不合理。因此，水泥砂浆配合比用料可直接查表 7-3 选用。

**表 7-3　每 1m³ 水泥砂浆材料用量（kg/m³）**

| 强度等级 | 水泥 | 砂 | 用水量 |
|---|---|---|---|
| M5 | 200～230 | | |
| M7.5 | 230～260 | | |
| M10 | 260～290 | | |
| M15 | 290～330 | 砂的堆积密度值 | 270～330 |
| M20 | 340～400 | | |
| M25 | 360～410 | | |
| M30 | 430～480 | | |

注：a M15 及 M15 以下强度等级水泥砂浆，水泥强度等级为 32.5 级；M15 以上强度等级水泥砂浆，水泥强度等级为 42.5 级。

　　b 当采用细砂或粗砂时，用水量分别取上限或下限。

　　c 稠度小于 70mm 时，用水量可小于下限。

　　d 施工现场气候炎热或干燥季节，可酌量增加用水量。

　　e 试配强度应按照式 7-3 计算。

### 7.1.3.3 水泥粉煤灰砂浆配合比选用

水泥粉煤灰砂浆材料用量按表 7-4 计算。

**表 7-4　每 1m³ 水泥粉煤灰砂浆材料用量（kg/m³）**

| 强度等级 | 水泥和粉煤灰总量 | 粉煤灰 | 砂 | 用水量 |
|---|---|---|---|---|
| M5 | 210～240 | | | |
| M7.5 | 240～270 | 粉煤灰掺量可占胶凝材料总量的 15%～25% | 砂的堆积密度值 | 270～330 |
| M10 | 270～300 | | | |
| M15 | 300～330 | | | |

注：a 表中水泥强度等级为 32.5 级。

　　b 当采用细砂或粗砂时，用水量分别取上限或下限。

　　c 稠度小于 70mm 时，用水量可小于下限。

　　d 施工现场气候炎热或干燥季节，可酌量增加用水量。

　　e 试配强度应按照式 7-3 计算。

### 7.1.3.4 砌筑砂浆配合比试配、调整与确定

砌筑砂浆进行试配时应考虑工程实际需求，按照现行行业标准 JGJ/T 70《建筑砂浆基本性能试验方法标准》测定砌筑砂浆拌和物的稠度、保水率、表观密度和强度，当不满足要求时，应调整材料用量，直到稠度和保水率符合要求为止，然后确定为试配时的砂浆基准配合比。

试配时应采用三个不同的配合比，其中一个为基准配合比，其余两个配合比的水泥用量应按基准配合比分别增加及减少 10%。在保证稠度、保水率合格的条件下，可将

用水量、石灰膏、保水增稠材料或粉煤灰等活性掺和料用量做相应调整，并应选定符合试配强度及和易性要求、水泥用量最低的配合比作为砂浆的试配配合比。

砌筑砂浆试配配合比尚应按下列步骤进行校正：

（1）应按照 JGJ/T 98—2010《砌筑砂浆配合比设计规程》第 5.3.4 条确定的砂浆配合比材料用量，按下式计算砂浆的理论表观密度值：

$$\rho_t = Q_c + Q_D + Q_s + Q_w \tag{7-8}$$

式中：$\rho_t$——砂浆的理论表观密度值（kg/m³），应精确至 10kg/m³。

（2）应按下式计算砂浆配合比校正系数 $\delta$：

$$\delta = \rho_c / \rho_t \tag{7-9}$$

式中：$\rho_c$——砂浆的实测表观密度值（kg/m³），应精确至 10kg/m³。

（3）当砂浆的实测表观密度值与理论表观密度值之差的绝对值不超过理论值的 2% 时，可按照 JGJ/T 98—2010 规程第 5.3.4 条得出的试配配合比确定为砂浆设计配合比；当超过 2% 时，应将试配配合比中每项材料用量均乘以校正系数（$\delta$）后，确定为砂浆设计配合比。

#### 7.1.3.5 预拌砌筑砂浆的试配

（1）预拌砌筑砂浆应符合下列规定：

① 在确定湿拌砌筑砂浆稠度时应考虑砂浆在运输和储存过程中的稠度损失；

② 湿拌砌筑砂浆应根据凝结时间要求确定外加剂掺量；

③ 干混砌筑砂浆应明确拌制时的加水量范围；

④ 预拌砌筑砂浆的搅拌、运输、储存等应符合现行行业标准 GB/T 25181—2019《预拌砂浆》的规定；

⑤ 预拌砂浆性能应符合现行行业标准 GB/T 25181—2019《预拌砂浆》的规定。

（2）预拌砌筑砂浆的试配应符合下列规定：预拌砌筑砂浆生产前进行试配、调整与确定，试配强度应按式 7-3 计算确定，试配时稠度取 70～80mm，并符合现行行业标准 GB/T 25181—2019《预拌砂浆》的规定；预拌砌筑砂浆中可掺入保水增稠材料、外加剂等，掺量应经试配后确定。

# 7.2 抹面砂浆

涂抹于建筑物或建筑构件表面的砂浆，统称为抹面砂浆（plastering mortar），又称抹灰砂浆，主要起到保护基层材料，满足基本使用要求和装饰作用。抹面砂浆对强度要求不高，但是要求较好的和易性和较高的黏结力。按照功能不同，可分为普通抹面砂浆、装饰砂浆和特种砂浆等。抹面砂浆与砌筑砂浆的材料组成基本相同，可分为水泥抹灰砂浆、水泥粉煤灰抹灰砂浆、水泥石灰抹灰砂浆、掺塑化剂水泥抹灰砂浆、聚合物抹灰砂浆及石膏抹灰砂浆等。

## 7.2.1 材料组成及材料要求

抹面砂浆的主要材料为水泥、石灰或石膏以及天然砂等。为减少抹面砂浆因收缩而引起的开裂，常需在砂浆中加入一定量的麻刀、纸筋、稻草、玻璃纤维等增韧材料，提高抹灰层的抗拉强度，增加抹灰层的弹性和耐久性，使抹灰层不宜开裂脱落。工程中配制抹面砂浆和装饰砂浆时，还常在水泥砂浆中掺入占水泥质量10%左右的聚醋酸乙烯等乳液，以起到提高面层强度、增加涂层柔韧性、加强涂层与基层黏结性能、便于涂抹等作用。

### 7.2.2 抹面砂浆的种类及选用

普通抹面砂浆施工时通常分为两层或三层进行。底层砂浆起初步找平和黏结基底的作用，砖墙底层可用石灰砂浆，混凝土底层可用混合砂浆，板条墙及金属网基层采用麻刀石灰砂浆、纸筋石灰砂浆或混合砂浆。对于有防潮和防水要求的结构物，应采用水泥砂浆。

面层砂浆主要起装饰作用，应采用较细的骨料，使表面平滑细腻。室内墙面和顶棚通常采用纸筋石灰或麻刀石灰砂浆。面层砂浆所用的石灰必须充分熟化，熟化时间不应少于15d，且用于罩面抹灰砂浆时不应少于30d，以防止表面抹灰出现鼓包、爆裂等现象。受雨水作用的外墙、室内受潮和易碰撞的部位，如墙裙、踢脚板、窗台、雨棚等，一般采用1:2.5的水泥砂浆抹面。

抹灰砂浆的稠度与砂的最大粒径宜按表7-5选取。聚合物水泥抹灰砂浆的施工稠度宜为50~60mm，石膏抹灰砂浆的施工稠度宜为50~70mm。

表7-5 抹面砂浆的稠度及砂的最大粒径

| 抹面层 | 稠度（mm） | 砂的最大粒径（mm） |
|---|---|---|
| 底层 | 90~110 | 2.5 |
| 中层 | 70~90 | 2.5 |
| 面层 | 70~90 | 1.2 |

普通抹灰砂浆配合比及其应用范围可参考表7-6。

表7-6 常用抹面砂浆配合比及应用范围

| 材料 | 配合比（体积比） | 应用范围 |
|---|---|---|
| 石灰:砂 | 1:(2~4) | 干燥环境的砖石墙面 |
| 石灰:黏土:砂 | 1:1:(4~8) | 干燥环境的墙面 |
| 石灰:石膏:砂 | 1:(0.4~1):(2~3) | 不潮湿房间的墙及顶棚 |
| 石灰:石膏:砂 | 1:2:(2~4) | 不潮湿房间的线脚及其他修饰工程 |
| 石灰:水泥:砂 | 1:(0.5~1):(4.5~5) | 檐口、勒脚、女儿墙及比较潮湿的部位 |
| 水泥:砂 | 1:(2.5~3) | 潮湿房间的墙裙、勒脚或地面基层 |
| 水泥:砂 | 1:(1.5~2) | 地面、顶棚或墙面面层 |
| 水泥:砂 | 1:(0.5~1) | 混凝土地面随时压光 |
| 石灰:石膏:砂:锯末 | 1:1:3:5 | 吸声粉刷 |
| 水泥:白石子 | 1:(1~2) | 水磨石 |
| 水泥:白石子 | 1:1.5 | 剁石 |
| 石灰膏:麻刀 | 100:2.5（质量比） | 板条顶棚底层 |

| 材料 | 配合比（体积比） | 应用范围 |
|---|---|---|
| 石灰膏∶麻刀 | 100∶1.3（质量比） | 木板条顶棚面层 |
| 纸筋∶石灰膏 | 石灰膏 1m³，纸筋 3.6kg | 较高级墙面、顶棚 |

# 7.3　装饰砂浆

装饰砂浆（decorative mortar）是涂抹于建筑物室内、外表面，起装饰作用的砂浆，一般分为三层，底层和中层抹灰与普通抹面砂浆基本相同，主要是面层选材与做法有所不同，选用具有一定颜色的胶凝材料、骨料，以及采用某些特殊的操作工艺，使装饰面层呈现出各种不同的色彩、线条与花纹等，提高装饰砂浆的装饰艺术效果。装饰砂浆主要分为灰浆类砂浆和石碴类砂浆饰面。

## 7.3.1　装饰砂浆的材料组成

### 7.3.1.1　胶凝材料

装饰砂浆常用的胶凝材料为普通水泥和矿渣水泥，还经常采用白色水泥和彩色水泥。

### 7.3.1.2　骨料

装饰砂浆采用的骨料多为白色、浅色或彩色的石英砂，彩色大理石、花岗石碎屑、陶瓷碎粒、玻璃和特制的塑料色粒等。

（1）石英砂。石英砂分为天然砂、人造砂及机制砂等。人造砂和机制砂是将石英岩或较纯净砂岩加以焙烧，经人工或机械破碎筛分而成。它们比天然石英砂纯净，质量好。除用于装饰工程外，石英砂可用于配制耐腐蚀砂浆。

（2）彩釉砂和着色砂。彩釉砂和着色砂均为人工砂。彩釉砂是由各种不同粒径的石英砂或白云石粒加颜料焙烧后，再经化学处理而制得的，具有防酸、耐碱等性能。着色砂是在石英砂或白云石细粒表面进行人工着色而制得，人工着色的砂粒色鲜艳、耐久性好。

（3）石碴。石碴也称石米、石粒等，是由天然大理石、白云石、方解石、花岗石破碎而成。具有多种色泽（包括白色），耐久性好，是石粒类装饰砂浆的主要原料，也是预制人造大理石、水磨石的原料。

（4）石屑。石屑是比石粒更小的细骨料，主要用于配制外墙喷涂饰面用聚合物砂浆。

（5）彩色瓷粒和玻璃珠。彩色瓷粒和玻璃珠可代替彩色石碴用于室外装饰抹灰，也可嵌在水泥砂浆、混合砂浆或彩色砂浆底层上作为饰面。

### 7.3.1.3　颜料

装饰砂浆中常采用掺加颜料的方式提高装饰效果。掺颜料的砂浆一般用于室外抹灰工程，如做假大理石、假面砖、喷涂、弹涂、滚涂和彩色砂浆抹面。这类饰面长期处于风吹、日晒、雨淋之中，且受到大气中有害气体腐蚀和污染。因此，选择合适的颜料，

是保证饰面质量、避免褪色、延长使用年限的关键。

装饰砂浆中采用的颜料，应为耐碱和耐候的矿物颜料。工程中常用的颜料有氧化铁黄、铬黄（铅铬黄）、氧化铁红、甲苯胺红、群青、钴蓝、铬绿、氧化铁棕、氧化铁紫、氧化铁黑、炭黑、锰黑等。

### 7.3.2 常用的装饰砂浆饰面做法

#### 7.3.2.1 灰浆类砂浆饰面

灰浆饰面是通过水泥砂浆的着色或水泥砂浆表面形态的艺术加工，如通过拉毛灰、甩毛灰、搓毛灰、扫毛灰、拉条抹灰、假面砖和假大理石、外墙喷涂和外墙滚涂、弹涂等做法获得一定的色彩、线条、纹理质感，达到装饰目的。

1. 拉毛灰

拉毛灰是用水泥砂浆做底层，再用水泥石灰浆做面层，在砂浆尚未凝结之前，将表面拍拉成凹凸不平的形状。其同时具备装饰和吸声作用，多用于外墙面及影剧院等公共建筑的室内墙壁和顶棚饰面。

2. 甩毛灰

甩毛灰是先用水泥砂浆做底层，再用竹丝等工具将罩面灰浆甩洒在表面上，形成大小不一但有规律的云朵状毛面。也有在基层上刷水泥色浆，再甩上不同颜色的罩面灰浆，之后用抹子压平，形成大小相称、纵横相同的云朵。

3. 搓毛灰

搓毛灰是在罩面灰浆初凝时，用硬木抹子由上而下搓出一条细而直的纹路，也可水平方向搓出一条L形细纹路，当纹路明显搓出后即停。这种方法工艺简单，造价低，效果朴实大方。

4. 扫毛灰

扫毛灰是在罩面灰浆初凝时，采用竹丝扫帚在面层扫除不同方向的条纹或做成仿岩石的装饰抹灰。其施工方便、造价便宜，适用于影剧院、宾馆的内墙和庭院的外墙饰面。

5. 拉条抹灰

拉条抹灰是采用专用模具把面层做成竖向线条的装饰做法，拉条形式多样，美观大方、不易积灰，成本低，且有良好的隔声效果。施工过程中，砂浆不得过干，也不得过稀，以能拉动、可塑为宜。

6. 假面砖和假大理石

假面砖和假大理石都是通过调配水泥砂浆、合理着色、手工操作达到模拟面砖、大理石等装饰效果的饰面做法。假面砖主要采用氧化铁颜料，适用于房屋建筑外墙抹灰饰面。假大理石采用掺适当颜料的石膏色浆和素石膏浆按1∶10比例配合，虽然对操作技术要求较高，但如果做得好，无论在颜色、花纹还是光洁度等方面，都接近天然大理石效果，适合于高级装饰工程中的室内抹灰。

7. 外墙喷涂和外墙滚涂

外墙喷涂是用挤压式砂浆泵或喷斗将聚合物水泥砂浆喷涂到墙面基层或底灰上，形成饰面层，在涂层表面再喷一层疏水剂，以提高饰面层的耐久性、减少墙面污染。外墙滚涂是将聚合物水泥砂浆抹在墙体表面，用辊子滚出花纹，再喷罩疏水材料形成饰面层。该法施工简单、易于掌握、工效高，同时不易污染其他墙面及门窗，对局部施工尤为适用。

8. 弹涂

弹涂是在墙体表面涂刷一道聚合物水泥色浆后，通过电动（或手动）弹力器分几遍将各种水泥色浆弹到墙面上，形成直径 1～3mm、大小近似、颜色不同、互相交错的圆形色点，深浅色相互衬托，构成彩色的装饰面层。由于饰面凹凸起伏不大，加以表面疏水材料，耐久性能、饰面黏结力好，可直接弹涂在底层灰上和底基较平整的混凝土墙板、石膏等墙面上。

**7.3.2.2 石碴类砂浆饰面**

石碴类砂浆饰面是用水泥、石碴、水和一定量胶黏剂制成石碴浆，用不同的做法造成石碴不同的外露形式以及水泥与石碴的色泽对比，构成不同的装饰效果。常见的做法有水刷石、斩假石、干粘石、水磨石、拉假石等。

1. 水刷石

水刷石是将水泥和石碴（颗粒粒径约为 5mm）按比例配合并加水拌和制成石碴浆，用作建筑物表面的面层抹灰，待水泥浆初凝后，立即用清水冲刷表面水泥浆，使石碴半露而不脱落，达到装饰效果，多用于外墙饰面。但是由于该法费时、费工、费料，工作环境差，劳动强度高，因此应用日渐减少。

2. 斩假石

斩假石又称为剁斧石，是以水泥石粒料拌和料或水泥石屑浆做抹灰面层，硬化形成一定强度时，用钝斧及各种凿子等工具，在面层上剁斩出类似石材的纹理，具有粗面花岗岩的效果，为模仿不同天然石材的装饰效果。可在砂浆中加入各种彩色骨料及颜料。斩假石饰面所用的材料与水刷石基本相同，一般多用于局部小面积装饰。

3. 干粘石

干粘石是把石碴、彩色石子等粘在砂浆黏结层上，再拍平压实（石粒压入砂浆 2/3）。干粘石分为人工甩粘和机械喷粘两种，饰面效果与水刷石相同，但是可提高施工效率、节约材料、改善施工环境，多用于外墙饰面。

4. 水磨石

水磨石是一种人造石，与普通水泥、白色水泥或彩色水泥拌和各种色彩的大理石碴做面层，硬化后用机械磨平抛光表面。水磨石多用于地面装饰，还可预制成楼梯踏步、窗台板、柱面、踢脚板和地面板等多种建筑构件，分为现浇和预制两种。

5. 拉假石

拉假石是用废锯条或 5～6mm 厚的铁皮加工成锯齿形，将水泥浆皮刮去，露出石碴，形成条纹效果，与斩假石效果类似，但是施工速度快、劳动强度低，可大面积使用。

# 7.4 预拌砂浆

预拌砂浆（ready-mixed mortar）是工厂生产砂浆的新形式，它改变了传统分散的现场拌制方式，具有质量稳定、施工便捷、节约材料、保护环境、降低劳动强度、提高工效等多项优点，近年来在国内外得到大力推广应用。预拌砂浆可分为湿拌砂浆和干混砂浆。

### 7.4.1 湿拌砂浆

#### 7.4.1.1 湿拌砂浆的生产工艺

湿拌砂浆由水泥、掺和料、砂、水、外加剂等组分按照一定比例，经计量、混拌后，由运送车运送至施工现场。关键生产环节如图7-1所示。

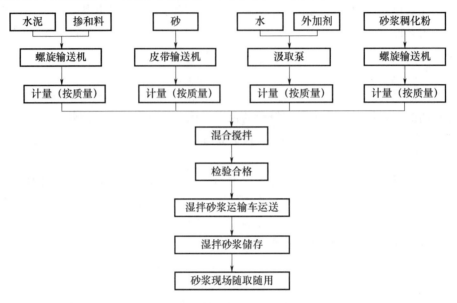

图 7-1 湿拌砂浆生产工艺流程

#### 7.4.1.2 湿拌砂浆的分类和性能要求

湿拌砂浆按用途可分为湿拌砌筑砂浆、湿拌地面砂浆和湿拌防水砂浆。按照 GB/T 25181—2019《预拌砂浆》，其代号、分类、性能见表7-7～表7-9。

表 7-7 湿拌砂浆的品种和代号

| 品种 | 湿拌砌筑砂浆 | 湿拌抹灰砂浆 | 湿拌地面砂浆 | 湿拌防水砂浆 |
| --- | --- | --- | --- | --- |
| 代号 | WM | WP | WS | WW |

表 7-8 湿拌砂浆分类

| 项目 | 湿拌砌筑砂浆 | 湿拌抹灰砂浆 | | 湿拌地面砂浆 | 湿拌防水砂浆 |
| --- | --- | --- | --- | --- | --- |
| | | 普通抹灰砂浆（G） | 机喷抹灰砂浆（S） | | |
| 强度等级 | M5、M7.5、M10、M15、M20、M25、M30 | M5、M7.5、M10、M15、M20 | | M15、M20、M25 | M15、M20 |
| 抗渗等级 | — | — | | — | P6、P8、P10 |
| 稠度a（mm） | 50、70、90 | 70、90、100 | 90、100 | 50 | 50、70、90 |
| 保塑时间（h） | 6、8、12、24 | 6、8、12、24 | | 4、6、8 | 6、8、12、24 |

a 可根据现场气候条件或施工要求确定。

166

表 7-9  湿拌砂浆性能指标

| 项目 | | 湿拌砌筑砂浆 | 湿拌抹灰砂浆 | | 湿拌地面砂浆 | 湿拌防水砂浆 |
|---|---|---|---|---|---|---|
| | | | 普通抹灰砂浆 | 机喷抹灰砂浆 | | |
| 保水率（%） | | ≥88.0 | ≥88.0 | ≥92.0 | ≥88.0 | ≥88.0 |
| 压力泌水率（%） | | — | — | ＜40 | — | — |
| 14d 拉伸黏结强度（MPa） | | — | | ≥0.20 | — | ≥0.20 |
| 28d 收缩率（%） | | — | M5：≥0.15；＞M5：≥0.20 | | — | ≤0.15 |
| 抗冻性[a] | 强度损失率（%） | ≤25 | | | | |
| | 质量损失率（%） | ≤5 | | | | |

a 有抗冻性要求时，应进行抗冻性试验。

#### 7.4.1.3  湿拌砂浆标记

湿拌砂浆按照下列顺序标记：湿拌砂浆代号、型号、强度等级、抗渗等级（有要求时）、稠度、保塑时间、标准号。如湿拌普通抹灰砂浆强度等级为 M10，稠度为 70mm，保塑时间为 8h，其标记为：WP-G M10-70-8 GB/T 25181—2019。

### 7.4.2  干混砂浆

#### 7.4.2.1  干混砂浆的生产工艺

干混砂浆与湿拌砂浆生产上的区别在于各组分都是干物料，产品是干粉的混合物。典型生产工艺如图 7-2 所示。

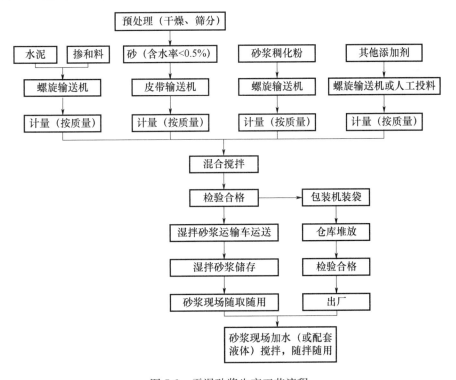

图 7-2  干混砂浆生产工艺流程

7.4.2.2 干混砂浆的分类和性能要求

干混砂浆按用途可分为干混砌筑砂浆、干混地面砂浆和干混抹灰砂浆等。按照 GB/T 25181—2019《预拌砂浆》，其代号、分类、性能见表 7-10～表 7-12。

表 7-10 干混砂浆的品种和代号

| 品种 | 干混砌筑砂浆 | 干混抹灰砂浆 | 干混地面砂浆 | 干混普通防水砂浆 | 干混陶瓷砖黏结砂浆 | 干混界面砂浆 |
|---|---|---|---|---|---|---|
| 代号 | DM | DP | DS | DW | DTA | DIT |
| 品种 | 干混聚合物水泥防水砂浆 | 干混自流平砂浆 | 干混耐磨地坪砂浆 | 干混填缝砂浆 | 干混饰面砂浆 | 干混修补砂浆 |
| 代号 | DWS | DSL | DFH | DTG | DDR | DRM |

表 7-11 部分干混砂浆分类和性能要求

| 项目 | 干混砌筑砂浆 | | 干混抹灰砂浆 | | | 干混地面砂浆 | 干混普通防水砂浆 |
|---|---|---|---|---|---|---|---|
| | 普通砌筑砂浆（G） | 薄层砌筑砂浆（T） | 普通抹灰砂浆（G） | 薄层抹灰砂浆（T） | 机喷抹灰砂浆（S） | | |
| 强度等级 | M5、M7.5、M10、M15、M20、M25、M30 | M5、M10 | M5、M7.5、M10、M15、M20 | M5、M7.5、M10 | M5、M7.5、M10、M15、M20 | M15、M20、M25 | M15、M20 |
| 抗渗等级 | — | — | — | — | — | — | P6、P8、P10 |

表 7-12 部分干混砂浆的性能指标

| 项目 | | 干混砌筑砂浆 | | 干混抹灰砂浆 | | | 干混地面砂浆 | 干混普通防水砂浆 |
|---|---|---|---|---|---|---|---|---|
| | | 普通砌筑砂浆 | 薄层砌筑砂浆 | 普通抹灰砂浆 | 薄层抹灰砂浆 | 机喷抹灰砂浆 | | |
| 保水率（%） | | ≥88.0 | ≥99.0 | ≥88.0 | ≥99.0 | ≥92.0 | ≥88.0 | ≥88.0 |
| 凝结时间（h） | | 3～12 | — | 3～12 | — | — | 3～9 | 3～12 |
| 2h 稠度损失率（%） | | ≤30 | — | ≤30 | — | ≤30 | ≤30 | ≤30 |
| 压力泌水率（%） | | — | — | — | — | <40 | — | — |
| 14d 拉伸黏结强度（MPa） | | — | — | M5：≥0.15 >M5：≥0.20 | ≥0.30 | ≥0.20 | — | ≥0.20 |
| 28d 收缩率（%） | | — | — | ≤0.20 | — | — | — | ≤0.15 |
| 抗冻性[a] | 强度损失率（%） | ≤25 | | | | | | |
| | 质量损失率（%） | ≤5 | | | | | | |

a 有抗冻性要求时，应进行抗冻性试验。

7.4.2.3 干混砂浆标记

干混砂浆按照下列顺序标记：干混砂浆代号、型号、主要性能、标准号。如干混机喷抹灰砂浆强度等级为 M10，其标记为：DP-S M10 GB/T 25181—2019。

# 7.5  特种砂浆

除基本的抹面、黏结等功能外，在建筑工程中还常用具备防水、保温等功能的特种砂浆。

## 7.5.1  防水砂浆

用作防水层的砂浆称为防水砂浆（waterproof mortar），也称刚性防水层，适用于不受振动或具有一定刚度的混凝土和砖石砌体工程的表面。常用的防水砂浆主要包括多层抹面的普通水泥防水砂浆、掺各种防水剂的防水砂浆以及膨胀水泥或无收缩性水泥配制的防水砂浆。

由于施工简易、防水效果好，掺加防水剂的砂浆是近年来多采用的防水砂浆。国内生产的砂浆防水剂按成分主要分为三类：以硅酸钠水玻璃为基料的防水剂；以憎水性物质为基料的防水剂，包括可溶性和不溶性金属皂类防水剂；以氧化物金属盐类为基料的防水剂。

聚合物防水砂浆是一种以聚合物乳液或可再分散乳胶粉为改性剂，添加适量助剂混合制成的防水砂浆，也是目前常用的防水砂浆。按组分分为单组分（S类）和双组分（D类）两类，其中单组分由水泥、细骨料、可再分散乳胶粉、添加剂等组成，而双组分由粉料（水泥、细骨料等）和液料（聚合物乳液、添加剂等）组成。按照 JC/T 984—2011《聚合物水泥防水砂浆》的规定，聚合物防水砂浆的物理力学性能要求如表 7-13 所示。

表 7-13  聚合物水泥防水砂浆物理力学性能要求

| 序号 | 项目 | | | 技术指标 | |
|---|---|---|---|---|---|
| | | | | Ⅰ型 | Ⅱ型 |
| 1 | 凝结时间[a] | 初凝（min） | ≥ | 45 | |
| | | 终凝（h） | ≤ | 24 | |
| 2 | 抗渗压力[b] | 涂层试件 ≥ | 7d | 0.4 | 0.5 |
| | | 砂浆试件 ≥ | 7d | 0.8 | 1.0 |
| | | | 28d | 1.5 | 1.5 |
| 3 | 抗压强度（MPa） | | ≥ | 18.0 | 24.0 |
| 4 | 抗折强度（MPa） | | ≥ | 6.0 | 8.0 |
| 5 | 柔韧性（横向变形能力，mm） | | ≥ | 1.0 | |
| 6 | 黏结强度（MPa） | ≥ | 7d | 0.8 | 1.0 |
| | | | 28d | 1.0 | 1.2 |
| 7 | 耐碱性 | | | 无开裂、剥落 | |
| 8 | 耐热性 | | | 无开裂、剥落 | |
| 9 | 抗冻性 | | | 无开裂、剥落 | |

土木工程材料
Civil engineering materials

续表

| 序号 | 项目 | | 技术指标 | |
| --- | --- | --- | --- | --- |
| | | | Ⅰ型 | Ⅱ型 |
| 10 | 收缩率（%） | ≤ | 0.30 | 0.15 |
| 11 | 吸水率（%） | ≤ | 6.0 | 4.0 |

a 凝结时间可根据用户需求及季节变化进行调整。

b 当产品使用的厚度不大于5mm时测定涂层试件抗渗压力；当产品使用的厚度大于5mm时测定砂浆试件抗渗压力。亦可根据产品用途，选择测定涂层或砂浆试件的抗渗压力。

### 7.5.2 保温砂浆

建筑保温砂浆（dry-mixed thermal insulating composition for buildings）是以膨胀珍珠岩或膨胀蛭石、胶凝材料为主要成分，掺加其他功能成分制成的用于建筑物墙体绝热的干拌混合物，使用时需要加适当面层。根据GB/T 20473—2021《建筑保温砂浆》的规定，建筑保温砂浆按照干密度可分为Ⅰ型和Ⅱ型，硬化后的物理力学性能应符合表7-14的要求。

表7-14 建筑保温砂浆硬化后的物理力学性能

| 项目 | 单位 | 技术要求 | |
| --- | --- | --- | --- |
| | | Ⅰ型 | Ⅱ型 |
| 干密度 | kg/m³ | ≤350 | ≤450 |
| 抗压强度 | MPa | ≥0.50 | ≥1.0 |
| 导热系数（平均温度25℃） | W/（m·K） | ≤0.070 | ≤0.085 |
| 拉伸粘结强度 | MPa | ≥0.10 | ≥0.15 |
| 线收缩率 | — | ≤0.30% | |
| 压剪粘结强度 | kPa | ≥60 | |
| 燃烧性能 | — | 应符合GB 8624规定的A级要求 | |

当有抗冻性要求时，15次冻融循环后质量损失应不大于5%，抗压强度损失率应不大于25%；当有耐水性要求时，软化系数应不小于0.50。

保温隔热砂浆因加入轻质多孔骨料，都具有吸声性能。另外，用水泥、石膏、砂、锯末等也可以配制成吸声砂浆，如果加入玻璃纤维、矿物棉等松软的材料能获得更好的吸声效果，可用于室内的墙面和顶棚的抹灰。

### 7.5.3 其他特种砂浆

#### 7.5.3.1 防辐射砂浆

在水泥砂浆中加入重晶石粉和重晶石砂可配制具有防X射线和防γ射线的砂浆，其配合比为水泥:重晶石粉:重晶石砂=1:0.25:（4～5）。配制砂浆时加入硼砂、硼酸可制成具有防中子辐射能力的防辐射砂浆（radiation protection mortar），可用于射线防护工程。

### 7.5.3.2 膨胀砂浆

在水泥砂浆中加入膨胀剂或使用膨胀水泥，可配制膨胀砂浆（expansive mortar），具有一定的膨胀特性，可补偿水泥砂浆的收缩，防止干缩开裂。膨胀砂浆用在修补工程和装配式大板工程中，依赖其膨胀作用而填充缝隙，以达到黏结密封的目的。

### 7.5.3.3 耐酸砂浆

耐酸砂浆（Acid-proof mortar）是用水玻璃和氟硅酸钠加入石英砂、花岗岩砂、铸石等耐酸粉料和细骨料并按适当比例配制的砂浆，具有耐酸性。可用于耐酸地面和耐酸容器的内壁防护层，也可用于建筑物的外墙装饰，以提高建筑物的抗酸雨腐蚀能力。

## 7.6 水泥基灌浆材料

水泥基灌浆材料（cementitious grout）是一种流体状材料，由水泥、细骨料、外加剂和矿物掺和料等原材料在专业化工厂按比例计量混合而成，在使用地点按规定比例加水或配套组分拌和，用作螺栓锚固、结构加固、预应力孔道等灌浆的材料。使用前应对灌浆材料的流动度、充盈度、膨胀率和抗压强度等进行检测，其要求见表7-15。（GB/T 50448—2015《水泥基灌浆材料应用技术规范》）。

表 7-15　水泥基灌浆材料的主要性能指标

| 类别 | | Ⅰ类 | Ⅱ类 | Ⅲ类 | Ⅳ类 |
|---|---|---|---|---|---|
| 最大骨料粒径（mm） | | ≤4.75 | | | >4.75 且≤25 |
| 截锥流动度（mm） | 初始值 | — | ≥340 | ≥290 | ≥650* |
| | 30min | — | ≥310 | ≥260 | ≥550* |
| 流锥流动度（mm） | 初始值 | ≤35 | — | — | — |
| | 30min | ≤50 | — | — | — |
| 竖向膨胀率（%） | 3h | 0.1～3.5 | | | |
| | 24h与3h的膨胀值之差 | 0.02～0.50 | | | |
| 抗压强度（MPa） | 1 d | ≥15 | | ≥20 | |
| | 3 d | ≥30 | | ≥40 | |
| | 28 d | ≥50 | | ≥60 | |
| 氯离子含量（%） | | <0.1 | | | |
| 泌水率（%） | | 0 | | | |

注：＊表示坍落扩展度数值。

水泥基材料可用于地脚螺栓锚固灌浆完毕后的二次灌浆、自重法灌浆、高位漏斗法灌浆、压力法灌浆等。

## 7.7 课后习题

1. 什么是砂浆的和易性？如何检测？和易性不良会对工程应用有什么影响？

2. 抹面砂浆与砌筑砂浆在材料组成和技术指标要求方面有哪些不同？为什么？

3. 影响砂浆强度的主要因素有哪些？

4. 某工程需要配制 M10 的水泥石灰混合砂浆来砌筑砖墙，稠度 70～90mm。采用中砂，含水率 2%，32.5 普通硅酸盐水泥，水泥、砂子的堆积密度分别为 1200kg/m³ 和 1450kg/m³，石灰膏的表观密度为 1380kg/m³，石灰膏的稠度为 100mm。施工水平优良，试设计该砂浆的配合比。

5. 预拌砂浆的特点和性能优势是什么？

6. 抹面砂浆常见的工程问题是什么？有什么解决方法？

# 8 沥青和沥青混合料

## 8.1 沥青

沥青是一种褐色或黑褐色的有机胶凝材料，是由一些极其复杂的高分子碳氢化合物及其非金属（如氢、硫、氮等）衍生物组成的混合物。沥青按其在自然界的存在方式可分为天然沥青、焦油沥青和石油沥青等。其中天然沥青包括湖沥青和岩沥青等，分别蕴藏于地面、岩石中，在早期的筑路材料中广泛应用，然而因加工工艺效率低下等问题，目前已很少使用。目前工程中常用的主要是石油沥青，另外还使用少量的煤沥青。

### 8.1.1 煤沥青

#### 8.1.1.1 煤沥青的组成

煤焦油沥青（coal-tar pitch），简称煤沥青（coal pitch），是煤焦油加工过程中分离得到的产品。根据煤干馏的温度不同，煤焦油分为高温煤焦油（700℃）和低温煤焦油（450～700℃）两类。以高温煤焦油为原料可获得数量较多且质量较佳的煤沥青，而以低温煤焦油为原料可获得的煤沥青数量较少，且往往质量不太稳定。煤沥青常温下为黑色固体，无固定的熔点，呈玻璃相，受热后先软化继而熔化，密度为 $1.25～1.35g/cm^3$。煤沥青是一种组成与结构非常复杂的混合物，基本组成单元为低分子的单环芳烃、多环芳烃和稠环芳烃，由高度缩聚的芳核及其含氧、硫和氮的衍生物组成，有的环结构上带有侧链，但侧链很短。

#### 8.1.1.2 煤沥青的性质

煤沥青的主要技术性质特点是：

（1）温度稳定性较低。

煤沥青中树脂的可溶性较高，表现出热稳定性较低的性质。当煤沥青温度升高时，粗分散相的游离碳含量增加，但不足以补偿由同时发生的可溶树脂数量的变化带来的热稳定性损失。

（2）与矿物骨料的黏附性较好。

煤沥青组成中含有较多数量的极性物质，它赋予煤沥青高的表面活性，所以它与矿质骨料具有较好的黏附性。

（3）气候稳定性较差。

煤沥青化学组成中含有较高含量的不饱和芳香烃，在周围介质（空气中的氧、日光的温度和紫外线以及大气降水）的作用下，老化进度（黏度增加、塑性降低）较石油沥青快。

（4）耐腐蚀性强。

#### 8.1.1.3 煤沥青的用途

煤沥青的用途主要包括以下几种。

（1）炭素制品和耐火材料的黏结剂；

（2）浸渍剂沥青，作为电炉炼钢用高功率（HP）、超高功率（UHP）石墨的生产原料；

（3）煤沥青针状焦，应用于 HP 电极和 UHP 电极材料的生产；

（4）中间相沥青，主要用于制备中间相沥青碳纤维、针状焦、碳-碳复合材料的基体材料和提取中间相碳微球等；

（5）沥青基碳纤维，主要应用于飞机或汽车刹车片、增强混凝土或耐震补强材料、密封填料。

### 8.1.2 石油沥青

#### 8.1.2.1 石油沥青的生产工艺

目前土木工程中大量使用的都是石油沥青。石油沥青是由原油经过常压蒸馏、减压蒸馏、溶剂沉淀和吹风氧化等方法生产的。基于该产品进一步调和、乳化或改性，还可制造各种性能和用途的沥青产品。生产流程如图 8-1 所示。

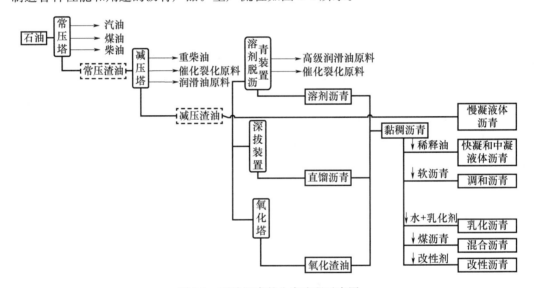

图 8-1　石油沥青的生产流程示意图

目前我国在炼油厂生产沥青的主要工艺方法有蒸馏法、氧化法、半氧化法、溶剂脱沥青法和调配法等。

1. 蒸馏法

原油经过常压塔和减压塔装置，根据原油中所含馏分的沸点不同，将汽油、煤油、柴油等馏分分离后，可以得到加工沥青的原料（渣油），这些渣油都属于低标号的慢凝液体沥青。为提高沥青的稠度，以慢凝液体沥青为原料，经过再减蒸工艺，进一步深拔出各种重质油品，可以直接获得针入度级的黏稠沥青。这种直接由蒸馏得到的沥青称为直馏沥青。蒸馏法是生产道路沥青的主要方法，也是最经济的生产方法。与氧化沥青相比，通常直馏沥青具有较好的低温变形能力，但温度感应性大（温度升高容易变软）。

2. 氧化法

以蒸馏法得到的渣油或直馏沥青为原料，在氧化釜（或氧化塔）中，经加热并吹入空气（有时还加入催化剂），减压渣油在高温和吹入空气的作用下产生脱氢、氧化和缩聚等化学反应，沥青中低分子量的烃类转变为高分子量的烃类，这样得到的稠度较高、温度感应性较低的沥青，称为氧化沥青。与直馏沥青相比，通常氧化沥青软化点较高，针入度较小，温度敏感性较低，高温抗变形能力较好，但是低温变形能力较差（低温时脆裂），主要用作建筑沥青或专用沥青。

3. 半氧化法

半氧化法是一种改进的氧化法，为了避免直馏沥青的温度感应性大和深度氧化沥青低温变形能力差的缺点，在氧化时采用较低的温度、较长的时间及吹入较小风量的空气，这种控制温度、时间和风量的方法，可以使沥青中各种不同分子量的烃组，按人为意志转移，得到不同稠度的沥青，最终达到适当兼顾高温和低温两方面性能的要求。

4. 溶剂脱沥青法

非极性的低分子烷烃溶剂对减压渣油中的各组分具有不同的溶解度，利用溶解度的差异可以从减压渣油中除去对沥青性质不利的组分，生产出符合要求的沥青产品，即溶剂脱沥青。常用的溶剂有丙烷、丙-丁烷和丁烷等。如以丙烷为溶剂时，得到的沥青含蜡量大大降低，使沥青的路用性能得到改善。

5. 调配法

采用两种（或两种以上）不同稠度（或其他技术性质）的沥青，按选定的比例互相调配后，得到符合要求稠度（或其他技术性质）的沥青产品称调和沥青。调配比可根据要求指标，用试验法、计算法或组分调节法确定。

6. 稀释法

为了使沥青在常温条件下具有较大的施工流动性，在施工完成后短时间内又能凝固而具有高的黏结性，将黏稠沥青加热后掺加一定比例的煤油或汽油等稀释剂，经适当地搅拌、稀释制成的沥青称为稀释沥青或液体石油沥青。液体石油沥青适用于透层、黏层及拌制冷拌沥青混合料。根据其凝固速度不同，分为快凝、中凝及慢凝液体石油沥青。

7. 乳化法

将沥青分散于有乳化剂的水中而形成的沥青乳液，称为乳化沥青。沥青和水的表面张力差别很大，在常温或高温下都不会互相混溶。但是将黏稠沥青加热至流动态，经过高速离心、剪切、冲击等机械作用，形成粒径为 $0.1 \sim 5\mu m$ 的微粒，并分散到有表面活性剂（乳化剂-稳定剂）的水中，由于乳化剂能定向吸附于沥青微粒表面，因而降低了水与沥青的表面张力，使沥青微粒能在水中形成均匀稳定的乳状液。

8. 改性沥青

在沥青中掺加橡胶、树脂、高分子聚合物、天然沥青、磨细的橡胶粉或其他材料等外掺剂（改性剂），使之性能得以改善的沥青，称为改性沥青。

8.1.2.2 石油沥青的组成和结构

沥青不是单一物质，而是由多种化合物组成的混合物，成分极其复杂。但从化学元素分析来看，其主要由碳（C）、氢（H）两种化学元素组成，故又称为碳氢化合物。通常石油沥青中碳和氢的质量分数占98%～99%，其中，碳的质量分数为84%～87%，氢为11%～15%。此外，沥青中还含有少量的硫（S）、氮（N）、氧（O）以及一些金属元素（如钠、镍、铁、镁和钙等），它们以无机盐或氧化物的形式存在，约占5%。沥青由原油经处理后制成，组分中包含复杂的碳氢化合物和非金属取代碳氢化合物中的氢生成新的衍生物，主要包括烷烃、环烷烃、缩合的芳香烃。烷烃是碳原子以单链（$C_nH_{2n+2}$）相连的碳氢化合物，17个碳原子以上时，易发生氧化反应。碳环化合物是含有完全由碳原子组成环分的碳氧化合物，包括脂环族和芳香族。芳香族是含一个或多个苯环结构的碳氢化合物。芳香烃是分子中具有苯环结构的苯系芳烃，苯环不易被氧化。脂环烃有两种，饱和的称为环烷烃，不饱和的称为环烯烃或环炔烃。

关于石油沥青的化学组分分析方法经国内外多年发展，分为二组分分析法、五组分分析法和多组分分析法等。我国 JTG E20—2011《公路工程沥青及沥青混合料试验规程》规定有三组分和四组分两种分析法。根据沥青中各组分的化学组成和相对含量不同，可以形成不同的胶体结构。沥青的胶体结构可分为三个类型：溶胶型、凝胶型和溶-凝胶型。当沥青中沥青分子量较低，并且含量很少（例如在10%以下），同时有一定数量的芳香度较高的胶质时，胶团能够完全胶溶而分散在芳香分和饱和分的介质中。在此情况下，胶团相距较远，它们之间吸引力很小（甚至没有吸引力），胶团可以在分散介质黏度许可范围之内自由运动，这种胶体结构的沥青，称为溶胶型沥青。沥青中沥青质含量很高（例如>30%），并具有相当数量芳香度高的胶质来形成胶团。这样，沥青中胶团浓度有很大程度的增加，它们之间的相互吸引力增强，使胶团靠得很近，形成空间网络结构。此时，液态的芳香分和饱和分在胶团的网络中成为分散相，连续的胶团成为分散介质。这种胶体结构的沥青称为凝胶型沥青。沥青中沥青质含量适当（例如在15%～25%），并有较多数量芳香度较高的胶质。这样形成的胶团数量较多，胶体中胶团的浓度增加，胶团距离相对靠近并具有一定的吸引力。这是一种介于溶胶型和凝胶型之间的结构，称为溶-凝胶型结构。

### 8.1.2.3　石油沥青的主要技术性质

#### 1. 物理特征常数

现代沥青路面的研究，对沥青材料的密度和热膨胀系数等物理特征常数极为重视。

（1）密度。沥青密度（density）是指在规定温度下，单位体积所具有的质量，单位为 kg/m³ 或 g/cm³，也可用相对密度（沥青质量与同体积水质量之比）。我国的 JTG E20—2011《公路工程沥青及沥青混合料试验规程》规定的温度为25℃及15℃。

（2）热膨胀系数。沥青在温度上升1℃时的长度或体积的变化，分别称为线胀系数和体胀系数，统称为热膨胀系数（coefficient of thermal expansion）。沥青路面的开裂，与沥青混合料的温缩系数有关。沥青混合料的温缩系数，主要取决于沥青的热学性质。特别是含蜡沥青，当温度降低时，蜡由液态转变为固态，比容突然增大，沥青的温缩系数发生突变，因而易导致路面开裂。

#### 2. 黏滞性

石油沥青的黏滞性（黏性，viscosity）是反映沥青材料内部阻碍其相对流动的一种特性，以绝对黏度表示，是沥青性质的重要指标之一。各种石油沥青的黏滞性变化范围很大，黏滞性的大小与组分及温度有关。沥青质含量较高，同时又有适量树脂，而油分含量较少时，则黏滞性较大。在一定温度范围内，当温度升高时，则黏滞性随之降低，反之则随之增大。绝对黏度的测定方法因材而异，并且较为复杂，工程上常用相对黏度（条件黏度）来表示。

测定沥青相对黏度的主要方法是用标准黏度计和针入度仪。黏稠石油沥青的相对黏度是用针入度仪测定的针入度来表示的。针入度是检验沥青黏稠度和划分品种牌号的最基本指标，它反映石油沥青抵抗剪切变形的能力。针入度值越小，表明黏度越大。黏稠石油沥青的针入度是在规定温度 25℃ 条件下，以规定质量 100g 的标准针，经历规定时间 5s 贯入试样中的深度，以 0.1mm 为单位表示，符号为 $P_{(25℃,100g,5s)}$。

液体石油沥青或较稀的石油沥青的相对黏度，可用标准黏度计测定的标准黏度表示。标准黏度是在规定温度（20℃、25℃、20℃ 或 60℃）、规定直径（3mm、4mm、5mm、或 10mm）的孔口流出 50mL 沥青所需的时间秒数，常用符号"$C_{t,d}$"表示，$d$ 为流孔直径，$t$ 为试样温度。

3. 耐热性

沥青受热后软化的性质即耐热性（thermostability），用软化点来评价。沥青软化点是反映沥青高温稳定性的重要指标。由于沥青材料组成极为复杂，从固态至液态没有明显的熔融相变过程，而有很大的相态变化间隔，故规定其中某一状态作为固态转到黏流态（或某一规定状态）的起点，相应的温度称为沥青软化点。软化点的数值随采用的仪器、试验条件不同而异，我国 JTG E20—2011《公路工程沥青及沥青混合料试验规程》采用环球法测试软化点。

沥青是一种高分子非晶态热塑性物质，故没有一定的熔点。当温度升高时，沥青由固态逐渐软化，沥青分子之间发生相对滑动，此时沥青就像液体一样发生了黏性流动，成为黏流态。与此相反，当温度降低时，沥青又逐渐由黏流态凝固为固态（或称高弹态），甚至变硬变脆（像玻璃一样硬脆成为玻璃态）。此过程反映了沥青随温度升降其黏滞性和塑性的变化。在软化点之前，沥青主要表现为黏弹态，在软化点之后主要表现为黏流态；软化点越低，表明沥青在高温下的体积稳定性和承受荷载的能力越差。

针入度是在规定温度下测定沥青的条件黏度；软化点是测定沥青达到规定条件黏度时的温度。软化点既是反映沥青材料热稳定性的一个指标，也是沥青黏滞性的一种度量。

4. 温度敏感性

温度敏感性（temperature sensibility）是指石油沥青的黏滞性和塑性随温度升降而变化的性能。沥青的温度敏感性与沥青路面的施工和使用性能密切相关，是评价沥青技术性质的一个重要指标。在相同的温度变化间隔里，各种沥青黏滞性即塑性变化幅度不会相同，工程要求沥青随温度变化而产生的黏滞性和塑性变化幅度应较小，即温度敏感性应较小。

通常石油沥青中沥青质含量多，在一定程度上能够减小其温度敏感性。在工程使用时往往加入滑石粉、石灰石粉或其他矿物填料来减小其温度敏感性。沥青中含蜡量较多时，则会增加温度敏感性。多蜡沥青不能用于直接暴露于阳光和空气中的土木工程，就是因为该沥青温度敏感性大，当温度不太高（60℃）时就发生流淌，在温度较低时又容易变硬开裂。评价沥青温度敏感性的指标很多，通常用沥青针入度或绝对黏度随温度变化的幅度来表示，目前常用针入度指标 $PI$ 作为指标，按照试验规程 JTG E20—2011《公路工程沥青及沥青混合料试验规程》，$PI$ 可利用 15℃、25℃ 和 30℃ 的针入度回归得到。

针入度指数不仅可以用来评价沥青的温度敏感性，同时也可以用来判断沥青的胶体结构：当 $PI<-2$ 时，沥青属于溶胶结构，感温性大；当 $PI>2$ 时，沥青属于凝胶结构，感温性低。介于其间的属于溶-凝胶结构。不同针入度指数的沥青，其胶体结构和工程性质完全不同。相应地，不同的工程条件也对沥青有不同的 $PI$ 要求：一般路用沥青要求 $PI>-2$；沥青用于灌缝材料时，要求 $-3<PI<1$；用于胶黏剂时要求 $-2<PI<2$；用作涂料时，要求 $-2<PI<5$。

5. 延展性

延展性（ductility）是指石油沥青在外力作用下产生变形而不破坏（裂缝或断开），除去外力后仍能保持变形后的形状不变的性质。它反映的是沥青受力时所能承受的塑性变形的能力。在常温下，延展性较好的沥青在产生裂缝时，也可能由于特有的黏塑性而自行愈合，故延展性还能反映沥青开裂后的自愈能力，因此沥青用于制造柔性防水材料。良好的延展性也使沥青对冲击震动荷载具有一定的吸收能力，从而减少摩擦时的噪声，因此沥青是一种优良的路面材料。

通常是用延度作为延展性指标。延度试验方法是：将沥青试样制成 8 字形标准试件（最小断面积 1 cm²），在规定拉伸速度和规定温度下拉断时的长度（以 cm 计）称为延度，常用试验温度为 25℃ 和 15℃。

6. 黏附性

黏附性（adhesiveness）是指沥青与其他材料的界面黏结性能和抗剥落性能。沥青与骨料的黏附性能直接影响沥青路面的使用质量和耐久性，所以黏附性是评价道路沥青技术性能的一个重要指标。沥青是一种低极性有机物质，树脂有较高的活性，沥青质和油分的活性较低。沥青与骨料间发生物理吸附时，两者的结合力较弱，易被水剥离；若沥青与骨料间发生化学吸附，则不易被水剥离。

评价沥青与骨料黏附的方法最常采用的是水煮法和水浸法。我国试验规程 JTG E20—2011《公路工程沥青及沥青混合料试验规程》规定，沥青与粗骨料的黏附性试验，根据骨料的最大粒径决定，大于 13.2mm 者采用水煮法；小于（或等于）13.2mm 者采用水浸法。水煮法是选取粒径为 13.2～19mm 且形状接近正立方体的规则骨料 5 个，经沥青裹覆后，在蒸馏水中煮沸 3min，按沥青膜剥落的情况分为 5 个等级来评价沥青与骨料的黏附性。水浸法是选取 9.5～13.2mm 的骨料 100g 与 5.5g 的沥青在规定温度条件下拌和，配制成沥青-骨料混合料，冷却后浸入 80℃ 的蒸馏水中保持 30min，然后按剥落面积百分率来评定沥青与骨料的黏附性。

7. 耐久性

石油沥青的耐久性（durability）是指其在储运、加工、施工及使用过程中，经历空气暴露、风雨、温度变化过程的长期综合作用下保持良好的流变性能、凝聚力和黏附性的性能。

在阳光、空气和热的综合作用下，沥青中各组分会发生不断递变，低分子化合物会逐步转变成高分子物质，即油分和树脂逐渐减少，而沥青质逐渐增多。试验发现，树脂转变为沥青质比油分变为树脂的速度快得多（约快50%）。因此，石油沥青随着时间的进展，流动性和塑性将逐渐减小，硬脆性逐渐增大，直至脆裂。这个过程称为石油沥青的"老化"。所以，大气稳定性即为沥青抵抗老化的性能。

按照我国试验规程 JTG E20—2011《公路工程沥青及沥青混合料试验规程》的规定，石油沥青的老化性能是以沥青试样在加热蒸发前后的质量损失百分率、针入度比和老化后的延度来评定的。其测定方法是：先测定沥青试样的质量及其针入度，然后将试样置于烘箱中，在163℃下加热蒸发 5h，待冷却后再测定其质量及针入度。计算出的蒸发质量变化值占原质量的百分比，称为蒸发质量变化百分率；测得蒸发后针入度占原针入度的百分比，称为蒸发后针入度比。蒸发质量变化百分率越小和蒸发后针入度比越小，则表示沥青的大气稳定性越好。

针入度、软化点和延度是评价黏稠石油沥青工程性能最常用的经验指标，称为"三大指标"。为评定沥青的品质和保证施工安全，还应了解石油沥青的溶解度、闪点和燃点等性质。闪电和燃点的高低，表明沥青引起火灾或爆炸的可能性的大小，它关系到运输、贮存和加热使用等方面的安全。

#### 8.1.2.4  石油沥青的选用与技术标准

根据我国现行石油沥青标准，在工程建设中常用的石油沥青分为道路石油沥青、建筑石油沥青、防水防潮石油沥青和普通石油沥青四种。道路石油沥青、建筑石油沥青和普通石油沥青都是按针入度指标来划分牌号的。在同一品种石油沥青材料中，牌号越小，沥青越硬；牌号越大，沥青越软。同时随着牌号增加，沥青的黏性减小（针入度增加），塑性增加（延度增大），而温度敏感性增大（软化点降低）。

1. 道路石油沥青

道路石油沥青按交通量分为重交通道路石油沥青和中、轻交通道路石油沥青。按 JTG F40—2004《公路沥青路面施工技术规范》的规定，根据质量将各牌号（也称标号）道路石油沥青分为 A、B、C 三级，A 级沥青适用于各个等级的公路，适用于任何场合和层次；B 级沥青适用于高速公路、一级公路沥青面层及以下层次、二级及二级以下公路的各个层次，还可用作改性沥青、乳化沥青、改性乳化沥青、稀释沥青的基质沥青；C 级沥青适用于三级及三级以下公路的各个层次。道路石油沥青还可用作密封材料、黏结剂及沥青涂料等，此时宜选用黏性较大和软化点较高的道路石油沥青。不同标号的道路石油沥青技术指标要求各不相同，见表 8-1。

2. 建筑石油沥青

GB/T 494—2010《建筑石油沥青》中将其按针入度不同分为 10 号、30 号、40 号三个标号，针入度越小（黏性越大），软化点越高（耐热性较好），但延度越小（塑性较差）。其主要用于制造油毡、油纸、防水涂料和沥青胶。它们绝大部分用于屋面及地下防水、沟槽防水、防腐蚀及管道防腐等工程。对于屋面防水工程，应注意防止过分软化。为避免夏季流淌，屋面用沥青的软化点还应比当地气温下屋面可能达到的最高温度高 20℃以上。但软化点也不宜过高，否则冬季低温易发生硬脆甚至开裂。

**表 8-1　道路石油沥青技术要求**

| 指标 | 单位 | 等级 | 沥青标号 160号 | 130号 | 110号 | 90号 | 70号[c] | 50号 | 30号[d] | 试验方法[a] |
|---|---|---|---|---|---|---|---|---|---|---|
| 针入度（25℃，5s，100g） | 1/10mm | | 140~200 | 120~140 | 100~120 | 80~100 | 60~80 | 40~60 | 20~40 | T 0604 |
| 适用的气候分区[f] | | | 注d | 注d | 2-1 2-2 3-2 | 1-1 1-2 1-3 1-4 2-2 2-3 3-2 | 1-3 1-4 2-2 2-3 2-4 | 1-4 | 注d | 附录A[e] |
| 针入度指数PI | | A | -1.5~+1.0（各标号通用） | | | | | | | T 0604 |
| 针入度指数PI | | B | -1.8~+1.0（各标号通用） | | | | | | | T 0604 |
| 软化点（R&B），不小于 | ℃ | A | 38 | 40 | 43 | 45 | 46 | 49 | 55 | T 0606 |
| 软化点（R&B），不小于 | ℃ | B | 36 | 39 | 42 | 43 | 44 | 46 | 53 | T 0606 |
| 软化点（R&B），不小于 | ℃ | C | 35 | 37 | 41 | 42 | 43 | 45 | 50 | T 0606 |
| 60℃动力黏度[b]，不小于 | Pa·s | A | — | 60 | 120 | 160（1区）/140（2区） | 180（1区）/160（2区） | 200 | 260 | T 0620 |
| 10℃延度[b]，不小于 | cm | A | 50 | 50 | 40 | 45（1区）/30（2区） | 25（1区）/20（2区） | 15 | 10 | T 0605 |
| 10℃延度[b]，不小于 | cm | B | 30 | 30 | 30 | 20 | 20（1区）/15（2区） | 10 | 8 | T 0605 |
| 15℃延度[b]，不小于 | cm | A、B | 100 | 80 | 60 | 50 | 40 | 30 | 20 | T 0605 |
| 含蜡量（蒸馏法），不大于 | % | A | 2.2（各标号通用） | | | | | | | T 0615 |
| 含蜡量（蒸馏法），不大于 | % | B | 3.0（各标号通用） | | | | | | | T 0615 |
| 含蜡量（蒸馏法），不大于 | % | C | 4.5（各标号通用） | | | | | | | T 0615 |
| 闪点，不小于 | ℃ | | 230 | 230 | 230 | 245 | 245 | 260 | 260 | T 0611 |

续表

| 指标 | 单位 | 等级 | 沥青标号 | | | | | | | 试验方法[a] |
|---|---|---|---|---|---|---|---|---|---|---|
| | | | 160号 | 130号 | 110号 | 90号 | 70号[c] | 50号 | 30号[d] | |
| 溶解度，不小于 | % | | 99.5 | | | | | | | T 0607 |
| 密度（15℃） | g/cm³ | | 实测记录 | | | | | | | T 0603 |
| TFOT（或 RTFOT）后[e] | | | | | | | | | | T 0610 或 T 0609 |
| 质量变化，不大于 | % | | ±0.8 | | | | | | | |
| 残留针入度比，不小于 | % | A | 48 | 54 | 55 | 57 | 61 | 63 | 65 | T 0604 |
| | | B | 45 | 50 | 52 | 54 | 58 | 30 | 62 | |
| | | C | 40 | 45 | 48 | 50 | 54 | 58 | 60 | |
| 残留延度（10℃），不小于 | cm | A | 12 | 12 | 10 | 8 | 6 | 4 | — | T 0605 |
| | | B | 10 | 10 | 8 | 6 | 4 | 2 | — | |
| 残留延度（15℃），不小于 | cm | C | 40 | 35 | 30 | 20 | 15 | 10 | — | T 0605 |

a 试验方法按照现行最新规范《公路工程沥青及沥青混合料试验规程》规定的方法执行。用于仲裁试验求取 PI 时的 5 个温度的针入度关系的相关系数不得小于 0.997。

b 经建设单位统一，表中 PI 值、60℃动力黏度、10℃延度可作为选择性指标，也可不作为施工质量检验指标。

c 70 号沥青可根据需要要求供应商提供的针入度范围为 60～70 或 70～80 的沥青，50 号沥青可要求提供针入度范围为 40～50 或 50～60 的沥青。

d 30 号沥青仅适用于沥青稳定基层。130 号和 160 号沥青除寒冷地区可直接在中低等级公路上应用外，通常可用作乳化沥青、稀释沥青、改性沥青的基质沥青。

e 老化试验以 TFOT 为准，也可以 RTFOT 代替。

f 气候分区见 JTG F40—2004《公路沥青路面施工技术规范》附录 A。

3. 防水防潮石油沥青

按照 SH/T 0002-90《防水防潮石油沥青》，防水防潮沥青根据针入度指数划分为 3 号、4 号、5 号、6 号四个标号，除了针入度、软化点、溶解度、蒸发损失、闪点等指标外，还特别增加了保证低温变形性能的脆点指标。随标号增大，其针入度指数增大，温度敏感性减小，脆点降低，应用温度范围宽。防水防潮沥青的温度稳定性较好，特别适宜用作油毡的涂覆材料及建筑屋面和地下防水的黏结材料。其中，3 号沥青温度敏感性一般，质地较软，用于一般温度下的室内及地下结构部分的防水。4 号沥青温度敏感性较小，用于一般地区可行走的缓坡屋面防水。5 号沥青温度敏感性小，用于一般地区暴露屋顶或气温较高地区的屋面防水。6 号沥青温度敏感性最大，并且质地较软，除一般地区外，主要用于寒冷地区的屋面及其他防水防潮工程。

4. 普通石油沥青

普通石油沥青含蜡量高达 15%～20%，有的甚至达 25%～35%。由于石蜡是一种熔点低（为 32～55℃）、黏结力差的脂性材料，当沥青温度达到软化点时，蜡已接近流动状态，所以容易产生流淌现象。当采用普通石油沥青黏结材料时，随着时间推移，沥青中的石蜡会向胶结层表面渗透，慢慢在胶结层表面形成薄膜，使沥青黏结层的耐热性和黏结力降低。工程中一般不宜采用普通石油沥青。

### 8.1.3 乳化沥青

#### 8.1.3.1 乳化沥青的主要组成材料

乳化沥青是将黏稠沥青加热至流动态，再经高速离心、搅拌及剪切等机械作用，而形成细小微粒（粒径为 2～5μm）分散在乳化剂-稳定剂的水中，由于乳化剂-稳定剂的作用而形成的均匀的分散系。乳化沥青的优点有：①可冷态施工，节约能源；②施工便利，节约沥青；③保护环境、保障健康等。

乳化沥青的主要组成材料包括沥青、乳化剂、稳定剂和水。一般认为针入度较大的沥青易于形成乳液，在乳化沥青中其用量为 30%～70%。沥青乳化剂是表面活性剂的一种类型，一般分为离子型和非离子型两大类，其中离子型还分为阴（或负）离子型、阳（或正）离子型和两性离子型。为使乳液具有良好的贮存稳定性，以及在施工中喷洒或拌和的机械作用下的稳定性，必要时可加入适量的稳定剂。稳定剂分为有机稳定剂和无机稳定剂两大类。水是乳化沥青的主要组成部分。自然界获得的水可能溶融或悬浮各种物质，会影响某些乳化沥青的形成或引起乳化沥青的过早分裂。因此，生产乳化沥青的水应相当纯净，不含其他杂质。

#### 8.1.3.2 乳化沥青的应用

乳化沥青用于修筑路面，不论是阳离子乳化沥青（代号 C）还是阴离子乳化沥青（代号 A）有两种施工方法：①洒布法（代号 P）。如透层、黏层、表面处置或贯入式沥青碎石路面。②拌和法（代号 B）。如沥青碎石或沥青混合料路面。各牌号乳化沥青的用途见表 8-2。

表 8-2　几种牌号乳化沥青的用途

| 类型 | 阳离子乳化沥青（C） | 阴离子乳化沥青（A） | 用途 |
|---|---|---|---|
| 洒布型（P） | PC-1 | PA-1 | 表面处治或贯入式路面及养护 |
| | PC-2 | PA-2 | 透层油用 |
| | PC-3 | PA-3 | 黏结层用 |
| 拌和型（B） | BC-1 | BA-1 | 拌制沥青混凝土或沥青碎石 |
| | BC-2 | BA-2 | 拌制加固土 |
| | BC-3 | BA-3 | |

## 8.1.4　改性沥青

当石油沥青不能满足土木工程中对石油沥青的性能要求时，可通过某些途径改善其性能。沥青的改性途径大致可分为两类：一类是工艺改性，即从改进工艺着手改进沥青性能；另一类是材料改性，即掺入高聚物等改进其性能。工艺改性主要是氧化工艺，给熔融沥青吹入少量氧气可产生新的氧化和聚合作用，使其聚合成更大的分子。在氧化时，这种反应将进行多次，从而形成越来越大的分子，则沥青的黏性得到提高，温度稳定性也得到改善。材料改性主要是在沥青中掺入橡胶、树脂、矿物填充料以进行改性，所得沥青混合物分别是橡胶沥青、树脂沥青、矿物填充料改性沥青。目前，关于改性沥青并没有统一的分类标准。另外，随着纳米技术的兴起，无机纳米颗粒改性沥青也取得了一定的发展。

### 8.1.4.1　改性剂的种类

高聚物材料的主要特征是：①巨大的相对分子质量。高聚物具有数目很大的重复结构单元，分子量一般为 $10^3 \sim 10^7$。②复杂的链结构。高聚物按其大分子链几何形状，可分为线型、支链型、交联网状体型等。③晶态与非晶态的共存。使高聚物具有固态性质的同时，加热后可以流动而表现出液态性质。

从狭义来说，道路改性沥青一般是指聚合物改性沥青，简称 PMA、PMB。用于改性的聚合物种类也很多。按照改性剂不同，一般将其分为树脂类、橡胶类及热塑橡胶类。常用的树脂类高聚物包括聚乙烯（polyethylene，PE）、聚丙烯（polypropylene，PP）、聚氯乙烯（poly vinyl chloride，PVC）和乙烯-醋酸乙烯酯共聚物（ethylene-vinyl acetate copolymer，EVA）等；橡胶（rubber）类及热塑橡胶类高聚物主要包括丁苯橡胶（styrene-butadiene rubber，SBR）和苯乙烯-丁二烯-苯乙烯（styrene-butadiene-styrene，SBS）等。

### 8.1.4.2　改性剂的选择

改性剂的选择应从以下几个方面来考虑：

1. 相容性

相容性是聚合物用于沥青改性的一个必要条件。聚合物要对改性沥青有效发挥作用，改性沥青必须保持稳定，不会产生相的分离。可以根据"极性相近、溶解度参数相近"的原则选择改性剂以保证其相容性。

2. 有效性

选择改性剂时希望加入尽可能少的改性剂以得到尽可能大的改性效果，各类改性剂对沥青性能改善目的有所不同，针对沥青混合料在使用环境下的不同要求，选择改性剂应能最大限度发挥其改性效果。

3. 耐久性

为了使聚合物改性沥青能够在长期使用下保持良好性能，应保证聚合物在使用期间物理力学性能保持稳定。而且还要求聚合物具有一定的抗氧化性及对光和热的稳定性。

大量试验和经验表明，热塑橡胶类 SBS 改性沥青无论在炎热地区、温暖地区，还是寒冷地区都是适用的。橡胶类 SBR 改性沥青与 SBS 改性沥青相似，应用的地区范围很广，由于它的低温柔软性特别好，故在寒冷地区更能发挥作用。EVA 改性沥青除寒冷地区不宜使用外，炎热地区和一般地区都可使用。PE 改性沥青由于只是高温性能比较好，主要适宜于炎热地区，寒冷地区不适用。

**8.1.4.3　改性沥青的生产**

除了少量可以直接用投入法加工的改性剂（如 SBR 胶乳）外，大部分改性剂与道路沥青的相容性很不好，所以必须采取特殊的加工方式，将改性剂完全分散在沥青中，以生产改性沥青。归纳起来，改性沥青的加工制作及使用方式，可以分为预混法和直接投入法两大类。实际上，直接投入法是制作改性沥青混合料的工艺，只有预混法才是名副其实的制作改性沥青的方法。改性沥青的制备方法如图 8-2 所示。

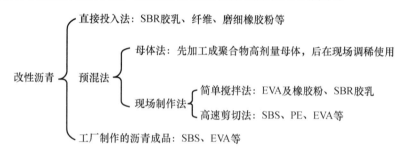

图 8-2　改性沥青的生产工艺

**8.1.4.4　改性沥青的性能指标**

目前一些国外改性沥青标准中提出的评价指标及试验方法大部分已经增补列入我国的 JTG E20—2011《公路工程沥青及沥青混合料试验规程》中。我国的聚合物改性沥青技术也大多要求采用这些指标。

1. 弹性恢复（回弹）

对 SBS 等热塑橡胶改性沥青，弹性恢复能力强是特别显著的特点。由于弹性恢复性能好，路面在荷载作用下产生的变形能在荷载通过后迅速恢复，留下的残余变形小。目前最通用的弹性恢复试验适用于评价热塑橡胶类（SBS 等）聚合物改性沥青的弹性恢复性能，采用延度试验所用试模，但中间部分换为直线侧模，制作的试样截面积为 1 cm²。试验时按延度试验方法在 $25\pm0.5$℃试验温度下以 5cm/min 的规定速率拉伸试样达 10cm 时停止，用剪刀在中间将沥青试样剪成两部分，原封不动地保持试样在水中 1h，然后将两个半截试样对至尖端刚好接触，测量试件的长度为 $x$，按式（8-1）计算弹性回复率。

$$回复率＝[(10-x)/10]×100\% \tag{8-1}$$

2. 聚合物改性沥青的离析试验

由于聚合物改性沥青在生产后的冷却过程中会发生离析，故在经过储存、运输、再加热后使用前需进行离析试验，以评价改性剂与基质沥青的相容性。

不同的改性剂离析的态势也有所不同，对 SBR、SBS 类聚合物改性沥青，离析时表现为聚合物的上浮。离析试验方法是从一定条件盛样管中分别提取在 163℃ 烘箱中放置 48h 后的聚合物改性沥青的顶部和底部试样，测定其环球法软化点，以软化点差来表示离析的程度。而对 PE、EVA 类聚合物改性沥青，离析时表现为向四面的容器壁吸附，在表面则结皮，所以离析试验也是观测改性沥青存放过程中结皮、凝在容器表面的情况。

3. 黏韧性试验

国外的研究表明，沥青黏韧性试验的结果是评价橡胶类改性沥青效果较好的一种试验方法。沥青黏韧性试验是测定沥青在规定温度条件下高速拉伸时与金属半球的黏性及韧性。一般试验温度为 25℃，拉伸速度为 500mm/min。

4. 测力延度试验

测力延度试验的设备是在普通的延度仪上附加一个测力传感器，试验用的试模是与拉伸回弹试验相同的条形试模。试验温度通常为 5℃，拉伸速度为 5cm/min，传感器最大负荷有 100kg 即可。通过分析试验结果记录的拉力-变形（延度）曲线的形状和面积对改性效果进行评价。

## 8.2　沥青防水材料

沥青及其制品作为防水材料在建筑业、水利工程中具有广泛和长期的应用，常用的防水、防潮材料主要包括防水涂料和防水卷材。

### 8.2.1　沥青基防水涂料

沥青基防水涂料是以石油沥青或改性沥青经乳化或高温加热成黏稠状的液态材料，喷涂在建筑防水工程表面，使其表面与水隔绝，起到防水防潮作用，是一种柔性的防水材料。防水材料需要具备耐水性、耐候性、耐酸碱性、优良的延伸性能和施工可操作性。沥青基防水涂料一般分为溶剂型涂料和水乳型涂料。溶剂型涂料由于含有甲苯等有机溶剂，易燃、有毒，而且价格较高，用量已越来越少。

高聚物改性沥青防水涂料具有良好的防水抗渗性能，耐变形、有弹性、低温不开裂、高温不流淌、黏附力强、寿命长，已经逐渐代替沥青基防水涂料。主要适用于Ⅱ级、Ⅲ级及Ⅳ级防水等级的建筑屋面、地面及卫生间防水、混凝土地下室防水等。常用的改性沥青防水涂料有以下四种。

1. 再生橡胶改性沥青防水涂料

再生橡胶改性沥青防水涂料分为溶剂型和水乳型。溶剂型再生橡胶改性沥青防水涂料是以再生橡胶为改性剂，汽油为溶剂，再添加其他填料（滑石粉、碳酸钙等）经加热搅拌而成。溶剂型再生橡胶改性沥青防水涂料在常温和低温下都能施工，适用于建筑物的屋面、地下室、水池、冷库、涵洞、桥梁的防水和防潮。如果用水代替汽油，就形成了水乳型再生橡胶改性沥青防水涂料，可在潮湿但无积水的基层上施工，适用于建筑混凝土基层、屋面及地下混凝土防潮、防水。

**2. 氯丁胶乳沥青防水涂料**

氯丁胶乳沥青防水涂料是以氯丁橡胶和石油沥青为主要原料，选用阳离子乳化剂和其他助剂，经软化乳化而制备的一种水溶性防水涂料，成膜性好、耐臭氧、耐老化、耐腐蚀、不透水，是一种安全的防水涂料。适用于各种形状的屋面防水、地下室防水、补漏、防腐蚀，也可用于沼气池提高抗渗性和气密性。

**3. 氯丁橡胶改性防水涂料**

氯丁橡胶改性防水涂料是把小片的丁基橡胶加到溶剂中搅拌成浓溶液，同时将沥青加热脱水熔化成液体状沥青，再把两种液体按比例混合搅拌均匀而成。氯丁橡胶改性防水涂料具有优异的耐分散性、低温抗裂性和耐热性。溶剂采用汽油或甲苯，可制成溶剂型氯丁橡胶改性防水涂料；溶剂采用水，可制成水乳型氯丁橡胶改性防水涂料，成本相应降低，不燃、不爆、无毒，操作安全。氯丁橡胶改性防水涂料适用于各种建筑物的屋面、室内地面、地下室、水箱、涵洞等防水和防潮，也可在渗漏的卷材或刚性防水层上进行防水修补施工。

**4. SBS 改性沥青防水材料**

SBS 改性沥青防水材料是以 SBS 改性沥青加表面活性剂及少量其他树脂等制成的水乳型弹性防水涂料。SBS 改性沥青防水材料具有良好的低温柔性、抗裂性、黏结性、耐老化性和防水性，可采用冷施工，操作方便、安全可靠、无毒、不污染环境，适用于复杂基层的防水工程，如厕浴间、厨房、地下室水池等的防水防潮。

## 8.2.2  沥青基防水卷材

防水卷材是建筑工程防水材料中的重要品种之一，主要包括石油沥青防水卷材、高聚物改性沥青防水卷材和合成高分子卷材三大类。石油沥青防水卷材主要包括石油沥青纸胎油毡、玻璃布沥青油毡、玻纤沥青油毡、黄麻胎沥青油毡、铝箔胎沥青油毡等；根据高聚物种类，高聚物改性沥青防水卷材可分为 SBS、无规聚丙烯（APP）、再生胶、PVC、废橡胶粉和其他高聚物改性沥青防水卷材等；合成高分子卷材可分为橡胶类、树脂类和共聚物类。其中，沥青防水卷材虽然性能优良、价格低廉，但是也存在低温柔性差、温度敏感性差、大气作用下易老化等缺点，属于低档防水卷材；高聚物改性沥青防水卷材和合成高分子卷材性能优异，是防水卷材的发展方向。

### 8.2.2.1  石油沥青防水卷材

**1. 石油沥青纸胎油毡和油纸**

用低软化点沥青浸渍原纸而成的制品叫油纸；用高软化点沥青涂敷油纸的两面，再撒一层滑石粉或云母片而成的制品叫油毡。按所用沥青品种分为石油沥青油纸、石油沥青油毡和煤沥青油毡三种，油纸和油毡的牌号依纸胎（原纸）每 $1m^2$ 面值质量（g）来划分。按 GB/T 326—2007《石油沥青纸胎油毡》的规定，油毡分为 200 号、350 号和 500 号三个牌号；按卷质量和物理性能分为Ⅰ型、Ⅱ型、Ⅲ型，其卷质量和物理性能见表 8-3。

表8-3 石油沥青防水卷材卷重和物理性能（GB/T 326—2007）

| 项目 | | 指标 | | |
|---|---|---|---|---|
| | | Ⅰ型 | Ⅱ型 | Ⅲ型 |
| 单位面积浸涂材料总量（g/m³，≥） | | 600 | 750 | 1000 |
| 不透水性 | 压力（MPa，≥） | 0.02 | 0.02 | 0.10 |
| | 保持时间（min，≥） | 20 | 30 | 30 |
| 吸水率（%） | ≤ | 3.0 | 2.0 | 1.0 |
| 耐热度 | | 85±2℃，2h涂盖层无滑动、流淌和集中性气泡 | | |
| 拉力（纵向，N/50mm） | ≥ | 240 | 270 | 340 |
| 柔度 | | 18±2℃，绕φ20mm棒或弯板无裂纹 | | |
| 卷质量（kg/卷） | ≥ | 17.5 | 22.5 | 28.5 |

注：本标准Ⅲ型产品物理性能要求为强制性的，其余为推荐性的。

**2. 其他胎体材料的油毡**

为了克服纸胎的抗拉能力低、易腐烂、耐久性差的缺点，用玻璃布、玻纤、黄麻织物、铝箔等作为改性胎体材料制成的油毡，使沥青防水卷材的性能得到改善。各种沥青防水卷材的特点和使用范围见表8-4。

表8-4 石油沥青防水卷材的特点和使用

| 卷材种类 | 特点 | 适用范围 |
|---|---|---|
| 石油沥青纸胎油毡 | 我国传统防水材料，目前在屋面工程中仍占主导地位；其低温柔性差，防水层耐用年限较短，价格较低 | 用于三毡四油、二毡三油叠层铺设的屋面工程 |
| 玻璃布沥青油毡 | 抗拉强度高，胎体不易腐烂，材料柔韧性好，耐久性比纸胎油毡提高一倍以上 | 多用作纸胎油毡的增强附加层和凸出部位的防水层 |
| 黄麻胎沥青油毡 | 抗拉强度高，耐久性好，但胎体材料易腐烂 | 常用作屋面增强附加层 |
| 铝箔胎沥青油毡 | 有很高的阻隔蒸汽的能力，防水性能好，且具有一定的抗拉强度 | 与带孔玻纤毡配合或单独使用，宜用于隔汽层 |

#### 8.2.2.2 高聚物改性沥青防水卷材

高聚物改性沥青防水卷材是以合成高分子聚合物改性沥青为涂盖层，纤维织物或纤维毡为胎体，粉状、粒状、片状或薄膜材料为覆面材料制成的防水卷材。

改性沥青防水卷材改善了普通沥青防水卷材温度稳定性差、延伸率小等缺点，具有高温不流淌、低温不脆裂、拉伸强度较大等特点。我国常用的改性沥青防水卷材有弹性体改性沥青防水卷材、塑性体改性沥青防水卷材、改性沥青聚乙烯胎防水卷材、自粘橡胶沥青防水卷材、自粘聚合物改性沥青聚氨酯防水卷材等，其中弹性体和塑性体改性沥青防水卷材是推荐使用的产品。

**1. SBS改性沥青柔性油毡**

SBS改性沥青柔性油毡属弹性体改性沥青防水卷材的一种，是以聚酯纤维无纺布为胎体，以SBS改性石油沥青浸渍涂盖层，以树脂薄膜为防粘隔离层或油毡表面带有砂砾的防水材料。SBS改性沥青柔性油毡具有良好的不透水性和低温柔性，同时还具有抗

拉强度高、延伸率大、耐腐蚀、耐热及耐老化等优点。价格低、施工方便，可以冷作粘贴，也可以热熔铺贴，是一种技术经济效果较好的中档防水材料。SBS卷材适用于工业与民用建筑的屋面及地下、卫生间等的防水、防潮，以及游泳池、隧道、蓄水池等防水工程，尤其适用于寒冷地区和结构变形频繁的建筑物防水。

**2. 无规聚丙烯改性沥青油毡**

APP改性沥青油毡属塑性体改性沥青防水卷材中的一种，它是以APP改性石油沥青涂覆玻璃纤维无纺布，洒布滑石粉或用聚乙烯薄膜制得的防水卷材。与SBS改性沥青防水卷材相比，APP改性沥青防水卷材具有更高的耐热性和耐紫外线性能，在130℃高温下不流淌；低温柔性较差，在低温下容易硬脆，不适合寒冷地区使用。APP改性沥青防水卷材除了与SBS改性沥青防水卷材的使用范围基本一致外，尤其适用于高温或有强烈太阳辐射地区的建筑物防水。

**3. 铝箔塑胶油毡**

铝箔塑胶油毡是以聚酯纤维无纺布为胎体，以高分子聚合物改性石油沥青浸渍涂盖层，以树脂薄膜为底面防粘隔离层，以银白色软质铝箔为表面反光保护层加工制成的防水材料。铝箔塑胶油毡对阳光的反射率高，具有一定的抗拉强度和延伸率，弹性好，低温柔性好，在-20℃~80℃温度范围内适应性较强，并且价格较低。

**4. 沥青再生胶油毡**

将废橡胶粉掺入石油沥青中，经过高温脱硫为再生胶，再掺入填料经炼胶机混炼，然后经压延而成的防水卷材称为沥青再生胶油毡。它是一种不用原纸作基层的无胎油毡，质地均匀，延伸大，低温柔性好，耐腐蚀性强，耐水性及耐热稳定性好。这是一种中档的防水材料，主要用于屋面或地下作接缝或满堂铺设的防水层，尤其适用于桥梁、水工、地下建筑等基层沉降较大或沉降不均匀的建筑变形缝处的防水。

# 8.3　沥青混合料

按JTG D50—2017《公路沥青路面设计规范》的有关定义和分类，沥青混合料是指由矿料（粗骨料、细骨料和填料）与沥青结合料拌和而成的混合料总称。其中沥青结合料是指在沥青混合料中起胶结作用的沥青类材料（含添加的外掺剂、改性剂等）的总称。

沥青混合料是一种黏弹塑性材料，具有良好的力学性能、一定的高温稳定性和低温柔性，修筑路面无须设置接缝，施工方便、速度快，建成路面平整，行车舒适平稳，并可再生利用，是世界上在高等级道路修筑中应用的主要路面材料。

## 8.3.1　沥青混合料的分类

根据JTG D50—2017《公路沥青路面设计规范》，通过以下几个指标对沥青混合料进行分类。

**1. 按沥青类型分类**

（1）石油沥青混合料：石油沥青为结合料的沥青混合料。

（2）焦油沥青混合料：煤焦油沥青为结合料的沥青混合料。

2. 按施工温度分类

（1）热拌热铺沥青混合料：沥青与矿料经加热后拌和，并在一定温度下完成摊铺和碾压施工过程的混合料。

（2）温拌沥青混合料：通过技术手段降低普通热拌沥青混合料的施工温度，性能与热拌沥青混合料相当，是一种备受关注的新型沥青混合料。

（3）冷补沥青混合料：不对经过改性作用的乳化沥青或液体沥青进行加热处理，在常温或低温下与矿料拌和，并在常温或低温下完成摊铺碾压过程的混合料。

3. 按矿物骨料级配类型分类

（1）连续级配沥青混合料：沥青混合料中的矿料是按级配原则，从大到小涵盖各级粒径，按比例互相搭配组成的沥青混合料。典型代表是密级配沥青混凝土，通常以 AC 表示。

（2）间断级配沥青混合料：矿料级配中缺少若干颗粒级配，没有涵盖所有粒径，以特定几个粒径为主要粒径所形成的沥青混合料。典型代表是沥青玛琋脂碎石混合料，通常以 SMA 表示。

4. 按混合料密实程度分类

（1）连续密级配沥青混合料：采用连续密级配原理设计组成的矿料与沥青拌和而成。通常设计空隙率在 3％～6％（重载交通道路 4％～6％，行人道路 2％～5％），特粗型（公称最大粒径达到 37.5mm）以 ATB 表示，特粗型以下（公称最大粒径 26.5mm 以内）则以 AC 表示。

（2）连续半开级配沥青混合料：又称为沥青稳定碎石，由适当比例的粗骨料、细骨料及少量填料（或不加填料）与沥青结合料拌和而成，压实后剩余空隙率在 6％～12％，以 AM 表示。

（3）开级配沥青混合料：矿料主要由粗骨料组成，细骨料和填料较少，采用高黏度沥青结合料黏结形成，压实后空隙率在 18％以上。代表类型有排水式沥青磨耗层混合料，以 OGFC 表示。另有排水式沥青碎石基层，以 ATPB 表示。

（4）间断级配沥青混合料：矿料级配中缺少 1 个或几个粒径级配而形成的级配不连续的沥青混合料，空隙率控制在 3％～4％。典型代表是沥青玛琋脂碎石混合料，以 SMA 表示。

5. 按矿料最大粒径分类

（1）特粗式沥青混合料：矿料的最大粒径为 37.5mm。

（2）粗粒式沥青混合料：矿料的最大粒径分别为 26.5mm 或 37.5mm。

（3）中粒式沥青混合料：矿料的最大粒径分别为 16mm 或 19mm。

（4）细粒式沥青混合料：矿料的最大粒径分别为 9.5mm 或 13.2mm。

（5）砂粒式沥青混合料：矿料的最大粒径不大于 4.75mm。

以上沥青混合料类型归纳汇总于表 8-5。

## 8.3.2　沥青混合料的技术性质

### 8.3.2.1　高温稳定性

由于沥青混合料的强度与刚度（模量）随温度升高而显著下降，为了保证沥青路面在高温季节行车荷载反复作用下，不致产生诸如波浪、推移、车辙、壅包等病害，沥青路面应具有良好的高温稳定性。

按 JTG D50—2017《公路沥青路面设计规范》的规定，采用马歇尔稳定度试验（包括稳定度、流值、马歇尔模数）来评价沥青混合料高温稳定性；对高速公路、一级公路、城市快速路、主干路用沥青混合料，还应通过车辙试验检验其抗车辙能力。

表 8-5　沥青混合料种类

| 混合料类型 | 密级配 | | | 开级配 | | 半开级配 | 公称最大粒径（mm） | 最大粒径（mm） |
| | 连续级配 | | 间断级配 | 间断级配 | | 沥青碎石 | | |
| | 常规沥青混合料 | 沥青稳定碎石 | 沥青玛蹄脂碎石混合料 | 排水式沥青磨耗层 | 排水式沥青碎石基层 | | | |
| 特粗式 | | ATB-40 | | | ATPB-40 | | 37.5 | 53 |
| 粗粒式 | | ATB-30 | | | ATPB-30 | | 31.5 | 37.5 |
| | AC-25 | ATB-25 | | | ATPB-25 | | 26.5 | 31.5 |
| 中粒式 | AC-20 | | SMA-20 | | | AM-20 | 19 | 26.5 |
| | AC-16 | | SMA-16 | OGFC-16 | | AM-16 | 16 | 19 |
| 细粒式 | AC-13 | | SMA-13 | OGFC-13 | | AM-13 | 13.2 | 16 |
| | AC-10 | | SMA-10 | OGFC-10 | | AM-10 | 9.5 | 13.2 |
| 砂粒式 | AC-5 | | | | | | 4.75 | 9.5 |
| 设计孔隙率 | 3～5 | 3～6 | 3～4 | 18 | 18 | 6～12 | | |

（1）马歇尔稳定度试验。马歇尔稳定度的试验方法自布鲁斯·马歇尔（Bruce Marshall）提出，迄今已半个多世纪。经过许多研究者的改进，目前普遍测定马歇尔稳定度（MS）、流值（FL）和马歇尔模数（T）3 项指标。马歇尔稳定度是指标准尺寸试件在规定温度和加荷速度下，在马歇尔仪中最大的破坏荷载（kN）；流值是达到最大破坏荷载时试件的垂直变形（以 0.1mm 计）；马歇尔模数为马歇尔稳定度除以流值的商，即：

$$T = \frac{MS \times 10}{FL} \tag{8-2}$$

式中：$T$——马歇尔模数，kN/mm；

$MS$——马歇尔稳定度，kN；

$FL$——流值（0.1mm）。

（2）车辙试验。车辙试验的方法，首先由英国道路研究所（TRRL）提出，后经过多国道路科研人员的研究改进。目前常用方法是用标准成型方法，首先制成 300mm×300mm×50mm 的沥青混合料试件，在 60℃ 的温度条件下，以一定荷载的轮子以 42±1 次/min 的频率在同一轨迹上作一定时间的反复行走，形成一定的车辙深度，然后计算试件变形 1mm 所需试验车轮行走次数，即为动稳定度。

$$DS = \frac{(t_2 - t_1) \times 42}{d_2 - d_1} c_1 c_2 \tag{8-3}$$

式中：$DS$——沥青混合料动稳定度，次/mm；

$d_1$、$d_2$——时间$t_1$、$t_2$的变形量，mm；

　　42——每分钟行走次数，次/min；

$c_1$、$c_2$——试验机或试样修正系数。

### 8.3.2.2 低温抗裂性

沥青路面在低温下的破坏主要是由于沥青混合料的抗拉强度不足或变形能力较差而出现低温收缩开裂。因此，沥青混合料不仅应具备高温的稳定性，同时，还要具有低温的抗裂性，以保证路面在冬季低温时不产生裂缝。沥青混合料的物理性质随温度变化会有很大变化。当温度较低时，沥青混合料表现为弹性性质，变形能力大大降低。在外部荷载产生的应力和温度下降引起的材料的收缩应力联合作用下，沥青路面可能发生断裂，产生低温裂缝。沥青混合料的低温开裂是由混合料的低温脆化、低温收缩和温度疲劳引起的。混合料的低温脆化一般用不同温度下的弯拉破坏试验来评定；低温收缩可采用低温收缩试验评定；温度疲劳则可以用低频疲劳试验来评定。

### 8.3.2.3 耐久性

沥青混合料的耐久性是路面在施工、使用过程中其性质保持稳定的特性。它是影响沥青路面使用质量和寿命的主要因素。沥青老化是沥青混合料在加热拌和过程中和受自然因素、交通荷载作用时，沥青的技术性能向着不理想的方向发生不可逆的变化。受沥青老化的制约，沥青混合料的物理力学性能随着时间的推移逐年降低，直至满足不了交通荷载的要求。

#### 1. 抗老化性

沥青混合料在使用过程中，受到空气中氧、水、紫外线等介质的作用，促使沥青发生诸多复杂的物理化学变化，逐渐老化或硬化，致使沥青混合料变脆易裂，从而导致沥青路面出现各种裂纹或裂缝。

沥青混合料老化取决于沥青的老化程度，与外界环境因素和压实空隙率有关。在气候温暖、日照时间较长的地区，沥青的老化速率快，而在气温较低、日照时间短的地区，沥青的老化速率相对较慢。沥青混合料的空隙率越大，环境介质对沥青的作用就越强烈，其老化程度也越高。因此从耐老化角度考虑，应增加沥青用量，降低沥青混合料的空隙率，以防止水分渗入并减少阳光对沥青材料的老化作用。

#### 2. 水稳定性

沥青混合料的水稳定性不足表现为：由于水或水汽的作用，沥青从骨料颗粒表面剥离，降低沥青混合料的黏结强度，松散的骨料颗粒被滚动的车轮带走，在路表形成独立的大小不等的坑槽，即沥青路面的水损害，是沥青路面早期破坏的主要类型之一。其表现形式主要有网裂、唧浆、松散及坑槽。沥青混合料水稳定性差不仅导致了路表功能的降低，而且直接影响路面的耐久性和使用寿命。目前我国规范中评价沥青混合料水稳定性的方法主要有：沥青与骨料的黏附性试验、浸水试验和冻融劈裂试验。

（1）沥青与骨料的黏附性试验。将沥青裹覆在矿料表面，浸入水中，根据矿料表面沥青的剥落程度，判定沥青与骨料的黏附性，其中水煮法和静态水浸法是目前道路工程中常用的方法。采用水煮法和静态水浸法评价沥青与骨料的黏附性等级时人为因素的影响较大。此外，一些满足了黏附性等级要求的沥青混合料在使用时仍有可能发生水损害，试验结果存在着一定的局限性。

（2）浸水试验。浸水试验是根据浸水前后沥青混合料物理、力学性能的降低程度来表征其水稳定性的一类试验，常用的方法有浸水马歇尔试验、浸水车辙试验、浸水劈裂强度试验和浸水抗压强度试验等。在浸水条件下，由于沥青与骨料之间黏附性的降低，最终表现为沥青混合料整体力学强度损失，以浸水前后的马歇尔稳定度、车辙深度比值、劈裂强度比值和抗压强度比值的大小评价沥青混合料的水稳定性。

（3）冻融劈裂试验。冻融劈裂试验名义上为冻融试验，但其真正含义是检验沥青混合料的水稳定性，试验结果与实际情况较为吻合，是目前使用较为广泛的试验。按照JTG E20—2011《公路工程沥青及沥青混合料试验规程》的方法，在冻融劈裂试验中，将沥青混合料试件分为两组，一组试件用于测定常规状态下的劈裂强度，另一组试件首先进行真空饱水，然后置于−18℃条件下冷冻16h，再在60℃水中浸泡24h，最后进行劈裂强度测试。冻融劈裂强度比计算公式如下：

$$TSR = \frac{\sigma_2}{\sigma_1} \times 100\%$$
(8-4)

式中：$TSR$——沥青混合料试件的冻融劈裂强度比，%；

$\sigma_1$——试件在常规条件下的劈裂强度，MPa；

$\sigma_2$——试件经一次冻融循环后在规定条件下的劈裂强度，MPa。

#### 8.3.2.4 抗滑性

随着现代交通车速不断提高，为保证汽车安全快速行驶，对沥青路面的抗滑性提出了更高的要求。沥青路面的抗滑性能与骨料的表面结构（粗糙度）、级配组成、沥青用量等因素有关。为满足路面对混合料抗滑性的要求，我国现行规范JTG D50—2017《公路沥青路面设计规范》对抗滑层骨料提出了横向力系数与构造深度两项指标要求。沥青用量对抗滑性的影响非常敏感，即使沥青用量较最佳沥青用量只增加0.5%，也会使抗滑系数明显降低。因为沥青含蜡量对路面抗滑性有明显的影响，所以，应对沥青含蜡量严格控制。

#### 8.3.2.5 施工和易性

沥青混合料应具备良好的施工和易性，使混合料易于拌和、摊铺和碾压。影响沥青混合料施工和易性的因素很多，诸如当地气温、施工条件及混合料性质等。

从混合料性质来看，影响沥青混合料施工和易性的是混合料的级配和沥青用量。粗细骨料的颗粒大小相距过大，缺乏中间尺寸，混合料容易离析；细骨料过少，沥青层不容易均匀地分布在粗颗粒表面；细骨料过多，则使拌和困难。当沥青用量过少或矿粉用量过多时，混合料容易疏松，不易压实。反之，如沥青用量过多或矿粉质量不好，则容易使混合料结成团块，不易摊铺。另外，沥青的黏度对混合料的和易性也有较大的影响，采用黏度过大的沥青（如一些改性沥青）将给拌和、摊铺和碾压造成困难，因此，应控制沥青在135℃的运动黏度值，并制定相应的施工操作规程。

沥青混合料的施工和易性应根据搅拌和运输条件、压实和摊铺机械、气候情况等确定。

### 8.3.3 沥青混合料的技术指标要求

自沥青混合料应用于在我国道路开始，国家对沥青混合料的设计指标进行了严格的规范，根据 JTG D50—2017《公路沥青路面设计规范》，分别对沥青路面的多个技术指标提出了要求。

### 8.3.3.1　沥青混合料的物理指标

沥青混合料的物理指标通常采用表干法测定。对于吸水率大于 2% 的试件，宜改用蜡封法。对于吸水率小于 0.5% 的特别致密的沥青混合料，在施工质量检验时，也允许采用水中重法，其中涉及的主要指标及概念叙述如下。

**1. 油石比**

油石比（$P_a$）是沥青混合料中沥青质量与矿料质量的比例，以百分数计。沥青含量（$P_b$）是沥青混合料中沥青质量与沥青混合料总质量的比例，以百分数计。

**2. 吸水率**

吸水率（$S_a$）是试件吸水体积占沥青混合料毛体积的百分率（%）。

$$S_a = \frac{m_i - m_a}{m_i - m_w} \times 100 \tag{8-5}$$

式中：$m_i$——试件的表干质量，g；

　　　$m_a$——干燥试件在空气中的质量，g；

　　　$m_w$——试件在水中的质量，g。

**3. 表观密度（视密度 $\rho_s$）**

表观密度是压实沥青混合料在常温干燥条件下单位体积的质量（g/cm³）（含沥青混合料实体体积与不吸收水分的内部闭口孔隙），表观相对密度（$\gamma_s$）是表观密度与同温度水的密度之比值。毛体积密度（$\rho_f$）是压实沥青混合料在常温干燥条件下单位体积质量（g/cm³）（含沥青混合料实体体积，不吸收水分的内部闭口孔隙、能吸收水分开口孔隙等颗粒表面轮廓线所包含的全部毛体积），毛体积相对密度（$\gamma_f$）是毛体积密度与同温度水的密度之比值。当试件的吸水率小于 2% 时，用表干法测定其视密度和毛体积密度。

$$\gamma_s = \frac{m_a}{m_a - m_w} ; \qquad \rho_s = \frac{m_a}{m_a - m_w} \cdot \rho_w \tag{8-6}$$

$$\gamma_f = \frac{m_a}{m_f - m_w} ; \qquad \rho_f = \frac{m_a}{m_f - m_w} \cdot \rho_w \tag{8-7}$$

式中：$\gamma_s$——试件的表观相对密度，无量纲；

　　　$\gamma_f$——试件的毛体积相对密度，无量纲；

　　　$m_a$——干燥试件在空气中的质量，g；

　　　$m_w$——试件在水中的质量，g；

　　　$\rho_w$——常温水的视密度，g/cm³；

　　　$m_f$——试件的表干质量，g。

### 8.3.3.2　沥青混合料的高温稳定性指标

对于沥青混合料的高温稳定性，首先要对沥青混合料的马歇尔稳定度进行检测，确认其是否达到规范要求。其中，表 8-6 中所列的各项内容为密级配沥青混合料马歇尔试验技术标准。

**表 8-6　密级配沥青混合料马歇尔试验技术标准**

| 试验指标 | | 单位 | 高速公路、一级公路 | | | | 其他等级公路 | 行人道路 |
|---|---|---|---|---|---|---|---|---|
| | | | 夏炎热区 | | 夏热区及夏凉区 | | | |
| | | | 中轻交通 | 重载交通 | 中轻交通 | 重载交通 | | |
| 击实次数（双）面 | | 次 | 75 | | | | 50 | 50 |
| 试件尺寸 | | mm | $\phi 101.6mm \times 63.5mm$ | | | | | |
| 空隙率 VV | 深 90mm 以内 | % | 3～5 | 4～6 | 2～4 | 3～5 | 3～6 | 2～4 |
| | 深 90mm 以下 | % | 3～6 | | 2～4 | 3～6 | 3～6 | |
| 稳定度 MS，不小于 | | kN | 8 | | | | 5 | 3 |
| 流值 FL | | mm | 2～4 | 1.5～4 | 2～4.5 | 2～4 | 2～4.5 | 2～5 |
| 矿料间隙率 VMA，不小于 | 设计空隙率 | % | 相应于以下工程最大粒径（mm）的最小 VMA 及 VFA 技术要求 | | | | | |
| | | | 26.5 | 19 | 16 | 13.2 | 9.5 | 4.75 |
| | 2 | | 10 | 11 | 11.5 | 12 | 13 | 15 |
| | 3 | | 11 | 12 | 12.5 | 13 | 14 | 16 |
| | 4 | | 12 | 13 | 13.5 | 14 | 15 | 17 |
| | 5 | | 13 | 14 | 14.5 | 15 | 16 | 18 |
| | 6 | | 14 | 15 | 15.5 | 16 | 17 | 19 |
| 沥青饱和度 VFA | | | 55～70 | | 65～75 | | | 70～85 |

注：a 对空隙率大于 5% 的夏炎热区重载交通路段，施工时应至少提高 1%；

　　b 当设计的空隙率不是整数时，由内插确定要求的 VMA 最小值；

　　c 对改性沥青混合料，马歇尔试验的流值可适当放宽。

对用于高速公路、一级公路和城市快速路、主干路沥青路面上面层和中面层的沥青混合料进行配合比设计时，应进行车辙试验检验（表 8-7）。对于交通量特别大、超载车辆特别多的运煤专线、厂矿道路，可以通过提高气候分区等级来提高对动稳定度的要求。对于以轻型交通为主的旅游区道路，可以根据情况适当降低要求。

**表 8-7　沥青混合料车辙试验动稳定度技术要求**

| 气候条件与技术指标 | | 相应于下列气候分区所要求的动稳定度（次/mm） | | | | | | | | | 试验方法 |
|---|---|---|---|---|---|---|---|---|---|---|---|
| 七月平均最高气温（℃）及气候分区 | | ＞30 | | | | 20～30 | | | | ＜20 | |
| | | 夏炎热区 | | | | 夏热区 | | | | 夏凉区 | |
| | | 1-1 | 1-2 | 1-3 | 1-4 | 2-1 | 2-2 | 2-3 | 2-4 | 3-2 | |
| 普通沥青混合料，不小于 | | 800 | | 1000 | | 600 | | 800 | | 600 | |
| 改性沥青混合料，不小于 | | 2400 | | 2800 | | 2000 | | 2400 | | 1800 | |
| SMA 沥青混合料，不小于 | 普通沥青 | 1500 | | | | | | | | | T 0719 |
| | 改性沥青 | 3000 | | | | | | | | | |
| OGFC 混合料 | | 1500（一般交通路段），3000（重交通量路段） | | | | | | | | | |

注：a 气候分区的确定应符合现行《公路沥青路面施工技术规范》（JTG F40）的有关规定。

　　b 当其他月份的平均最高气温高于 7 月时，可使用该月平均最高气温。

　　c 在特殊情况下，对钢桥面铺装、重载车特别多或纵坡较大的长距离上坡路段、厂矿专用道路，可酌情提高动稳定度要求。

　　d 对炎热地区或特重及以上交通荷载等级公路，可根据气候条件和交通状况适当提高试验温度或增加试验荷载。

### 8.3.3.3 沥青混合料的低温抗裂性指标

为了确保沥青路面的低温抗裂性满足路面需求，应对沥青混合料进行小梁弯曲试验，试验温度为 $-10℃$，加载速度为 50mm/min。沥青混合料的破坏应变应满足表 8-8 的要求。

**表 8-8　沥青混合料低温弯曲试验破坏应变技术要求**

| 气候条件与技术指标 | 相应于下列气候分区所要求的破坏应变（$\mu\varepsilon$） | | | | | | | | 试验方法 |
|---|---|---|---|---|---|---|---|---|---|
| 年极端最低气温（℃）及气候分区 | $<-37.0$ | | $-37.0\sim-21.5$ | | | $-21.5\sim-9.0$ | | $>-9.0$ | |
| | 冬严寒区 | | 冬寒区 | | | 冬冷区 | | 冬温区 | |
| | 1-1 | 2-1 | 1-2 | 2-2 | 3-2 | 1-3 | 2-3 | 1-4 | 2-4 | |
| 普通沥青混合料，不小于 | 2600 | | 2300 | | | 2000 | | | | T 0715 |
| 改性沥青混合料，不小于 | 3000 | | 2800 | | | 2500 | | | | |

### 8.3.3.4 沥青混合料的水稳定性指标

沥青混合料应具有良好的水稳定性，在进行沥青混合料配合比设计及性能评价时，除了对沥青与石料的黏附性等级进行检验外，还应在规定条件下进行沥青混合料的浸水马歇尔试验和冻融劈裂试验。残留稳定性和冻融劈裂残留强度应满足表 8-9 的要求。

**表 8-9　沥青混合料水稳定性技术要求**

| 沥青混合料类型 | | 相应于以下年降雨量（mm）的技术要求（%） | | 试验方法 |
|---|---|---|---|---|
| | | $\geqslant500$ | $<500$ | |
| 浸水马歇尔试验残留稳定度（%） | | | | |
| 普通沥青混合料，不小于 | | 80 | 75 | T 0709 |
| 改性沥青混合料，不小于 | | 85 | 80 | |
| SMA 混合料，不小于 | 普通沥青 | 75 | | |
| | 改性沥青 | 80 | | |
| 冻融劈裂试验的残留强度比（%） | | | | |
| 普通沥青混合料，不小于 | | 75 | 70 | T 0729 |
| 改性沥青混合料，不小于 | | 80 | 75 | |
| SMA 混合料，不小于 | 普通沥青 | 75 | | |
| | 改性沥青 | 80 | | |

## 8.3.4　沥青混合料的材料构成和力学性能

### 8.3.4.1　沥青混合料的组成材料

#### 1. 沥青

沥青材料的技术要求，随气候条件、交通性质、沥青混合料的类型和施工条件等因素而异。炎热的气候区、繁重的交通及细粒式或砂粒式的混合料，应采用稠度较高的沥青；反之，则采用稠度较低的沥青。在条件相同的情况下，较黏稠的沥青配制的混合料具有较高的力学强度和稳定性，但如稠度过高，则沥青混合料的低温变形能力较差，沥青路面容易产生裂缝。反之，采用稠度较低的沥青，虽然配制的混合料在低温时具有较好的变形能力，但在夏季高温时，往往稳定性不足，使路面产生推挤现象。

沥青路面的面层用的沥青标号，宜根据气候条件、施工季节、路面类型、施工方法和矿料类型等按现行规范选用。当沥青标号不符合使用要求时，可采用不同标号的沥青掺配，掺配后的技术指标应符合要求。

2. 粗骨料

沥青混合料用粗骨料，可以采用碎石、破碎砾石和慢冷矿渣等。沥青混合料用粗骨料应该洁净、干燥、无风化、不含杂质。在力学性质方面，压碎值和洛杉矶磨耗率应符合相应道路等级的要求，见表 8-10。

表 8-10　沥青混合料用粗骨料质量要求

| 指标 | 单位 | 高速公路及一级公路 | | 其他等级公路 | 试验方法 |
| --- | --- | --- | --- | --- | --- |
| | | 表面层 | 其他层次 | | |
| 石料压碎值，不大于 | % | 26 | 28 | 30 | T 0316 |
| 洛杉矶磨耗损失，不大于 | % | 28 | 30 | 35 | T 0317 |
| 表面相对密度，不小于 | | 2.60 | 2.50 | 2.45 | T 0304 |
| 吸水率，不大于 | % | 2.0 | 3.0 | 3.0 | T 0304 |
| 坚固性，不大于 | % | 12 | 12 | | T 0314 |
| 针片状颗粒含量（混合料），不大于 | % | 15 | 18 | | T 0312 |
| 其中粒径大于 9.5mm，不大于 | % | 12 | 15 | 20 | |
| 其中粒径小于 9.5mm，不大于 | % | 18 | 20 | | |
| 水洗法小于 0.075mm 颗粒含量，不大于 | % | 1 | 1 | 1 | T 0310 |
| 软石含量，不大于 | % | 3 | 5 | 5 | T 0320 |

注：a 坚固性试验可根据需要进行。

　　b 用于高速公路、一级公路时，多孔玄武岩的视密度可放宽至 2.45t/m，吸水率可放宽至 3%，但必须得到建设单位的批准，且不得用于 SMA 路面。

　　c 对 S14 即 3～5 规格的粗骨料，针片状颗粒含量不予要求，小于 0.075mm 含量可放宽到 3%。

经检验属于酸性岩石的石料（如花岗岩、石英岩等）用于高速公路、一级公路、城市快速路、主干路时，宜使用针入度较小的沥青，并采取抗剥离措施。常用的抗剥离措施有用干燥的生石灰或消石灰粉、水泥作为矿粉掺入混合料中，在沥青中掺加抗剥离剂或将粗骨料用石灰浆处理后使用。

3. 细骨料

用于拌制沥青混合料的细骨料是指粒径小于 2.36mm 的天然砂、人工砂或石屑。

细骨料应洁净、干燥、无风化、不含杂质，并有适当的级配。对细骨料质量的技术要求，见表 8-11，其级配要求与水泥混凝土用砂基本相同。

表 8-11　沥青面层用细骨料质量技术要求

| 项目 | 单位 | 高速公路及一级公路 | 其他等级公路 | 试验方法 |
| --- | --- | --- | --- | --- |
| 表观相对密度，不小于 | t/m³ | 2.50 | 2.45 | T 0328 |
| 坚固性（大于 0.3mm 部分），不小于 | % | 12 | | T 0340 |

| 项目 | 单位 | 高速公路及一级公路 | 其他等级公路 | 试验方法 |
|---|---|---|---|---|
| 含泥量（0.075mm 的含量），不小于 | ％ | 3 | 5 | T 0333 |
| 砂当量，不小于 | ％ | 60 | 50 | T 0334 |
| 亚甲蓝值，不大于 | g/kg | 25 | | T 0349 |
| 棱角性（流动时间），不小于 | s | 30 | | T 0345 |

注：坚固性试验可根据需要进行。

4. 填料

沥青混合料的填料指粒径小于 0.075mm 的矿质粉末，宜采用石灰岩或岩浆岩中的强碱性岩石（憎水性石料）磨细的矿粉。矿粉要求干燥、洁净，其质量应符合表 8-12 的技术要求，当采用粉煤灰作填料时，其用量不宜超过填料总量的 50％，并要求其烧失量应小于 12％，与矿粉混合后塑性指数应小于 4％。

表 8-12 沥青面层用矿粉质量技术要求

| 指标 | 单位 | 高速公路、一级公路 | 其他等级公路 |
|---|---|---|---|
| 视密度，不小于 | kg/m³ | 2.50 | 2.45 |
| 含水量，不小于 | ％ | 1 | 1 |
| 粒度范围，＜0.6mm | ％ | 100 | 100 |
| ＜0.15mm | ％ | 90～100 | 90～100 |
| ＜0.075mm | ％ | 75～100 | 70～100 |
| 外观 | | 无团粒结块 | |
| 亲水性系数 | | ＜1 | |
| 塑性指数 | ％ | ＜4 | |
| 加热安定性 | | 实测记录 | |

8.3.4.2 沥青混合料的组成结构

1. 悬浮密实结构

在采用连续密级配矿料配制的沥青混合料中，一方面矿料的颗粒由大到小连续分布，并通过沥青胶结作用形成密实结构。另一方面较大一级的颗粒只有留出充足的空间才能容纳下较小一级的颗粒，这样粒径较大的颗粒就往往被较小一级的颗粒挤开，造成粗颗粒之间不能直接接触，也就不能相互支撑形成嵌挤骨架结构，而是彼此分离悬浮于较小颗粒和沥青胶浆中间，这样就形成了所谓悬浮密实结构的沥青混合料，工程中常用的 AC 型沥青混合料就是这种结构的典型代表。

2. 骨架空隙结构

当采用连续开级配矿料与沥青组成沥青混合料时，由于矿料大多集中在较粗的粒径上，所以粗粒径的颗粒可以相互接触，彼此相互支撑，形成嵌挤骨架。但因很少含有细颗粒，粗颗粒形成的骨架空隙无法填充，从而压实后在混合料中留下较多的空隙，形成所谓空架空隙结构。工程实践中使用的沥青碎石混合料（AM）和排水式沥青混合料（OGFC）是典型的骨架空隙结构。

### 3. 骨架密实结构

当采用间断型密级配骨料与沥青组成沥青混合料时，由于矿料颗粒集中在级配范围的两端，缺少中间颗粒，所以一端的粗颗粒相互支撑形成嵌挤骨架，另一端较细的颗粒填充于骨架留下的空隙中间，使整个矿料结构呈现密实状态，形成所谓骨架密实结构。沥青玛琋脂碎石混合料（SMA）是一种典型的骨架密实结构。

三种不同结构特点的沥青混合料，在路用性能上呈现不同的特点。悬浮密实结构的沥青混合料密实程度高、空隙率低，从而能够有效地阻止使用期间水的浸入，降低不利环境因素的直接影响。因此，悬浮密实结构的沥青混合料具有水稳定性好、低温抗裂性和耐久性好的特点。但由于该结构处于悬浮状态，整个混合料缺少粗骨料颗粒的骨架支撑作用，所以在高温使用条件下，因沥青结合料黏度降低而导致沥青混合料产生过多的变形，形成车辙，造成高温稳定性下降（图 8-3）。

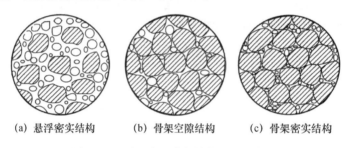

| (a) 悬浮密实结构 | (b) 骨架空隙结构 | (c) 骨架密实结构 |

图 8-3　三种沥青混合料结构组成示意图

骨架空隙结构的特点与悬浮密实结构的特点正好相反。在骨架空隙结构中，粗骨料之间形成的骨架结构对沥青混合料的强度和稳定性（特别是高温稳定性）起着重要作用。依靠粗骨料的骨架结构，能够有效地防止高温季节沥青混合料的变形，以减缓沥青路面车辙的形成，因而具有较好的高温稳定性。但由于整个混合料缺少细颗粒部分，压实后留有较多的空隙，在使用过程中，水易于进入混合料中引起沥青和矿料黏结性变差，不利的环境因素也会直接作用于混合料，引起沥青老化或将沥青从骨料表面剥离，使沥青混合料的耐久性下降。

当采用间断密级配矿料形成骨架密实结构时，在沥青混合料中既有足够数量的粗骨料形成骨架，对夏季高温防止沥青混合料变形、减缓车辙的形成起到积极的作用。同时又因具有数量合适的细骨料以及沥青胶浆填充骨架空隙，形成高密实度的内部结构，不仅很好地提高了沥青混合料的抗老化性，而且在一定程度上还能减缓沥青混合料在冬季低温时的开裂现象。因而这种结构兼具了上述两种结构的优点，是一种优良的路用结构类型。

#### 8.3.4.3　沥青混合料的力学强度

沥青混合料在使用中可能遇到各种因素的破坏作用，例如，沥青混合料路面可能因车轮局部遭受过大的使用荷载作用而产生过大的竖向或水平方向的剪力，或在使用中遭受到较高的温度，从而使混合料内部结构的抗变形能力下降。当这些因素造成的材料内部剪力超过其抗剪能力时，就会导致过大的塑性变形，引起路面的推挤、车辙、壅包等现象。沥青混合料路面的强度就是在常温或较高温度下抵抗破坏的能力，一般认为就是其抵抗剪力荷载的能力，或称为抗剪强度。因此，目前对沥青混合料的主要要求指标之一就是在较高温度（通常指 60℃ 的环境）时所具有的抗剪强度。

在进行路面材料设计时，为了防止沥青路面产生高温剪切破坏，必须保证沥青的抵抗剪力荷载的能力，通常是对沥青路面材料进行抗剪强度验算，要求沥青混合料的容许剪应力 $\tau_R$ 不得小于路面路层可能产生的剪应力 $\tau_0$，即：

$$\tau_0 \leqslant \tau_R \tag{8-8}$$

沥青混合料的容许剪应力 $\tau_R$ 取决于其抗剪强度 $\tau$ 和结构强度系数 $k$，即：

$$\tau_R = \tau/k \tag{8-9}$$

沥青混合料的抗剪强度 $\tau$ 可通过三轴试验的方法测定，并利用库仑定律求得：

$$\tau = c + \sigma\tan\varphi \tag{8-10}$$

式中：$\tau$——沥青混合料的抗剪强度，MPa；

$\sigma$——作用在路面上的正应力，MPa；

$c$——沥青混合料的黏结力，MPa；

$\varphi$——沥青混合料的内摩擦角，°。

所以，沥青混合料的抗剪强度主要取决于黏结力 $c$ 和内摩擦角 $\varphi$ 两个参数。

沥青混合料力学强度对沥青黏度、沥青与矿料之间界面性质、矿料比表面、沥青用量以及矿质骨料的级配类型、粒度、表面性质等因素有重要影响。

## 8.3.5 沥青混合料的配合比设计和施工要求

沥青混合料的配合比设计就是确定混合料各组成部分的最佳比例，其主要内容是矿质混合料级配设计和最佳沥青用量确定。包括目标配合比（试验室配合比）设计、生产配合比设计和生产配合比验证3个阶段。

1. 目标配合比设计阶段

目标配合比设计的第一部分是矿质混合料配合组成设计，其目的是选配一个具有足够密实度并且具有较大内摩阻力的矿质混合料，并根据级配理论，计算出需要的矿质混合料的级配范围。为了应用已有的研究成果和实践经验，通常是采用推荐的矿质混合料级配范围来确定。表 8-13 给出了我国现行规范中的密级配沥青混合料的级配范围。这些级配范围适用于全国，适用于不同道路等级、不同气候条件、不同交通条件、不同层次等情况，所以这个范围必然只能规定得很宽。尤其是沥青面层，在同一个级配范围内可以配制出不同空隙率的混合料，以满足各种需要。这样，设计单位和工程建设单位可以有充分选择级配的自由。

表 8-13　密级配沥青混合料（AC）矿料级配范围

| 级配类型 | | 通过下列筛孔（mm）的质量百分率（%） | | | | | | | | | | | | |
|---|---|---|---|---|---|---|---|---|---|---|---|---|---|---|
| | | 31.5 | 26.5 | 19 | 16 | 13.2 | 9.5 | 4.75 | 2.36 | 1.18 | 0.6 | 0.3 | 0.15 | 0.075 |
| 粗粒式 | AC—25 | 100 | 90～100 | 75～90 | 65～83 | 57～76 | 45～65 | 24～52 | 16～42 | 12～33 | 8～24 | 5～17 | 4～13 | 3～7 |
| 中粒式 | AC—20 | | 100 | 90～100 | 78～92 | 62～80 | 50～72 | 26～56 | 28～46 | 12～33 | 8～24 | 5～17 | 4～13 | 3～7 |
| | AC—16 | | | 100 | 90～100 | 76～92 | 60～80 | 34～62 | 32～50 | 13～36 | 9～26 | 7～18 | 5～14 | 4～13 |

续表

| 级配类型 | | 通过下列筛孔（mm）的质量百分率（%） | | | | | | | | | | | | |
|---|---|---|---|---|---|---|---|---|---|---|---|---|---|---|
| | | 31.5 | 26.5 | 19 | 16 | 13.2 | 9.5 | 4.75 | 2.36 | 1.18 | 0.6 | 0.3 | 0.15 | 0.075 |
| 细粒式 | AC—13 | | | | 100 | 90～100 | 68～85 | 38～68 | 15～38 | 24～41 | 10～28 | 7～20 | 5～15 | 4～8 |
| | AC—10 | | | | | 100 | 90～100 | 45～75 | 20～44 | 26～43 | 13～32 | 9～23 | 6～16 | 4～8 |
| 砂粒式 | AC—5 | | | | | | 100 | 90～100 | 35～55 | 35～55 | 20～40 | 12～28 | 7～18 | 5～10 |

在沥青路面的设计过程中，对于表中不同粒径混合料的选取，应根据沥青路面的层位和厚度不同进行选择。通常要求沥青面层骨料的最大粒径宜从上至下逐渐增大，并应与压实层厚度相匹配。对热拌热铺密级配沥青混合料，沥青层一层的压实厚度不宜小于骨料公称最大粒径的 2.5～3 倍，以减少离析，便于压实。

工程设计级配范围的选择，首先是确定采用粗型（C 型）还是细型（F 型）的混合料。对夏季温度高、高温持续时间长、重载交通多的路段，宜选用粗型密级配沥青混合料（AC-C 型），并取较高的设计空隙率。对冬季温度低，且低温持续时间长的地区，或者重载交通较少的路段，宜选用细型密级配沥青混合料（AC-F 型），并取较低的设计空隙率。

为确保高温抗车辙能力，同时兼顾低温抗裂性能的需要，配合比设计时宜适当减少公称最大粒径附近的粗骨料用量，减少 0.6mm 以下部分细粉的用量，控制矿粉比例，使中等粒径（如 5～10mm，10～15mm）骨料较多，形成 S 型级配曲线，并取中等或偏高水平的设计空隙率。这种 S 型级配的沥青混合料属于嵌挤密实型级配，具有适宜的空隙率，渗水性小，有较好的高温稳定性，表面还具有较大的构造深度，具有较好的使用性能。但必须注意的是，这种 S 型混合料特别需要加强压实，提高压实度，才能取得良好的效果。

为了便于工程控制，使施工现场的混合料性能尽可能地接近室内设计结果，应根据公路等级和施工设备的控制水平，规定工程设计级配的范围，其范围应比规范规定级配范围窄，特别是其中 4.75mm 和 2.36mm 通过率的上下限差值宜小于 12%，而规范规定级配范围中的 4.75mm 和 2.36mm 通过率的上下限差值通常在 30% 左右，通过严格控制级配范围有助于减少混合料性能的波动。

对于工程设计级配范围，虽然其级配区间已明显小于规范规定级配范围，但在其有限的级配区间范围内，不同的级配曲线其性能仍会有较大的不同，因此在对混合料进行设计时，对高速公路和一级公路，宜在工程设计级配范围内选择 1～3 组粗细不同的级配，绘制设计级配曲线。通过对不同试验设计级配曲线的性能的评价，最终确定一条可用于实体工程的设计目标级配曲线。在选择试验设计级配曲线时，宜使设计级配曲线分别位于工程设计级配范围的上方、中值及下方。设计合成级配不得有太多的锯齿形交错，且在 0.3～0.6mm 范围内不出现"驼峰"。当反复调整不能满意时，宜更换材料设计。

根据当地的实践经验选择适宜的沥青用量，分别制作几组级配的马歇尔试件，测定 $VMA$，初选一组满足或接近设计要求的级配作为设计级配。

实验室内确定的是设计目标级配，通常是一条级配曲线，在实际施工过程中，由于原材料的变化，施工设计的控制精度及施工工艺的限制，实际铺筑到路面上的沥青混合料的级配不可能严格遵从设计级配曲线，而是存在一定的波动。只要级配的波动幅度能控制在一定的范围之内，通常不会明显影响路面质量。

沥青混合料的最佳沥青用量，可以通过各种理论计算方法求出。但是由于实际材料性质的差异，按理论公式计算得到的最佳沥青用量仍然要通过试验方法修正，因此理论法只能得到一个供试验参考的数据。我国现行沥青混合料设计方法仍主要采用马歇尔法确定沥青最佳用量。

步骤一：制备试样。

（1）按确定的矿质混合料配合比，计算各种矿质材料的用量。

（2）根据沥青用量范围的经验，估计适宜的沥青用量（或油石比）。

步骤二：测定物理、力学指标。

以估计沥青用量为中值，以 0.5％ 间隔上下变化沥青用量制备马歇尔试件，试件数不少于 5 组。用已成型的沥青混合料的试件，根据有关规定，采用水中重法、表干法、体积法或封蜡法等方法，测定沥青混合料的表观密度；采用马歇尔试验仪，测定马歇尔稳定度和流值，并计算空隙率、饱和度和矿料间隙率等物理指标。

步骤三：马歇尔试验结果分析。

绘制沥青用量与物理、力学指标关系。以油石比或沥青用量为横坐标，以马歇尔试验的各项指标为纵坐标，将试验结果点入图中，连成圆滑的曲线，如图 8-4 所示。确定均符合规范规定的沥青混合料技术标准的沥青用量范围 $OAC_{min} \sim OAC_{max}$。选择的沥青用量范围必须涵盖设计空隙率的全部范围，并尽可能涵盖沥青饱和度的要求范围，使密度及稳定度曲线出现峰值。如果没有涵盖设计空隙率的全部范围，试验必须扩大沥青用量范围重新进行。

在曲线上求取相应于密度最大值、稳定度最大值、目标空隙率（或中值）、沥青饱和度范围的中值的沥青用量 $a_1$、$a_2$、$a_3$、$a_4$。按下式取平均值作为 $OAC_1$。

$$OAC_1 = (a_1 + a_2 + a_3 + a_4)/4 \tag{8-11}$$

如果在所选择的沥青用量范围未能涵盖沥青饱和度的要求范围，按下式求取三者的平均值作为 $OAC_1$。

$$OAC_1 = (a_1 + a_2 + a_3)/3 \tag{8-12}$$

对所选择试验的沥青用量范围、密度或稳定度没有出现峰值（最大值经常在曲线的两端）时，可直接以目标空隙率所对应的沥青用量 $a_3$ 作为 $OAC$，但 $OAC$ 必须在 $OAC_{min} \sim OAC_{max}$ 的范围内，否则应重新进行配合比设计。

以各项指标均符合技术标准（不含 $VMA$）的沥青用量范围 $OAC_{min} \sim OAC_{max}$ 的中值作为 $OAC_2$。

$$OAC_2 = (OAC_{min} + OAC_{max})/2 \tag{8-13}$$

通常情况下取 $OAC_1$ 及 $OAC_2$ 的中值作为计算的最佳沥青用量 $OAC$。

$$OAC = (OAC_1 + OAC_2)/2 \tag{8-14}$$

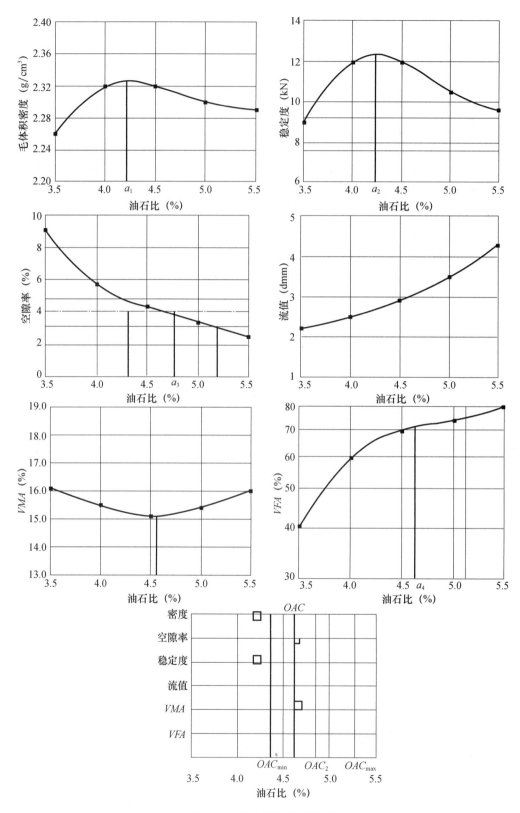

图 8-4　马歇尔试验结果示例

按上述公式计算的最佳油石比 OAC，并得出所对应的空隙率和 VMA 值，检验是否能满足最小 VMA 值的要求。OAC 宜位于 VMA 凹形曲线最小值的偏右一侧。当空隙率不是整数时，最小 VMA 按内插法确定，并将其画入图 8-4 中。检查相应于此 OAC 的各项指标是否均符合马歇尔试验技术标准。

根据实践经验和公路等级、气候条件、交通情况，调整确定最佳沥青用量 OAC。调查当地各项条件相接近的工程的沥青用量及使用效果，论证适宜的最佳沥青用量。检查计算得到的最佳沥青用量是否相近，如相差甚远，应查明原因，必要时重新调整级配，进行配合比设计。对炎热地区公路以及高速公路、一级公路的重载交通路段，山区公路的长大坡度路段，预计有可能产生较大车辙时，宜在空隙率符合要求的范围内将计算的最佳沥青用量减少 0.1%～0.5% 作为设计沥青用量。此时，除空隙率外的其他指标可能会超出马歇尔试验配合比设计技术标准，配合比设计报告或设计文件必须予以说明。但配合比设计报告必须要求采用重型轮胎压路机和振动压路机组合等方式加强碾压，以使施工后路面的空隙率达到未调整前的原最佳沥青用量时的水平，且渗水系数符合要求。如果试验段试拌试铺达不到此要求，宜调整所减少的沥青用量的幅度。对寒区公路、旅游公路、交通量很少的公路，最佳沥青用量可以在 OAC 的基础上增加 0.1%～0.3%，以适当减小设计空隙率，但不得降低压实度要求。

按计算确定的最佳沥青用量在标准条件下，进行各种使用性能的检验，包括高温稳定性、水稳定性、低温抗裂性和渗水系数检验。不符合要求的沥青混合料，必须更新材料或重新进行配合比设计。

2. 生产配合比设计阶段

在目标配合比确定之后，应利用实际施工的拌和机进行试拌以确定施工配合比。在试验前，应首先根据级配类型选择振动筛筛号，使几个热料仓的材料不致相差太多，最大筛孔应保证使超粒径料排出，各级粒径筛孔通过量符合设计范围要求。试验时，按实验室配合比设计的冷料比例上料、烘干、筛分，然后取样筛分，与实验室配合比设计一样进行矿料级配计算，得出不同料仓及矿料用量比例，接着按此比例进行马歇尔试验。规范规定试验油石比可取实验室配合比得出的最佳油石比及其 ±0.3% 三档试验，从而得出最佳油石比，供试拌试铺使用。

3. 生产配合比验证阶段

此阶段即试拌试铺阶段。施工单位进行试拌试铺时，应报告监理部门和工程指挥部会同设计、监理、施工人员一起进行鉴别。用拌和机按照生产配合比结果进行试拌，首先在场人员对混合料级配及油石比发表意见，如有不同意见，应适当调整再进行观察，力求意见一致。然后用此混合料在试验段上试铺，进一步观察摊铺、碾压过程和成型混合料的表面状况，判断混合料的级配和油石比。如不满意应适当调整，重新试拌试铺，直至满意为止。另一方面，实验室密切配合现场指挥在拌和厂或摊铺机上采集沥青混合料试样，进行马歇尔试验，检验是否符合标准要求。还应进行车辙试验及浸水马歇尔试验，进行高温稳定性及水稳定性验证。在试铺试验时，实验室还应在现场取样进行抽提试验，再次检验实际级配和油石比是否合格。同时按照规范规定的试验段铺设要求，进行各种试验。当全部满足要求时，便可进入正常生产阶段。

# 8.4 课后习题

1. 沥青的三大指标是什么？分别对应什么技术性质？

2. 常用的改性沥青有哪几类？其性能特点是什么？

3. 乳化沥青的主要组分有哪些？分别有什么技术要求和作用？

4. 石油沥青防水卷材主要有哪几类？各自适用于什么工程？

5. 简述沥青混凝土的技术性质、指标要求以及对组成材料的技术要求。

6. 试计算细粒式 AC-13 沥青混凝土的矿质配合比。

已知条件：现有碎石、石屑和矿粉三种矿质骨料，筛分试验结果列于表 8-14。

计算要求：①按试算法确定碎石、石屑和矿粉在矿质混合料中所占比例。②校核矿质混合料合成级配计算结构是否符合规范要求的级配范围。

**表 8-14 原有骨料的分计筛余和矿质混合料规定的级配范围**

| 筛孔尺寸 $d_i$（mm） | 原材料筛分试验结果 | | |
| --- | --- | --- | --- |
| | 碎石分计筛余 $a_{A(i)}$（%） | 石屑分计筛余 $a_{B(i)}$（%） | 矿粉分计筛余 $a_{C(i)}$（%） |
| 16 | 0.8 | — | — |
| 9.5 | 43.6 | — | — |
| 4.75 | 49.9 | — | — |
| 2.36 | 4.4 | 2.0 | — |
| 1.18 | 1.3 | 22.6 | — |
| 0.60 | — | 23.7 | — |
| 0.30 | — | 18.4 | — |
| 0.15 | — | 13.0 | 4.0 |
| 0.075 | — | 10.9 | 10.7 |
| <0.075 | — | 9.5 | 85.3 |

# 9 砌筑材料

砌筑材料是指用来砌筑、拼装或用其他方法构成承重或非承重墙体或构筑物的材料。其中墙体材料具有承重、围护和分隔作用，其质量占墙体总质量的50%以上，合理选用墙体材料对建筑物的结构形式、高度、跨度、安全、使用功能及工程造价等均有重要意义。本章主要叙述砌筑材料分类和砌筑材料的基本特征，并针对不同砌筑材料的性能特点，介绍工程中砌筑材料设计和施工的基本要点。

## 9.1　烧结砖

### 9.1.1　概述

烧结砖是一种典型的砌筑材料，目前在墙体工程中使用最多的烧结砖包括烧结普通砖、烧结多孔砖和多孔砌块以及烧结空心砖和空心砌块。

### 9.1.2　烧结普通砖

烧结普通砖是以砂质黏土、页岩、煤矸石、粉煤灰、建筑渣土等为主要原料，经焙烧等工艺制成主要用于建筑承重部位的普通砖。按使用的原料又分为烧结黏土砖（N）、烧结页岩砖（Y）、烧结粉煤灰砖（F）和烧结煤矸石砖（M）等，分别简称黏土砖、页岩砖、粉煤灰砖和煤矸石砖。

根据国家标准 GB/T 5101—2017《烧结普通砖》的规定，烧结普通砖的技术要求包括尺寸偏差、外观质量、强度等级、抗风化性能、石灰爆裂和泛霜等。

#### 9.1.2.1　尺寸偏差

普通黏土砖为长方体，其标准尺寸为 240mm×115mm×53mm，加上砌筑用灰缝的厚度，则 4 块砖长、8 块砖宽或 16 块砖厚均恰好为 1m，故每 1m³ 砌体需用砖 512 块。每块砖 240mm×115mm 的面称为大面，240mm×53mm 的面称为条面，115mm×53mm 的面称为顶面，如图 9-1 所示。为保证砌筑质量，要求烧结普通砖的尺寸偏差必须符合国家标准 GB/T 5101—2017《烧结普通砖》的规定，见表 9-1。

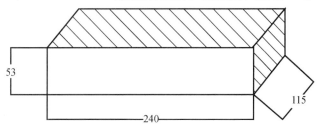

图 9-1　烧结普通砖（mm×mm×mm）

表9-1　烧结普通砖尺寸允许偏差（mm）

| 公称尺寸 | 指标 | |
|---|---|---|
| | 样本平均偏差 | 样本极差≤ |
| 240 | ±2.0 | 6 |
| 115 | ±1.5 | 5 |
| 53 | ±1.5 | 4 |

#### 9.1.2.2　外观质量

砖的外观质量包括两条面高度差、弯曲、杂质凸出高度、缺棱掉角、裂纹长度、完整面等项内容，各项内容均应符合表9-2的规定。

表9-2　烧结普通砖的外观质量（mm）

| 项目 | | 指标 |
|---|---|---|
| 两条面高度差≤ | | 2 |
| 弯曲≤ | | 2 |
| 杂质凸出高度≤ | | 2 |
| 缺棱掉角的三个破坏尺寸不得同时大于 | | 5 |
| 裂纹长度≤ | a. 大面上宽度方向及其延伸至条面的长度 | 30 |
| | b. 大面上长度方向及其延伸至顶面的长度或条顶面上水平裂纹的长度 | 50 |
| 完整面不得少于 | | 一条面和一顶面 |

注：凡有下列缺陷者，不得称为完整面：
　　a 缺损在条面或顶面上造成的破坏面尺寸同时大于10mm×10mm。
　　b 条面或顶面上裂纹宽度大于1mm，其长度超过30mm。
　　c 压陷、粘底、焦花在条面或顶面上的凹陷或凸出超过2mm，区域尺寸同时大于10mm×10mm。

#### 9.1.2.3　强度等级

普通黏土砖的强度等级根据10块砖的抗压强度平均值、标准值或最小值划分，共分为MU30、MU25、MU20、MU15、MU10五个等级，在评定强度等级时，各等级的强度标准应符合表9-3的规定值，其具体要求见表9-3。

#### 9.1.2.4　抗风化性能

抗风化性能是普通黏土砖重要的耐久性指标之一，对砖的抗风化性能要求应根据各地区的风化程度而定（风化程度的地区划分详见国家标准GB/T 5101—2017《烧结普通砖》）。砖的抗风化性能通常用抗冻性、吸水率及饱和系数三项指标划分。抗冻性是指经15次冻融循环后不产生裂纹、分层、掉皮、缺棱、掉角等冻坏现象，且质量损失率小于2%，强度损失率小于规定值。吸水率是指常温泡水24h的质量吸水率。饱和系数是指常温24h吸水率与5h沸煮吸水率之比。严重风化区中的1、2、3、4、5五个地区所用的普通黏土砖，其抗冻性试验必须合格，其他的抗风化指标见表9-4。此外，淤泥质、污泥砖和固体废弃物砖需要进行抗冻测试。

表 9-3 烧结普通砖的强度等级（MPa）

| 强度等级 | 抗压强度平均值 $\bar{f}\geqslant$ | 强度标准值 $f_k\geqslant$ |
|---|---|---|
| MU30 | 30.0 | 22.0 |
| MU25 | 25.0 | 18.0 |
| MU20 | 20.0 | 14.0 |
| MU15 | 15.0 | 10.0 |
| MU10 | 10.0 | 6.5 |

表 9-4 抗风化性能

| 砖种类 | 严重风化区 | | | | 非严重风化区 | | | |
|---|---|---|---|---|---|---|---|---|
| | 5h煮沸吸水率（%）≤ | | 饱和系数，≤ | | 5h煮沸吸水率（%）≤ | | 饱和系数，≤ | |
| | 平均值 | 单块最大值 | 平均值 | 单块最大值 | 平均值 | 单块最大值 | 平均值 | 单块最大值 |
| 黏土砖 渣土砖 | 18 | 20 | 0.85 | 0.87 | 19 | 20 | 0.88 | 0.90 |
| 粉煤灰砖 | 21 | 23 | | | 23 | 25 | | |
| 页岩砖 煤矸石砖 | 16 | 18 | 0.74 | 0.77 | 18 | 20 | 0.78 | 0.80 |

#### 9.1.2.5 石灰爆裂

若原料中夹带石灰或内燃料（粉煤灰、炉渣）中带有石灰，则在高温熔烧过程中生成过火石灰。过火石灰在砖体内吸水膨胀，导致砖体膨胀破坏，这种现象称为石灰爆裂。砖的石灰爆裂应满足 GB/T 5101—2017《烧结普通砖》中的相关要求。

#### 9.1.2.6 泛霜

泛霜是指砖内可溶性盐类在砖的使用过程中，逐渐于砖的表面析出一层白霜。这些结晶的白色粉状物不仅影响建筑物的外观，而且结晶的体积膨胀也会引起砖表层的疏松，同时破坏砖与砂浆层之间的黏结。国家标准 GB/T 5101—2017《烧结普通砖》规定每块砖均不得出现严重泛霜。

### 9.1.3 烧结多孔砖和多孔砌块

#### 9.1.3.1 规格要求

烧结多孔砖的规格尺寸有 290mm、240mm、190mm、180mm、140mm、115mm、90mm，烧结多孔砌块尺寸为 490mm、440mm、390mm、340mm、290mm、240mm、190mm、180mm、140mm、115mm、90mm，也可按照供需双方需求确定尺寸，其形状如图 9-2 所示。多孔砖大面有孔，孔多而小，孔洞率在 15％以上，其孔洞尺寸为：圆孔直径小于 22mm，非圆孔内切圆直径小于 15mm，手抓孔为（30～40）mm×（75～85）mm。

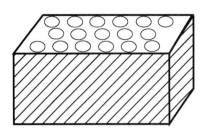

图 9-2　烧结多孔砖

#### 9.1.3.2　强度等级

根据砖的抗压强度将烧结多孔砖分为 MU30、MU25、MU20、MU15、MU10 五个强度等级，各强度等级的强度值应符合国家标准 GB/T 13544—2011《烧结多孔砖和多孔砌块》的规定（表 9-5）。

**表 9-5　烧结多孔砖的强度等级（MPa）**

| 强度等级 | 抗压强度平均值 $\overline{f}\geqslant$ | 强度标准值 $f_k\geqslant$ |
|---|---|---|
| MU30 | 30.0 | 22.0 |
| MU25 | 25.0 | 18.0 |
| MU20 | 20.0 | 14.0 |
| MU15 | 15.0 | 10.0 |
| MU10 | 10.0 | 6.5 |

#### 9.1.3.3　其他技术要求

除了上述技术要求外，烧结多孔砖的技术要求还包括密度等级、外观质量、孔型结构、孔洞率、泛霜、石灰爆裂以及抗风化性能等要求，应满足 GB/T 13544—2011《烧结多孔砖和多孔砌块》中的相关规定。

### 9.1.4　烧结空心砖和空心砌块

烧结空心砖和空心砌块是以黏土、页岩、煤矸石、粉煤灰以及其他工业固体废弃物为主要原料烧制成的主要用于非承重部位的空心砖和空心砌块，烧结空心砖和砌块自重较轻，强度较低，多用作非承重墙，如多层建筑内隔墙或框架结构的填充墙等。根据 GB/T 13545—2014《烧结空心砖和空心砌块》的规定，其具体技术要求如下：

#### 9.1.4.1　形状及尺寸规格

烧结空心砖和砌块外形为直角六面体，长度为 390mm、290mm、240mm、190mm、180mm、175mm、140mm，宽度为 190mm、180mm、175mm、140mm、115mm，高度为 180mm、175mm、140mm、115mm、90mm。由两两相对的顶面、大面及条面组成直角六面体，在中部开设有至少两个均匀排列的条孔，条孔之间由肋相隔，条孔与大面、条面平行，其间为外壁，条孔的两开口分别位于两顶面上，在所述的条孔与条面之间分别开设有若干孔径较小的边排孔，边排孔与其相邻的边排孔或相邻的条孔之间为肋，如图 9-3 所示。

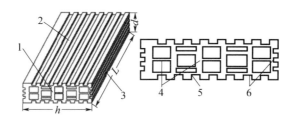

图 9-3  烧结空心砖

1—顶面；2—大面；3—条面；4—肋；5—凹纹槽；6—外壁

（L：长度；b：宽度；h：高度）

#### 9.1.4.2  强度及质量等级

烧结空心砖和砌块根据其大面抗压强度分为 MU10.0、MU7.5、MU5.0、MU3.5 四个强度等级，各产品等级的强度应符合国家标准规定（表 9-6）。

表 9-6  烧结空心砖和砌块的强度等级

| 强度等级 | 抗压强度平均值 $\overline{f}\geqslant$ | 变异系数 $\delta\leqslant0.21$ 强度标准值 $f_k\geqslant$ | 变异系数 $\delta>0.21$ 单块最小抗压强度值 $f_{min}\geqslant$ |
|---|---|---|---|
| MU10.0 | 10.5 | 7.0 | 8.0 |
| MU7.5 | 7.5 | 5.0 | 5.8 |
| MU5.0 | 5.0 | 3.5 | 4.0 |
| MU3.5 | 3.5 | 2.5 | 2.8 |

#### 9.1.4.3  密度等级

按砖和砌块的体积密度不同，把空心砖分成 800、900、1000、1100 四个密度级别。

#### 9.1.4.4  其他技术要求

除了上述技术要求外，烧结空心砖和砌块的技术要求还包括冻融、泛霜、石灰爆裂、抗风化性能、放射性核素限量等。产品的外观质量、物理性能均应符合标准 GB/T 13545—2014《烧结空心砖和空心砌块》的规定。

# 9.2  蒸压（养）砖

蒸压砖一般指免烧砖，是利用粉煤灰、煤渣、煤矸石、尾矿渣、化工渣或者天然砂、海涂泥等（以上原料的一种或数种）作为主要原料，不经高温煅烧而制造的一种新型墙体材料。由石灰和含硅材料（砂子、粉煤灰、煤矸石、炉渣和页岩等）加水拌和、成型、蒸养或蒸压而制成的。目前常使用的主要有蒸压粉煤灰砖、蒸压灰砂砖和煤渣砖，其规格尺寸与烧结普通砖相同。

## 9.2.1  蒸压粉煤灰砖

蒸压粉煤灰砖是以粉煤灰和石灰为主要原料，可适量掺加石膏等外加剂和其他骨料，加水混合拌成坯料，经陈化、轮碾、加压成型，再经常压或高压蒸汽养护而制成的一种墙体材料。蒸压粉煤灰砖根据抗压强度和抗折强度分为 MU10、MU15、MU20、

MU25 和 MU30 五个强度等级。

蒸压粉煤灰砖出窑后，应存放一段时间后再用，以减少相对伸缩量。当蒸压粉煤灰砖用于易受冻融作用的建筑部位时，要进行抗冻性检验，并采取适当措施，以提高建筑耐久性；用于砌筑建筑物时，应适当增设圈梁及伸缩缝或采取其他措施，以避免或减少收缩裂缝的产生；在长期高温作用下，蒸压灰砂砖中的氢氧化钙和水化硅酸钙会脱水，石英会分解，故不宜用于长期受热高于 200℃ 的地方；受急冷急热或有酸性介质侵蚀的地方应避免使用。

### 9.2.2 蒸压灰砂砖

蒸压灰砂砖是用石灰和天然砂为主要原料，经混合搅拌、陈化、轮碾、加压成型、蒸压养护而制得的墙体材料。按抗压强度和抗折强度分为 MU25、MU20、MU15、MU10 四个强度等级。根据尺寸偏差、外观质量、强度及抗冻性分为优等品（A）、一等品（B）和合格品（C）三个等级。

蒸压灰砂砖表面光滑平整，使用时应注意提高砖与砂浆之间的黏结力；其耐水性良好，但抗流水冲刷的能力较弱，可长期在潮湿、不受冲刷的环境使用；MU15 级以上的砖可用于基础及其他建筑部位，MU10 级砖只可用于防潮层以上的建筑部位。

### 9.2.3 煤渣砖

煤渣砖是以煤渣为主要原料，加入适量石灰、石膏等材料，经混合、压制成型、蒸汽或蒸压养护而制成的实心炉渣砖。

根据 JC/T 525—2007《煤渣砖》的规定，煤渣砖的公称尺寸为 240mm×115mm×53mm，按其抗压强度和抗折强度分为 MU25、MU20、MU15 三个强度级别，各级别的强度指标应满足煤渣砖的强度指标的规定。

# 9.3 建筑砌块

砌块是系列中主规格的长度、宽度或高度有一项或一项以上分别大于 365mm、240mm 和 115mm，但高度不大于长度或宽度的六倍，长度不超过高度的三倍的人造砌筑块材。

按照尺寸大小可分为小砌块（系列中主规格的高度大于 115mm、小于 380mm）、中砌块（系列中主规格的高度为 380～980mm）、大砌块（系列中主规格的高度大于 980mm）。目前我国使用较多的是中小型砌块。

制作砌块能充分利用地方材料和工业废料，制作工艺简单，砌块尺寸比砖大，施工方便，能有效提高劳动生产率，还可改善墙体功能。下面介绍几种常用砌块。

### 9.3.1 蒸压加气混凝土砌块

蒸压加气混凝土砌块是以水泥、石灰、矿渣、砂、粉煤灰、铝粉等为原料，经磨细、计量配料、搅拌浇筑、发气膨胀、静停切割、蒸压养护、成品加工、包装等工序制造而成的多孔混凝土。根据采用的主要原料不同，蒸压加气混凝土砌块相应有水泥-矿渣-砂、水泥-石灰-砂、水泥-石灰-粉煤灰三种。

#### 9.3.1.1　尺寸规格

蒸压加气混凝土砌块的规格尺寸见表9-7。

表 9-7　砌块尺寸规格（mm）

| 长度 | 宽度 | 高度 |
|---|---|---|
| 600 | 100、120、125<br>150、180、200<br>240、250、300 | 200、240、250、300 |

#### 9.3.1.2　砌块的强度等级与密度等级

根据国家标准 GB 11968—2020《蒸压加气混凝土砌块》，砌块按抗压强度分为A1.0、A2.0、A2.5、A3.5、A5.0、A7.5、A10 七个强度等级。按干体积密度分为B03、B04、B05、B06、B07、B08 六个级别，见表9-8。按外观质量、尺寸偏差、干体积密度、抗压强度分为优等品（A）、合格品（B）两个等级。

表 9-8　加气混凝土砌块的干密度指标

| 表观密度级别 | | B03 | B04 | B05 | B06 | B07 | B08 |
|---|---|---|---|---|---|---|---|
| 干体积密度<br>（kg/m³） | 优等品≤ | 300 | 400 | 500 | 600 | 700 | 800 |
| | 合格品≤ | 325 | 425 | 525 | 625 | 725 | 825 |

### 9.3.2　混凝土空心砌块

#### 9.3.2.1　普通混凝土小型空心砌块

普通混凝土小型空心砌块是以水泥、砂石等普通混凝土材料制成的，空心率不小于25％，适于人工砌筑的混凝土建筑砌块系列制品。

砌块长度规格为 390mm，宽度为 90mm、120mm、140mm、190mm、240mm、290mm，高度为 90mm、140mm、190mm。有单排孔、双排孔、三排孔及四排孔。主规格配以若干辅助规格，即可组成砌块基本系列。按照强度等级和使用功能的不同特点，普通混凝土小型空心砌块分为普通承重与非承重砌块、装饰砌块、保温砌块、吸音砌块等类别。

普通混凝土小型空心砌块按其强度等级划分为MU7.5、MU10、MU15、MU20、MU25 五个等级。

普通混凝土小型空心砌块具有强度高、耐久性好、外形尺寸规整的特点，部分类型的混凝土砌块还具备美观的饰面以及良好的保温隔热性能等优点，适用于建造各种建筑物。该类小型砌块适用于地震设计烈度为 8 级及 8 级以下地区的一般民用与工业建筑物的墙体，其出厂时的相对含水率必须满足标准要求；在施工现场堆放时，必须采取防雨措施；砌筑前不允许浇水预湿。

#### 9.3.2.2　轻骨料混凝土小型空心砌块

轻骨料混凝土小型空心砌块是由轻骨料混凝土拌和物经砌块成型机成型并养护制成

的一种轻质墙体材料。按所用原料可分为天然轻骨料（如浮石、火山渣）混凝土小砌块、工业废渣类骨料（如煤渣、自燃煤矸石）混凝土小砌块、人造轻骨料（如黏土陶粒、页岩陶粒、粉煤灰陶粒）混凝土小砌块。按孔的排数分为单排孔、双排孔、三排孔和四排孔四类。主规格尺寸为390mm×190mm×190mm。

轻骨料混凝土小型空心砌块按干表观密度可分为700、800、900、1000、1100、1200、1300、1400八个等级，按抗压强度可分为MU2.5、MU3.5、MU5.0、MU7.5、MU10.0五个等级。

轻骨料混凝土小型空心砌块以其轻质、高强、保温隔热性能好、抗震性能好等特点，在各种建筑的墙体中得到广泛应用，特别是在保温隔热要求较高的围护结构中应用广泛，其施工应用参考普通混凝土小型空心砌块的施工。

在土木工程中应用的砌块除了上述几种外，还有许多其他种类的砌块，如装饰混凝土砌块、泡沫混凝土砌块、粉煤灰砌块等，它们的主要技术性能和应用范围与以上砌块相似。

# 9.4 建筑石材

## 9.4.1 岩石的形成与分类

建筑石材是指主要用建筑工程砌筑或装饰的天然石材。天然石材是采自地壳表层的岩石。按地质分类法可分为火成岩（岩浆岩）、沉积岩（水成岩）和变质岩三大类。

### 9.4.1.1 火成岩

火成岩又称岩浆岩。火成岩是由地壳深处的岩浆由于地壳的运动上升到地表附近或喷出地表冷凝固结而成的岩石。其成分主要是硅酸盐矿物。火成岩是组成地壳的主要岩石。按地壳质量计，火成岩占89%，储量极大。根据不同形成条件，可分为浅成岩、深成岩和火山岩三类。

### 9.4.1.2 沉积岩

沉积岩是地表岩石经自然风化、风力搬运、流水冲刷沉积及成岩作用在地表及地下不太深的地方形成的岩石。仅占地壳质量的5%，但在地表分布很广，约占地壳表面积的75%，因而开采方便，使用量大。沉积岩的主要特征是呈层状构造，质地不均，且多孔。沉积岩大多表观密度小、空隙率大、吸水率大、强度较低、耐久性较差，而且各层间的成分、构造、颜色及厚度都有差异。不少沉积岩具有化学活性，磨细可作水泥混合材，如硅藻土、硅藻石。

### 9.4.1.3 变质岩

因地质构造运动和高温、高压作用，通过结晶或生成新矿物，使原生岩石的化学和矿物成分、结构及构造发生显著变化而成为一种新的岩石，称为变质岩。变质岩大多是结晶体，其构造、矿物成分都较岩浆岩、沉积岩更为复杂而多样。建筑上常用的变质岩有片麻岩、大理岩、石英岩等。

一般沉积岩形成变质岩后，其建筑性能有所提高，如石灰岩和白云岩变质后成为大理岩，砂岩变质后成为石英岩，都比原来的岩石坚固耐久。相反，原为深成岩经变质后产生片状构造，建筑性能反而恶化。如花岗岩变质成为片麻岩后，易于分层剥落，耐久性差。整个地表岩石分布情况为：沉积岩占 75％，火成岩和变质岩占 25％。

### 9.4.2　岩石的技术性质

石材的技术性质可分为物理性质、力学性质和工艺性质。

评价岩石石材物理性质的指标主要包括：表观密度、吸水性、耐水性、抗冻性、耐火性、硬度、耐磨性、导热性和安全性等。

评价岩石石材力学性能的指标主要包括：强度和冲击韧性等。

石材的工艺性质主要指其开采和加工过程的难易程度及可能性，包括加工性、磨光性与抗钻性等。

### 9.4.3　常用石材

#### 9.4.3.1　建筑饰面石材

1. 花岗石

岩石学所说的花岗岩指由石英、长石及少量的云母和暗色矿物组成的全晶质的岩石；建筑上所说的花岗石泛指具有装饰功能并可磨光、抛光的各类岩浆岩及少量其他类岩石，包括花岗岩、闪长岩、正长岩、辉长岩、辉绿岩、玄武岩、安山岩、片麻岩等。花岗岩呈块状构造或粗晶嵌入玻璃质结构中的斑状构造，强度高，硬度大。

2. 大理石

岩石学所说的大理岩是由石灰岩或白云岩变质而成的，主要造岩矿物是方解石或白云石；建筑上所说的大理石泛指具有装饰功能并可磨光、抛光的各种沉积岩和变质岩，包括大理岩、致密石灰岩、白云岩、石英岩、蛇纹岩、砂岩、石膏岩等。大理石质地均匀、硬度小，易于加工和磨光。天然大理石板质地坚硬，颜色变化多样，光泽自然柔和，形成独特的天然美，被广泛地用于高档卫生间、洗手间的洗漱台面和各种家具的台面。

#### 9.4.3.2　砌筑用石材

建筑用石材（石砌体）采用的石材质地坚实，无风化剥落和裂纹。用于清水墙、柱表面的石材，应色泽均匀。石材表面的污垢、水锈等杂质，砌筑前应清除干净。石材按其加工后的外形规则程度，可分为料石和毛石。

料石是用毛料加工成较为规则的、具有一定规格的六面体石材。按料石表面加工的平整程度可分为以下四种：毛料石、粗料石、半细料石和细料石。

料石常由致密的砂岩、石灰岩、花岗岩等开采凿制，至少应有一个面的边角整齐，以便相互合缝。料石常用于砌筑墙身、地坪、踏步等；形状复杂的料石制品可用于柱头、柱基、窗台板、栏杆和其他装饰品等。

毛石是在采石场爆破后直接得到的形状不规则的石块，按其表面的平整程度分为乱毛石和平毛石两类。乱毛石是指形状不规则的石块；平毛石是指形状不规则，但有两个平面大致平行的石块。毛石应呈块状，一般要求石块中部厚度不小于 150mm，长度为 300～400mm，质量为 20～30kg，其强度不宜小于 10MPa，软化系数不应小于 0.75，常用于砌筑基础、勒脚、墙身、堤坝、挡土墙等，也可用于配制片石混凝土等。

### 9.4.3.3 板材

石材板材是天然岩石经过荒料开采、锯切、磨光等加工过程制成的板状装饰面材。石材板材具有构造致密、强度大的特点，因此具有较强的耐潮湿性，是地面、台面装修的理想材料。板材根据形状可分为普通型板材和异型板材；根据表面加工程度不同可分为粗面板材、细面板材、镜面板材三类。

### 9.4.3.4 颗粒状石材

颗粒状石材主要是碎石、卵石和石渣。碎石指天然岩石或卵石经过机械破碎、筛分制成的，粒径大于 4.75mm 的颗粒状石料，主要用于配制混凝土以及作为道路及基础垫层、铁路路基、庭院和室内水景用石。

卵石指母岩经自然条件风化、磨蚀、冲刷等作用而形成的表面较光滑的颗粒状石料，用途同碎石，也可以作为装饰混凝土的骨料。

石渣指将天然大理石及其他天然石材破碎后加工而成的，具有多种光泽，常用作人造大理石、水磨石、斩假石、水刷石、干黏石的骨料。石渣应颗粒坚硬，有棱角，洁净，不含有风化的颗粒，使用时要冲刷干净。

### 9.4.3.5 人造石材

人造石材具有天然石材的花纹、质感和装饰效果，而且花色、品种、形状等多样化，并具有质量轻、强度高、耐腐蚀、耐污染、施工方便等优点。目前常用的人造石材有水泥型人造石材、聚酯型人造石板、复合型人造石板和烧结型人造石板等。

# 9.5 课后习题

1. 常用的砌墙砖有哪些类型？它们各自的优缺点有哪些？

2. 混凝土空心砌块的技术指标有哪些？

3. 总结归纳花岗石和大理石材料性能特点，并通过查阅其他资料，了解两种岩石的自然形成过程。

# 10 建筑功能材料

建筑功能材料（functional building materials）是指承担某些建筑功能，而非承重的材料，使得建筑具有防水、防火、保温、隔热、隔声和装饰等功能，对建筑的使用功能和建筑品质有很大的影响。本章主要介绍保温隔热材料、防水材料、防火材料、吸声和隔声材料、防腐蚀材料和耐磨材料。

## 10.1 保温隔热材料

### 10.1.1 绝热材料概述

建筑中的绝热材料（thermal insulating materials）大多为多孔材料，因为其内部孔隙中的空气或惰性气体对热流具有显著的阻抗性能。材料传递热量的能力称为导热性。导热性指标由导热系数表示。导热系数越高，材料导热能力越强，绝热能力越差。建筑中所使用的绝热材料导热系数应小于 0.23W/（m·K），表观密度不宜大于 600kg/cm³，抗压强度应大于 0.3MPa。

合理地使用绝热材料，不仅可以减少能量损失、节约能源，还可以降低外墙厚度，减轻结构自重，从而减少材料用量，降低成本。

### 10.1.2 常用的绝热材料

常用的绝热材料种类繁多，按其成分不同可以分为有机绝热材料和无机绝热材料两大类。

#### 10.1.2.1 无机绝热材料

无机绝热材料（inorganic thermal insulating materials）主要由矿物质原材料制成，一般为纤维状、松散状或多孔状，可制成板、片、卷材或套筒制品。其表观密度变化范围大，不易腐蚀、燃烧，有的能够耐高温。无机绝热材料主要有矿物棉、膨胀珍珠岩、玻璃棉、泡沫混凝土、硅藻土、膨胀蛭石、石棉及其制品、气凝胶等。

1. 矿物棉

矿物棉（mineral wool）分为岩棉和矿渣棉两类。它们均为纤维状、絮状或细粒状。矿渣棉以冶金炉渣为原料制得，岩棉则以天然岩石为原料制得。矿物棉具有表观密度低、不燃烧、绝热、绝缘和吸水性大等优点。矿物棉可制成矿棉板、矿棉毡和管壳等，可用作墙壁、屋顶和天花板处的绝热和吸声材料。矿物棉的密度、导热系数和最高使用温度见表 10-1。

表 10-1　矿物棉性能指标

| 绝热材料 | 密度（kg/cm³） | 导热系数［W/（m·K）］ | 最高使用温度（℃） |
|---|---|---|---|
| 矿物棉 | 60～150 | 0.043 | 600～700 |

### 2. 膨胀珍珠岩

膨胀珍珠岩（expanded perlite）是由天然珍珠岩矿石经过破碎、烘干、筛选、预热、煅烧、膨化而成的白色或灰色颗粒，颗粒内部呈多孔状，是一种高效能的绝热材料。根据密度不同，膨胀珍珠岩分为 200 号（密度≤200kg/cm³）和 250 号（密度≤250kg/cm³）。膨胀珍珠岩具有堆积密度小、绝热和吸声效果好、无毒无味、不燃烧和耐腐蚀性能好等优点，被广泛用作屋面或围护结构的填充材料。膨胀珍珠岩的密度、导热系数和最高使用温度见表 10-2。

表 10-2　膨胀珍珠岩性能指标

| 绝热材料 | 密度（kg/cm³） | 导热系数［W/（m·K）］ | 最高使用温度（℃） |
|---|---|---|---|
| 膨胀珍珠岩 | 80～250 | 0.046～0.070 | 800 |

### 3. 玻璃棉

玻璃棉（glass wool）是将熔断的玻璃纤维化从而形成棉状的材料，是一种人造无机纤维。玻璃棉及其制品具有密度小、导热率低、耐腐蚀和化学性能稳定的优点。玻璃棉可制成板、带、毯、毡和管壳等制品，主要用作建筑的内墙间隔、天花吊顶等处的绝热吸声材料。玻璃棉的密度、导热系数和最高使用温度见表 10-3。

表 10-3　玻璃棉性能指标

| 绝热材料 | 密度（kg/cm³） | 导热系数［W/（m·K）］ | 最高使用温度（℃） |
|---|---|---|---|
| 玻璃棉 | 100～150 | 0.033～0.062 | 400 |

### 4. 泡沫混凝土

泡沫混凝土（foam concrete）也称发泡混凝土或轻质混凝土，是用物理方法将泡沫剂制成泡沫，再将泡沫加入到由水泥、骨料、掺和料、外加剂和水制成的料浆中，经混合搅拌、浇筑成型、养护而成的轻质微孔混凝土。泡沫混凝土内部具有大量的微孔，因此其密度小。使用发泡混凝土，一般可使建筑物自重降低 25%，有些能够达到 30%～40%。泡沫混凝土还具有保温隔热性能好、防水能力强和耐久性能优良等特点。根据建筑行业标准 JGJ/T 341—2014《泡沫混凝土应用技术规程》的规定，泡沫混凝土的密度和导热系数见表 10-4。

表 10-4　泡沫混凝土性能指标

| 绝热材料 | 抗压强度（MPa） | 密度（kg/cm³） | 导热系数［W/（m·K）］ |
|---|---|---|---|
| 泡沫混凝土 | 0.20～30.00 | 100～1600 | 0.05～0.46 |

### 5. 硅藻土

硅藻土（diatomite）是由水生硅藻类生物残骸堆积而成的硅质沉积岩。其主要化学成分为 $SiO_2$。硅藻土具有很高的孔隙率（50%～80%），具有化学性质稳定、使用温度高、耐磨、绝热效果好和无毒无味的优点，可用于制作填充料和硅藻土砖。硅藻土的密度、导热系数和最高使用温度见表10-5。

表 10-5　硅藻土性能指标

| 绝热材料 | 密度（kg/cm³） | 导热系数［W/（m·K）］ | 最高使用温度（℃） |
| --- | --- | --- | --- |
| 硅藻土 | 200 | 0.076 | 900 |

### 6. 膨胀蛭石

蛭石是一种拥有层状结构的含镁水铝硅酸盐次生天然矿物，在高温煅烧后其体积膨胀 5～20 倍，体积膨胀后的蛭石称为膨胀蛭石（expanded vermiculite）。膨胀蛭石具有堆积密度小、绝热效果好、防腐蚀、化学性质稳定和无毒无味等优点，制得的板、砖、管壳和异型砖等制品可用作墙壁、楼板、屋面夹层中的绝热隔声材料。膨胀蛭石的密度、导热系数和最高使用温度见表10-6。

表 10-6　膨胀蛭石性能指标

| 绝热材料 | 密度（kg/cm³） | 导热系数［W/（m·K）］ | 最高使用温度（℃） |
| --- | --- | --- | --- |
| 膨胀蛭石 | 80～300 | 0.047～0.095 | 1000～1100 |

### 7. 石棉及其制品

石棉（asbestos）是一种纤维状天然矿物，具有高抗拉强度、耐高温、耐腐蚀、绝缘和绝热等特性。在建筑结构中通常将其加工成石棉板、石棉毡和石棉粉等制品，可用于绝热和防火覆盖。但是需要注意的是，根据国家标准 GB/T 4132—2015《绝热材料及相关术语》的规定，因石棉具有致癌性，其产品通常不推荐用于生产绝热产品，若需使用时，应执行国家和地方相关法规。作为绝热材料的石棉的密度、导热系数和最高使用温度见表10-7。

表 10-7　石棉性能指标

| 绝热材料 | 密度（kg/cm³） | 导热系数［W/（m·K）］ | 最高使用温度（℃） |
| --- | --- | --- | --- |
| 石棉 | 约103 | 0.049 | 500～600 |

### 8. 气凝胶

气凝胶（aerogel）又称干凝胶，是世界上密度最小的固体物质之一，由美国斯坦福大学 Kistler 于 1931 年通过水解水玻璃首次制备得到。气凝胶是一种通过溶胶凝胶法，用一定的干燥方式使气体取代凝胶中的液相而形成的纳米级多孔固态材料。气凝胶材料具有极高的孔隙率（90％以上），能够有效降低材料的固相热传导，其孔径主要分布在介孔范围（2～50nm），有效抑制了气相传热。气凝胶材料根据组分不同，主要可分为氧化物气凝胶材料、炭气凝胶材料和碳化物气凝胶材料。气凝胶材料不仅具有良好的隔热性能，还具有优异的隔声性能，同时其耐久性也十分优秀。根据国家标准 GB/T 34336—2017《纳米孔气凝胶复合绝热制品》的规定，气凝胶产品按分类温度可分为Ⅰ型（分类温度200℃）、Ⅱ型（分类温度450℃）、Ⅲ型（分类温度650℃）和Ⅳ型（由厂家标称分类温度，大于650℃）。气凝胶材料导热系数见表10-8。

表 10-8　气凝胶材料导热系数

| 分类温度类型 | 导热系数 [W/ (m・K)] | | |
|:---:|:---:|:---:|:---:|
| | 平均温度 25℃ | 平均温度 300℃ | 平均温度 500℃ |
| Ⅰ | A 类≤0.021 | — | — |
| Ⅱ | B 类≤0.023 | A 类≤0.036 | — |
| Ⅲ | S 类≤0.017 | B 类≤0.042 | — |
| Ⅳ | ≤0.025 | — | A 类≤0.072<br>B 类≤0.084 |

注："—"表示不作要求。

### 10.1.2.2　有机绝热材料（organic thermal insulating materials）

有机绝热材料由有机原料制成，具有表观密度小、导热系数低和原料来源广等优点，但是不耐高温，且吸湿后易腐烂。有机绝热材料主要有泡沫塑料、软木、植物纤维复合板、蜂窝板以及硬质泡沫橡胶。

#### 1. 泡沫塑料

泡沫塑料（foamed plastic）又称多孔塑料，是以各种树脂为基材，加入各种辅助材料经发泡制得的轻质保温高分子材料。其发泡方法主要有机械法、物理法和化学法。机械法发泡是借助机器强烈的搅拌将大量空气或其他气体引入液态塑料中；物理法发泡是通过压缩体积使易挥发组分挥发或液化气体气化发泡；化学法发泡则是通过化学反应释放出气体使其发泡。不论是哪种发泡方法，其基本过程类似，即在液态或熔融状态下的塑料中引入气体产生微孔从而达到发泡的效果。泡沫塑料具有密度小、导热系数低、化学稳定性好和易加工成型等优点，广泛用作保温隔热材料。泡沫塑料主要有聚苯乙烯泡沫塑料、聚氨酯泡沫塑料、聚乙烯泡沫塑料、酚醛泡沫塑料和尿素甲醛泡沫塑料等。

（1）聚苯乙烯泡沫塑料。聚苯乙烯泡沫塑料（styrofoam）以聚苯乙烯树脂为主体，加入发泡剂等添加剂制成。聚苯乙烯泡沫塑料可分为模塑聚苯乙烯泡沫塑料（XPS）和挤塑聚苯乙烯泡沫塑料（EPS）。聚苯乙烯泡沫塑料拥有大量的细微封闭气孔，孔隙率可达 98%，具有密度小、吸水性小、机械性能好、加工性好和绝热效果佳等优点。聚苯乙烯泡沫塑料的密度、导热系数和最高使用温度见表 10-9。

（2）聚氨酯泡沫塑料。聚氨酯泡沫塑料（polyurethane foam）以聚醚树脂或聚酯树脂与甲苯二异氰酸酯经发泡制成。聚氨酯泡沫塑料可分为硬质和软质两类。其中，硬质聚氨酯泡沫塑料拥有较多的封闭孔（90% 以上），而软质聚氨酯塑料具有开口微孔结构。因此，前者机械性能良好，吸水率低，绝热效果优异，而后者常作为吸声材料和软垫材料使用。聚氨酯泡沫塑料的密度、导热系数和最高使用温度见表 10-9。

（3）聚乙烯泡沫塑料。聚乙烯泡沫塑料（polyethylene foam）是以聚乙烯树脂为主体，加入发泡剂、交联剂和其他添加剂制成的材料。高发泡聚乙烯孔隙率大且大多为闭孔结构，因此吸湿性小。聚乙烯泡沫塑料具有密度小、化学性能稳定、耐腐蚀和绝热效果好等优点。聚乙烯泡沫塑料的密度、导热系数和最高使用温度见表 10-9。

（4）酚醛泡沫塑料。酚醛泡沫塑料（phenolic foam）是由酚醛树脂通过发泡而得到的一种泡沫塑料，具有密度小、难燃、自熄、耐化学腐蚀、耐热性能优异等优点，是一种理想的绝缘隔热保温材料。酚醛泡沫塑料的密度、导热系数和最高使用温度见表10-9。

（5）尿素甲醛泡沫塑料。尿素甲醛泡沫塑料（urea formaldehyde foam）也称脲醛泡沫塑料，是以尿素和甲醛为原料，在增塑剂、表面活性剂、泡沫稳定剂和硬化剂的作用下发泡、模塑和硬化而成的一种泡沫塑料。脲醛泡沫塑料外观洁白，密度低，价格低廉，属于闭孔型硬质泡沫塑料，但是其内部存在部分连通的开口气孔，因此吸水性强，强度较低。脲醛泡沫塑料发泡工艺简单，因此可以在现场直接发泡制作，常用于填充建筑结构空腔，形成隔热层。尿素甲醛泡沫塑料的密度、导热系数和最高使用温度见表10-9。

**表 10-9　泡沫塑料性能指标**

| 材料 | 密度（kg/cm³） | 导热系数［W/（m·K）］ | 最高使用温度（℃） |
| --- | --- | --- | --- |
| 聚苯乙烯泡沫塑料 | 10～20 | 0.038～0.041 | 70 |
| 聚氨酯泡沫塑料 | 30～50 | 0.035～0.042 | 120 |
| 聚乙烯泡沫塑料 | 26～60 | 0.037～0.044 | 90 |
| 酚醛泡沫塑料 | 30～70 | ≤0.040 | 180 |
| 尿素甲醛泡沫塑料 | 10～15 | 0.025～0.036 | 70 |

### 2. 软木

软木（cork）是以栓皮栎或黄菠萝树皮为原料，经粉碎后再压缩成型，在300℃左右的烘炉中烤1～1.5h，放置冷却后即可作为低温隔热材料使用。软木由许多呈辐射状排列的扁平细胞组成，内部含有大量气孔和树脂，故导热系数低。软木富有弹性，不透水，不易受到化学物品腐蚀，具有良好的防腐性。软木可加工制成碳化软木板，经常用于需要保持低温的冷藏库等。软木的密度、导热系数和最高使用温度见表10-10。

**表 10-10　软木性能指标**

| 绝热材料 | 密度（kg/cm³） | 导热系数［W/（m·K）］ | 最高使用温度（℃） |
| --- | --- | --- | --- |
| 软木 | 250 | 0.046～0.070 | 80 |

### 3. 植物纤维复合板

将植物纤维（例如棉秆、玉米秆、高粱秆、稻草等）切断并碾碎后形成的纤维碎料与黏合剂共同混合、搅拌后再经热压形成的板材，称为植物纤维复合板（natural fibre composites）。植物纤维复合板具有质量轻、强度高、防潮防蛀和导热系数小的优点，可用于住宅建设的室内隔墙、冷库和暖房的围护结构。植物纤维复合板的密度、导热系数和最高使用温度见表10-11。

**表 10-11　植物纤维复合板性能指标**

| 绝热材料 | 密度（kg/cm³） | 导热系数［W/（m·K）］ | 最高使用温度（℃） |
| --- | --- | --- | --- |
| 植物纤维复合板 | 400～500 | 0.1～0.2 | 120 |

**4. 蜂窝板**

蜂窝板（honeycomb panel）是指由两块薄面板粘贴在一层较厚的蜂窝状芯材两面制成的板材，也被称作蜂窝夹层结构。蜂窝板芯材通常为铝片、牛皮纸和玻璃纤维布等，面板材料主要有牛皮纸、胶合板、纤维板、石膏板等。对于不同面材和芯材的蜂窝板，其绝热效果不同，当芯材采用泡沫塑料等材料时，其绝热效果最佳。蜂窝板质量轻、强度高、导热系数小，可应用于室内隔断和天花吊顶等结构。

**5. 硬质泡沫橡胶**

硬质泡沫橡胶（rigid foam rubber）是采用化学发泡法制成的，其密度小，质地柔软且富有弹性，绝热效果优秀，同时还具有良好的抗冲击和防震性能，常用作保温、隔音和防震材料。但是其耐酸的腐蚀性能较差，强的无机酸和有机酸都会对硬质泡沫橡胶造成侵蚀。硬质泡沫橡胶作为热塑材料，耐热性较差，在 65℃时开始软化，100℃后开始分解。但是其具备良好的低温性能，并且体积稳定性好，是一种较好的保冷材料。

# 10.2　防水材料

## 10.2.1　防水材料概述

防水材料（waterproof material）是指建筑物与构筑物中防止雨、雪、地下水及其他水分渗透，起到防潮、防漏作用的材料，广泛应用于建筑、公路、桥梁和水利等工程，是土木工程中不可或缺的材料之一。根据变形性能不同，防水材料分为刚性防水材料和柔性防水材料两类。其原材料、防水原理及特点见表 10-12。本节介绍柔性防水材料。

表 10-12　刚性防水材料与柔性防水材料的对比

| 防水材料 | 原料 | 原理 | 特点 |
|---|---|---|---|
| 刚性防水材料 | 水泥、砂石以及少量的外加剂和高分子聚合物 | 调整配合比，降低孔隙率，改变孔隙特征，增加各材料界面密实性 | ①使用年限长<br>②施工工艺简单，方便维修<br>③自重过大，屋面构造形式受限大 |
| 柔性防水材料 | 沥青、油毡等有机高分子材料 | 做成卷材或涂料等黏结在屋顶结构板上的找平层以形成不透水的防水层 | ①延展率大、自重小<br>②韧性高，能够适应一定的变形，不易开裂<br>③易老化，使用寿命短 |

柔性防水材料多为沥青、油毡或用各类胶结材料等合成高分子材料制成，具有一定的伸缩延展性，能够在受到外力作用时发生弹性变形，避免因变形开裂而失去防水作用。柔性防水材料种类繁多，主要有防水卷材、防水涂料和密封材料三大类。

## 10.2.2　防水卷材

防水卷材（Waterproof membrane）是指将沥青类或高分子类等材料浸渍在特制的

纸胎或纤维胎后经过多重工艺加工而成的条形、片状成卷供应的起到防水作用的产品。根据主要组成材料不同，防水卷材可分为沥青防水卷材、高聚物改性沥青防水卷材、合成高分子防水卷材。

防水卷材作为一种防水材料，主要用于阻隔雨水和地下水的作用，经常用于工程基础部分与建筑物之间的无渗漏连接，是工程的第一道也是极为重要的一道防水屏障。为了满足防水工程的需要，防水卷材应当具备以下性能：

1. 耐水性

耐水性是指在水浸润或浸泡后其性能基本不变，在压力水的作用下具有不透水性，常用不透水性、抗渗性等指标表示。

2. 温度稳定性

温度稳定性是指在高温下不流淌、不起泡、不滑动，在低温下不脆裂的性能，即在一定温度变化范围内维持其原有性能的能力，常用耐热度、耐热性和脆性温度等指标表示。

3. 柔韧性

柔韧性是指在低温环境中，保持其柔软、易施工的性能，常用柔度、低温弯折和柔性等指标表示。

4. 机械性能

机械性能是指防水卷材要有在一定荷载、应力或变形的情况下不发生断裂的性能，常用拉力、拉伸强度和断裂伸长率等指标表示。

5. 大气稳定性

大气稳定性是指卷材抵抗阳光、热、臭氧及大气环境中其他化学成分长期综合侵蚀作用的能力，常用耐老化性和老化后性能保持率等指标表示。

### 10.2.2.1 沥青防水卷材

沥青防水卷材是指用特制的纸胎或纤维织物、纤维毡等胎体涂抹浸润沥青，用粉状、粒状、片状矿物粉或合成高分子膜、金属膜作为隔离材料制成的成卷材料，又被称为油毡。由于沥青具有良好的防水性，同时具有价格低廉、资源丰富的优点，曾被广泛用于防水结构。但是其抗拉强度低、延伸率低、温度稳定性差、低温易脆裂、耐老化性能差、使用年限短等缺点使其应用受到了限制，并逐渐被其他防水卷材代替。

### 10.2.2.2 高聚物改性沥青防水卷材

高聚物改性沥青防水卷材是以合成高分子聚合物改性沥青为涂层，纤维织物或纤维毡为胎体，粉状、粒状、片状或薄膜材料为覆面材料制成的可卷曲的片状材料。高聚物改性沥青防水卷材的使用率高，将聚合物掺入沥青之中，聚合物高分子之间形成网状结构，而沥青则填充在网状结构中，改善了沥青原有的结构，人为增强了聚合物分子链的移动性、弹性和塑性。高聚物改性沥青具有高温不流淌、低温不脆裂的良好使用功能，同时机械强度、刚性和低温延性也较沥青有所提高。

根据高聚物种类不同，高聚物改性沥青防水卷材一般可分为弹性体改性沥青防水卷材、塑性体改性沥青防水卷材和其他改性沥青卷材三大类，各类可按聚合物改性体作进一步分类。下面将主要介绍三种高分子改性沥青防水卷材。

### 1. 弹性体改性沥青防水卷材

弹性体改性沥青防水卷材是以热塑弹性体改性剂（如苯乙烯-丁二烯-苯乙烯）改性沥青为浸渍材料，以优质聚酯毡、玻纤毡、玻纤增强聚酯毡为胎基，以细砂、矿物粒料、PE膜、铝膜等为覆盖材料所制成的一类防水卷材。加入沥青中的改性剂与沥青相互作用，使沥青产生吸收、膨胀，形成分子键合牢固的沥青混合物，改善了沥青的性能。卷材公称宽度为1000mm，聚酯毡卷材公称厚度为3mm、4mm和5mm，玻纤毡卷材公称厚度为3mm和4mm，玻纤增强聚酯毡卷材公称厚度为5mm。

### 2. 塑性体改性沥青防水卷材

塑性体改性沥青防水卷材是以无规聚丙烯或聚烯烃类聚合物（APAO、APO等）作为改性剂改性沥青为浸渍涂料，以优质聚氨酯、玻纤毡为胎基，以细砂、矿物粒（片）料、PE膜为覆面材料，采用先进工艺制得的一类防水卷材。塑性体改性沥青防水卷材分子中极性碳原子含量低，导致单键结构不易分解，在与沥青混合后可明显提高其软化点，从而改善沥青性能。

### 3. 改性沥青聚乙烯胎防水卷材

改性沥青聚乙烯胎防水卷材是以高密度聚乙烯膜为胎基，上下两面为改性沥青或自粘沥青，表面覆盖隔离材料（聚乙烯膜或铝箔）制成的防水卷材。改性沥青聚乙烯胎防水卷材按照产品施工工艺分为热熔型和自粘型两种。其中，热熔型卷材厚度为3mm和4mm，自粘型厚度为2mm和3mm。

除上述三种卷材外，高聚物改性沥青防水卷材还有很多种类，它们因聚合物和胎体的品种不同而性能各异，使用时应根据其特点进行合理选择。几种常见的高聚物改性沥青防水卷材特点及适用范围见表10-13。

**表10-13　常见高聚物改性沥青防水卷材特点及适用范围**

| 卷材 | 特点 | 适用范围 |
| --- | --- | --- |
| SBS改性沥青防水卷材 | ①伸长率高<br>②耐疲劳性能优异<br>③具有优良的耐老化性和耐久性<br>④施工方便 | ①一般工业与民用建筑防水<br>②寒冷地区和结构易变形建筑物防水 |
| APP改性沥青防水卷材 | ①拉伸强度和伸长率高<br>②耐腐蚀性好，自燃点较高<br>③耐热度比SBS改性沥青卷材好 | ①工业与民用建筑的屋面和地下防水<br>②机械固定单层防水<br>③多层防水中的底层防水<br>④高温或有强烈太阳辐射地区建筑物防水 |
| 改性沥青聚乙烯胎防水卷材 | ①弹性、塑性好<br>②具有低温不脆裂性和高温不流淌性<br>③伸缩性能良好 | 非外露的建筑与基础设施防水 |
| 改性沥青复合胎防水卷材 | ①力学性能优秀<br>②具有低温不脆裂性和高温不流淌性<br>③伸缩性能良好<br>④使用寿命长、适用范围广 | ①普通建筑的屋面、地下工程防水<br>②屋面隔汽层以及建筑物防潮<br>③重要建筑中地下工程叠层防水结构中的一层 |

| 卷材 | 特点 | 适用范围 |
|---|---|---|
| 自粘橡胶改性沥青防水卷材 | ①柔韧性良好<br>②耐热性和延展性优异<br>③变形能力强<br>④施工简便、快速 | 非外露的防水工程，例如停车场、浴室、地下室和防空洞等 |

#### 10.2.2.3　合成高分子防水卷材

合成高分子防水卷材是以合成橡胶、合成树脂或二者的共混体为基料，加入适量的化学助剂和填充料，经特定工序（混炼、压延或挤出等）制成的片状防水卷材。合成高分子防水卷材具有拉伸强度高、抗撕裂强度高、伸长率大、弹性强、高低温特性好等优点，防水性能优异，是一种新型高档防水卷材。合成高分子防水卷材根据其主体材料不同，一般可分为橡胶型和塑料型两大类，各类又包含若干品种。在此主要介绍三元乙丙橡胶防水卷材、聚氯乙烯防水卷材、氯化聚乙烯防水卷材和氯化聚乙烯-橡胶共混防水卷材这四种最常见的防水卷材。

1. 三元乙丙橡胶防水卷材

三元乙丙橡胶防水卷材是在三元乙丙橡胶内掺入适量的丁基橡胶、硫化剂、促进剂、软化剂和补强剂等，经密炼、拉片过滤、挤出成型等工序加工制得的弹性体防水卷材。由于三元乙丙橡胶分子结构中的主链上没有双键，因此当其受到臭氧、紫外线、湿热作用时主链不易发生断裂，故其拥有十分优异的耐老化性能，使用寿命长达50年。此外，该卷材还具有防水性能好、质量轻等优点，价格略高，在国内属于高档防水材料。

2. 聚氯乙烯防水卷材

聚氯乙烯防水卷材是以聚氯乙烯为主要原料，加入增塑剂、抗紫外线剂和抗老化剂等助剂，通过挤出法生产成型的一种性能优异的高分子防水卷材，按照产品的组分分为均质卷材（代号 H）、带纤维背衬卷材（代号 H）、织物内增强卷材（代号 P）、玻璃纤维内增强卷材（代号 G）和玻璃纤维内增强带纤维背衬卷材（代号 GL）。聚氯乙烯防水卷材低温柔性好，可以实现−40℃低温下不弯曲。该卷材拉伸强度较高，可以适应变形较大的建筑结构。聚氯乙烯防水卷材价格与三元乙丙橡胶防水卷材相差不大。

3. 氯化聚乙烯防水卷材

氯化聚乙烯防水卷材是以氯化聚乙烯树脂（含氯量 30%～40%）为主要原料，加入多种填充料及稳定剂、增塑剂等化学助剂，经过混炼、挤出成型等工序制成的非硫化型防水卷材。产品按有无复合层分类，无复合层的为 N 类，用纤维单面复合的为 L 类，织物内增强的为 W 类。由于氯化聚乙烯分子中不含有双链，该卷材具有优秀的耐老化、抗腐蚀能力。

4. 氯化聚乙烯-橡胶共混防水卷材

氯化聚乙烯-橡胶共混防水卷材是以氯化聚乙烯树脂和适量的丁苯橡胶为主要原料，加入多种化学助剂，经密炼、过滤、挤出成型和硫化等工序加工制成的防水卷材。该卷材不仅具有塑料所特有的高强度和优异的耐老化性能，还具有橡胶的高弹性、高延伸性

及良好的低温柔性。

除上述四种防水卷材外，三元丁基橡胶防水卷材、热塑性聚烯烃弹性体等也为常用的合成高分子防水卷材。由于基材不同使得防水卷材性能差异较大，因此应该根据工程需要选择合适的防水卷材。常用的合成高分子防水卷材特点和适用范围见表10-14。

表10-14 常见合成高分子防水卷材特点及适用范围

| 卷材 | 特点 | 适用范围 |
|---|---|---|
| 三元乙丙橡胶防水卷材 | ①拉伸强度高，抗裂性强，弹性强<br>②耐候性、耐臭氧性能优异<br>③使用温度范围广<br>④使用寿命长 | ①各种建筑防水工程的修缮<br>②外露屋面工程和地下工程的防水<br>③防水要求高、耐久年限长的防水工程 |
| 聚氯乙烯防水卷材 | ①拉伸强度和断裂伸长率高<br>②低温柔韧性好，对变形适应性强<br>③耐老化性能好 | ①大型屋面板、空心板的防水层<br>②地下室或地下工程的防水防潮<br>③对耐腐蚀有要求的地面工程防水 |
| 氯化聚乙烯防水卷材 | ①强度高和延伸率高，弹性强<br>②收缩率低<br>③耐臭氧、耐老化性能强，使用寿命长 | ①屋面作单层外露防水<br>②有保护层的屋面和地下室防水<br>③室内装饰用材料，兼具装饰和防水性能 |
| 氯化聚乙烯-橡胶共混防水卷材 | ①强度高<br>②弹性高、延性好<br>③耐臭氧、耐老化性能优异<br>④低温柔性良好 | 新建和维修建筑屋面、墙体，以及隧道、水库等工程的防水、防潮、防渗和补漏，尤其适用于寒冷地区或变形较大的防水工程 |
| 三元丁基橡胶防水卷材 | ①弹性高<br>②耐高低温、耐化学腐蚀性能好<br>③价格低廉 | 一般建筑物的防水，尤其适用于寒冷及温差变化较大地区的防水 |
| 热塑性聚烯烃弹性体（TPO） | ①耐候性、耐臭氧性能优异<br>②耐紫外线性能优异<br>③耐高温性和耐冲击性良好 | 屋面及地下工程、地铁和隧道工程、污水处理厂等市政工程 |

### 10.2.3 防水涂料

防水涂料（waterproof paint）就是用于防止水浸入或渗透的涂料。在常温下防水涂料多是呈无固定形状的黏稠状液体，将其涂布在机体表面后，涂料中的溶剂挥发、水分蒸发或反应后留下的固化物在基体表面形成一层坚韧的连续防水膜，从而起到防止渗漏的作用。

防水涂料固化后的薄膜具有良好的防水性，同时又由于涂料涂抹的便利性，防水涂料特别适合在不规则防水面使用，能够形成无接缝的防水层，降低水渗漏的风险。防水涂料的施工大多采用冷施工，便于操作，施工速度快，因此可以大大减少施工工期。

防水涂料按液态类型可分为溶剂型、水乳型和反应型三种；按成膜物质主要分为沥青类、高聚物改性沥青类和合成高分子类。防水涂料种类繁多，其性能差异较大，作为防水涂料，不仅需要拥有良好的施工性能，还需要在成膜后具有良好的防水性能，以及良好的机械性能和耐久性能。下面将主要介绍沥青基防水涂料、高聚物改性沥青基防水涂料和合成高分子防水涂料。

### 10.2.3.1 沥青基防水涂料

沥青基防水涂料是以沥青为基料配制而成的水乳型或溶液型防水涂料。溶剂型沥青防水涂料是将未改性的石油沥青直接溶解在汽油等有机溶剂中配制而成的涂料，水乳型沥青防水涂料是将石油沥青分散于水中，形成稳定的水分散体构成的涂料。其中溶剂型沥青防水涂料形成的薄膜厚度小，沥青也未进行改性，因此不能单独作为防水涂料直接使用，而是作为某些防水材料的配套材料，例如沥青防水卷材施工时用于打底的冷底子油。

将沥青作为涂料与填料混合，不仅可以降低沥青使用量，还可以改善沥青自身的性能。沥青与填料结合后会润湿和吸附填料，从而在填料表面形成一道牢固的沥青薄膜，提升沥青胶的黏结力、耐热性和大气稳定性。掺入填料种类不同，其适用环境不同，例如用于防水防潮工程的沥青防水涂料应采用石灰石、白云石等细粉或普通硅酸盐水泥等作为填料；在有耐酸腐蚀要求的结构中，应采用耐酸性强的石英粉；在变形大的结构中，可以掺入石棉粉或木粉等纤维状填料以提高沥青柔韧性和抗裂能力。

目前常用的沥青基防水涂料有水乳无机矿物厚质沥青涂料、水性石棉沥青防水涂料和膨润土沥青乳液防水涂料等。

### 10.2.3.2 高聚物改性沥青基防水涂料

高聚物改性沥青基防水涂料也称橡胶沥青防水涂料，用橡胶对沥青进行改性后形成的改性沥青作为成膜物质中的主要胶黏材料从而制成水乳型或溶剂型防水涂料。用不同的橡胶对沥青进行改性可以得到不同特性的涂料，例如用再生橡胶对沥青进行改性得到的水乳型再生橡胶沥青改性防水涂料，其低温冷脆性和抗裂性得到了改善，同时其弹性也有所提高，可以适用于混凝土基层屋面防水以及旧油毡屋面翻修和刚性自防水屋的维修；用氯丁橡胶改性沥青得到的氯丁橡胶沥青防水涂料，其气密性、耐化学腐蚀性、耐燃性、耐气候性等都得到了改善，适用于屋面和楼面防水，还可用于沼气池以提高抗渗性和气密性；用 SBS 改性沥青得到 SBS 改性沥青防水涂料，其弹塑性、延伸性、耐老化性能、耐高低温性能均有提高，适用于复杂基层的防水施工，例如地下室、厨房等，也特别适用于寒冷地区的防水施工。

### 10.2.3.3 合成高分子防水涂料

合成高分子防水涂料是指以合成橡胶或合成树脂为膜物质制成的单组分或多组分的防水材料，该类涂料具有高弹性、高耐久性及优良的耐高低温性能。合成高分子防水涂料主要有硅橡胶防水涂料、聚氨酯防水涂料、丙烯酸防水涂料等。

#### 1. 硅橡胶防水涂料

硅橡胶防水涂料是以硅橡胶乳液和其他高分子聚合物乳液的复合物质作为主要基料，掺入适量的无机填料和化学助剂后，均匀混合得到的防水涂料。该涂料具有良好的防水性，其弹性、黏结性、延展性强，可以适应较大的变形，成膜速度快，可刷涂、喷涂和滚涂，施工方式多样。硅橡胶防水涂料适用于地下工程、输水储水构筑物和卫生间等防水、防渗及渗漏修补工程。

### 2. 聚氨酯防水涂料

聚氨酯防水涂料是由异氰酸酯、聚醚等经加成聚合反应而成的含氰酸酯基的预聚体，掺加催化剂、助剂和填充料等，经混合等工序制成的反应型涂膜防水材料。聚氨酯防水涂料分为单组分（S）和双组分（M），其中单组分聚氨酯防水涂料是利用涂料中的异氰酸吸收空气中的水分固化成膜，而双组分则是通过与固化剂反应成膜。相较于单组分聚氨酯，双组分聚氨酯防水涂料固化速度快、性能更加优异，因此应用较为广泛。

聚氨酯防水涂料具有黏结强度高、适应能力强的特点，同时耐酸、耐碱、防霉，适用温度范围广，施工操作简单，广泛应用于屋面、地下工程和游泳池等的防水，也可用于室内隔水层及接缝密封等。

### 3. 丙烯酸防水涂料

丙烯酸防水涂料是以纯丙烯酸聚合物乳液为基料，加入其他添加剂而制得的单组分水乳型防水涂料。该涂料具有良好的耐老化性能，同时延展性、弹性和黏结性能也较为优异。由于丙烯酸防水涂料是以水为分散介质，因此无毒无味，不会污染环境。同时该涂料为单组分，可以用刷、喷、滚和刮等方式进行涂布，因此其施工方便且多样。丙烯酸防水涂料适用于非长期浸水环境下的防水防渗工程，特别适合用于轻型薄壳结构的屋面防水工程。

## 10.2.4 密封材料

密封材料（sealing material）是一种用来填充建筑上预留的缝隙（例如沉降缝、伸缩缝等），能够起到水密、气密作用，同时具有一定强度，能够连接构件的填充材料。有些密封材料具有弹性和黏附性，因此有时也被称为弹性密封胶，简称密封胶。

密封材料根据使用形态可分为不定形密封材料和定形密封材料。不定形密封材料是指材料呈糊状或黏稠状，具有一定的流动性的材料，其填充缝隙的能力较好。定形密封材料是指根据工程的要求制成的带、条和垫状的密封材料，可分为遇水膨胀型和遇水非膨胀型。目前建筑中常用的多为不定形密封材料。不定形密封材料和定形密封材料的特点、适用范围和常用材料见表 10-15。

**表 10-15　不定形密封材料和定形密封材料的特点、适用范围和常用材料**

| 种类 | 特点 | 适用范围 | 常用材料 |
|---|---|---|---|
| 不定形密封材料 | ①塑性、黏结性和弹性好<br>②能够适应各种裂缝，操作简单<br>③环境适应能力强<br>④采用冷施工，无污染 | 适用于建筑中各个位置的裂缝和缝隙的填充 | ①沥青嵌缝油膏<br>②聚氯乙烯密封膏<br>③丙烯酸酯密封膏<br>④聚氨酯密封膏<br>⑤硅酮密封膏 |
| 定形密封材料 | ①耐热、耐低温和防水性能好<br>②弹塑性变好，强度高<br>③压缩变形和恢复功能优异<br>④制品尺度精度高，使用寿命长 | 适用于建筑工程中的特殊部位，例如沉降缝、伸缩缝等 | ①密封条带<br>②止水带 |

### 10.2.4.1 沥青嵌缝油膏

沥青嵌缝油膏是以石油沥青为基料，辅以改性材料和填料混合配制而成的一种冷用防水接缝材料。沥青嵌缝油膏具有优异的耐水性和防水性，能和金属、混凝土和砖等建筑材料牢固黏结，耐热性能好，柔韧性强，不易老化，经久耐用。该材料常被用于工程面缝的防水防漏的涂嵌。

### 10.2.4.2 聚氯乙烯密封膏

聚氯乙烯密封膏是以煤焦油作为基料，聚氯乙烯为改性材料，按一定比例掺入增塑剂、稳定剂和填充料等，在140℃高温下塑化而成的膏状密封材料。聚氯乙烯密封膏对煤焦油进行改造，其弹性、黏接强度和耐老化性、耐温度变化能力大幅提高，同时温度适应范围广，施工方便，使用寿命长。该材料广泛应用于水泥混凝土的伸缩缝，也用于混凝土表面、砖瓦结构表面、钢表面和木板表面的防潮、防漏和防渗等。

### 10.2.4.3 丙烯酸酯密封膏

丙烯酸酯密封膏是以丙烯酸酯乳液为基料，掺入增塑剂、分散剂和填料等配制而成的材料，可分为溶剂型和水乳型，通常为水乳型。丙烯酸酯密封膏黏结力强，弹性好，能够适应一般的结构变形，同时耐候性好，能够在−20~100℃温度下长期保持柔韧性。

### 10.2.4.4 聚氨酯密封膏

聚氨酯密封膏有单组分（Ⅰ）和双组分（Ⅱ）两个品种，按照流动性可分为非下垂型（N）和自流平型（L）。双组分聚氨酯密封膏是由含异氰酸酯基的聚氨酯预聚体和含多羟基的固化剂，掺入补强剂、增黏剂制成的高分子密封材料。聚氨酯密封膏的黏结力好，能够与大部分建筑材料牢固黏接；柔软且高强，适合变形较大的结构密封防水；耐候性强，抗撕裂性能好，耐磨性优良。该材料适用于混凝土建筑物沉降缝、伸缩缝和施工缝等位置的密封防水，尤其适用于水池、公路及机场跑道的补缝接缝。

### 10.2.4.5 硅酮密封膏

硅酮密封膏是以聚硅氧烷聚合物为主体，加入硫化剂、促进剂以及填料组成的单组分或双组分建筑密封材料，大多采用单组分配制。硅酮密封膏具有优异的耐热、耐寒性，适用温度广（−50~250℃），耐候性和耐腐蚀性能优异，弹性高，施工简单，无毒无污染。根据种类不同，其产品用途不同，F类适用于建筑接缝，Gn类适用于普通装饰装修镶装玻璃，Gw类适用于建筑幕墙非结构性装配。

### 10.2.4.6 止水带

止水带又称封缝带，是处理建筑物或地下构筑物连接缝用的一类定形防水密封材料，目前常用的有橡胶止水带、塑料止水带和钢板止水带。

橡胶止水带是以天然橡胶与各种合成橡胶为主要原料，加入各种助剂和填料，经过一系列工序制成的止水带。该止水带具有良好的弹性、耐磨性、耐老化性和抗撕裂性，对于变形的适应能力强，防水性能好，一般应用于地下室外墙和后浇带施工。

塑料止水带是由聚氯乙烯树脂与各种添加剂混合后经一系列工序制成的止水带。该止水带耐久性好，来源丰富，价格低廉，可用于地下室、隧道、涵洞和溢洪道等工程。

钢板止水带，又称止水钢板，一般由冷轧钢板作为母材制成。建筑物地下室水平构件和竖向构件无法一次浇筑完成，因此在基础底板上留置水平施工缝。再次浇筑时新旧混凝土相接的施工位置成为了防水薄弱环节，而增加钢板止水带后，水沿着新旧混凝土交接的位置渗透时遇到止水钢板从而无法继续渗透，因此止水钢板起到了切断水渗透路径的作用。

### 10.2.4.7 密封条

密封条是指由橡胶、合成橡胶或树脂为主要原料，通过加工得到的条形或带状的一类建筑密封衬垫材料。根据国家标准 GB/T 24498—2009《建筑门窗、幕墙用密封胶条》的规定，常用的胶条材料主要分为硫化橡胶类和热塑性弹性体类，其中硫化橡胶类以三元乙丙橡胶、硅橡胶和氯丁橡胶为主体材料，热塑性弹性体类主要以热塑性硫化胶、热塑性聚氨酯弹性体和增塑聚氯乙烯为主体材料。密封胶条具有强度高、弹性好、耐老化性能好等优点，广泛应用于门窗、柜台等，起到固定、密封和抗震的作用。

# 10.3 防火材料

## 10.3.1 防火材料概述

随着经济的不断发展，各式各样的电气设备，各种可燃的室内装修材料、塑料制品等大量引入建筑物中，带来了巨大的火灾隐患。2021 年 3 月 9 日，位于石家庄市的众鑫大厦发生火灾，现场浓烟滚滚，火光冲天，大火过后的大厦面目全非，造成了巨大的经济损失，幸运的是没有人员伤亡。此次火灾的原因是楼外保温层发生燃烧，加之当地环境干燥，使得火势迅速蔓延。火灾会造成重大的损失，特别是对于高层建筑来说，造成财产损失的同时还严重危及人员生命安全，因此建筑防火材料的使用对于建筑的安全是十分重要的。

建筑防火材料（building fireproof materials）是指遇火不燃烧或难以燃烧的建筑材料。防火材料可以起到防止火灾发生和蔓延的作用，或者在火灾发生初期起到减缓燃烧速度的作用，为人员撤离避难提供宝贵时间。

## 10.3.2 防火性能

材料的防火性能是指材料在遇到火焰时不燃烧、不分解，同时保持其机械性能的能力，主要包括燃烧性能、耐火极限、燃烧时毒性和发烟性等。

### 10.3.2.1 燃烧性能

燃烧性能是指材料在燃烧或遇火时所发生的一切物理、化学变化，由材料表面的着火性和火焰传播性、发热、发烟、炭化、失重以及毒性生成物的产生来衡量。根据国家标准 GB 8624—2012《建筑材料及制品燃烧性能分级》的规定，建筑材料的燃烧性能分为不燃性材料（A）、难燃性材料（$B_1$）、可燃性材料（$B_2$）和易燃性材料（$B_3$）四个等级。

不燃性材料是指在高温或明火的情况下不起火、不微燃、不炭化，几乎不发生燃烧的材料。

难燃性材料是指在高温或明火的情况下难以起火，火焰难以蔓延，当火源移开后燃烧立即停止的材料。难燃性材料除少数本身具有阻燃功能外，大多数都是采用阻燃剂、防火浸渍或防火涂料等对易燃材料进行阻燃处理得到的。

可燃性材料是指在高温或明火的情况下，立即起火或燃烧，且火源移走后仍继续燃烧的材料，例如木材和大部分有机材料。

易燃性材料是指在高温或明火的情况下，立即起火，且火焰传播速度快的材料，例如有机玻璃和泡沫塑料等。

### 10.3.2.2　耐火极限

耐火极限是指在标准耐火试验条件下，建筑物构件、配件或结构从受火的作用时起，到失去稳定性、完整性或隔热性时止所用的时间，用小时（h）表示。在火灾中，建筑耐火构配件起着阻止火势蔓延扩大、延长支撑时间的作用，其耐火极限决定了建筑物在火灾中的稳定程度和火灾发展的快慢。

### 10.3.2.3　燃烧时毒性

材料燃烧时毒性包括建筑材料在火灾中受热分解释放出的热分解产物和燃烧产物对人体造成的毒害作用。资料表明，在火灾中造成人员伤亡的主要原因并非是直接烧伤或烧死，而是由于被困人员吸入了大量燃烧导致的浓烟或有害气体，造成中毒或昏厥，失去自救能力后被困，导致烧伤或死亡。因此，研究材料防火性能的同时对于材料潜在的毒性要加以重视。

### 10.3.2.4　燃烧时发烟性

材料燃烧时发烟性是指在燃烧或受热分解情况下，材料产生大量的悬浮在空气中可见的固体和液体微粒。大量可见微粒组成的浓烟，不仅会降低受困人员逃生时的视线，使其逃生更加困难，还会阻碍救援人员的营救工作，降低搜救效率，同时可能导致人员窒息直接死亡。因此，在考虑材料防火性能的同时必须要重视材料燃烧时发烟性。

## 10.3.3　防火材料的防火机理

要研究材料的防火机理，首先要对燃烧的原理和过程有一定的了解。燃烧就是可燃物质在一定温度下与空气中的氧气发生氧化的反应，该反应释放出大量的光和热。燃烧现象十分常见，但是其发生需要一定的条件，只有满足燃烧条件时才会发生燃烧现象。

### 10.3.3.1　燃烧条件

燃烧是一种特殊的氧化还原反应，因此需要氧化剂和还原剂参与反应，同时还需要一定的能量触发该反应。燃烧的条件可称为燃烧三要素。

可燃物（还原剂）是指能与空气中的氧或其他氧化剂起燃烧化学反应的物质，例如橡胶、塑料和木材等。

助燃物（氧化物）是指与可燃物发生燃烧反应的物质，空气中的氧气是最常见的助燃物。

火源（触发反应的能量）是指能够引起物质发生燃烧反应的点燃能源，例如明火、高温表面和电火花等。

可燃物、助燃物和火源是燃烧的三要素，缺少任何一种要素都无法发生燃烧。然而，产生燃烧不仅需要上述三要素，还需要满足彼此间的数量比例，同时还必须相互结合、相互作用。因此，只要隔绝燃烧三要素中的任意一种要素，就可以实现防火和

阻燃。

### 10.3.3.2　建筑材料防火处理原理与方法

从燃烧条件可以看出，只要控制燃烧三要素中的任意要素，即可实现阻燃和防火。对于建筑材料的防火，控制火源的方法是不现实的，因为其具有不确定性和难预测性，例如电器的短路产生的电火花、极端天气遭雷击产生的火花或者不安全吸烟等都可能成为火源，因此控制可燃物和助燃物是建筑材料防火的主要原理。

建筑材料防火的方法之一就是用难燃或不燃的涂料将可燃物表面封闭起来，起到隔绝助燃物的效果。将可燃物封闭可以使其与空气隔绝，阻断了助燃物与可燃物的接触，即可起到防火和阻燃的作用。例如防火涂料涂抹在室内木板、纤维板和塑料表面，可以起到防火作用。

另一种防火方法就是移除可燃物，用难燃或不燃的材料制作结构构件防火材料，例如使用防火板材作为建筑物内墙、外墙和吊顶板使用。

## 10.3.4　常用的建筑防火材料

防火材料主要可以分为防火涂料和防火板材。

### 10.3.4.1　防火涂料

防火涂料（fireproof paints）是一种用于可燃物或易燃物基材表面，提高被涂材料表面耐火性能和耐火极限，阻滞火势迅速蔓延的特殊涂料。防火涂料一般由胶黏剂、防火剂、防火隔热填充料及其他添加剂（催化剂、碳化剂、发泡剂和阻燃剂等）组成，其中防火隔热填充料多为无机隔热材料，例如膨胀蛭石和膨胀珍珠岩等。

按照涂层受热后形态分类，防火涂料可分为非膨胀型防火涂料和膨胀型防火涂料。

非膨胀型防火涂料又称隔热涂料，在遇火后不发生体积变化或变化很小。该类型主要通过三种途径发挥阻燃作用：一是涂层自身具有难燃和不燃性，可以阻隔火焰；二是在火焰或高温环境中分解释放出大量的不燃性气体，例如水蒸气、氨气或二氧化碳等，可以将氧气和助燃气体浓度稀释，起到阻燃作用；三是在火焰或高温下形成不可燃的致密的无机釉膜层，能够隔绝氧气和助燃气体，起到隔热防火的作用。

膨胀型防火涂料在常温下与普通漆膜无异，但在火焰或高温环境中涂层迅速发泡膨胀，形成比原涂层厚几十甚至几百倍的难燃性泡沫碳化层，导致其导热系数大幅降低，在泡沫层中传递的热量迅速衰减，使得传递到基材的热量大幅降低，从而起到阻燃和防火的作用。另一方面，涂层在膨胀发泡过程中发生的物理变化和化学变化能够吸收大量的热，从而对基材的升温过程起到迟滞作用。另外，涂层在分解过程中释放出不燃性气体可稀释助燃气体浓度，起到阻燃的作用。

根据所保护的基材种类不同，防火涂料主要可分为饰面型防火涂料、钢结构防火涂料和钢筋混凝土结构防火涂料。

1. 饰面型防火涂料

根据国家标准 GB 12441—2018《饰面型防火涂料》，饰面型防火材料是涂覆于可燃基材（如木材、纤维板、纸板及其制品）表面，具有一定装饰作用，受火后能够膨胀发泡形成隔热保护层的涂料。饰面型防火材料主要有以下几种：

（1）水性防火涂料。水性防火涂料是指以水作为分散介质的一类饰面防火涂料，其主要成膜物质为聚合物乳液和无机胶黏剂等，在制作过程中按一定比例掺加发泡剂、成炭剂等组成防火体系。该涂料施工和运输十分便利、安全，但其耐水和防潮性能低于溶剂型防水涂料。

（2）溶剂型防火涂料。溶剂型防火涂料是指以有机溶剂作为分散介质的一类饰面型防火涂料，其主要成膜物质一般为合成的有机高分子树脂，在制作过程中同样也需要掺加发泡剂、成炭催化剂等组成防火体系。溶剂型防火涂料的防火性能较为全面，在防火的同时还具有较强的耐水和防潮性能，适用范围广。

（3）透明性防水涂料。透明性防水材料是一种新型的防水涂料，一般以合成聚合物树脂作为基材，掺入少量发泡剂、成炭剂等组成防火体系。该涂料防火性能较强，但是对基材要求较高，一般用于高级木质材料的装饰和防火。

2. 钢结构防火涂料

钢材是一种性能十分优异的材料，其本身是不燃性材料，但是钢材的机械强度随着周围环境温度的升高而降低。常用的建筑钢材在温度达到300℃时机械强度开始下降，当温度达到540℃时机械强度损失可达到70％，致使其失去承载力。火灾发生后，火场环境温度上升速度极快，仅5min后即可达到540℃，因此钢结构在遭遇火灾时短时间内会发生变形，导致建筑整体结构垮塌，危及生命财产安全。

钢结构的防火措施有很多，例如：安装自动喷水装置，火灾时可喷洒水进行灭火和降温；将钢结构制成空心体，内部注以循环水带走热量；在钢结构表面喷涂防火涂料以起到防火和隔热的作用。其中喷涂防火涂料具有施工方便、成本低、后期维护费用低和无污染等优点，得到人们的广泛认可并被大量采用。

钢结构防火涂料可分为以下几类：

按火灾防护对象可分为普通钢结构防火涂料和特种钢结构防火涂料。其中，普通钢结构防火涂料用于普通工业与民用建（构）筑物钢结构表面，特种钢结构防火涂料用于特殊建（构）筑物（如石油化工设施、变电站等）钢结构表面。

按使用场所可分为室内钢结构防火涂料（用于建筑物室内或隐蔽工程的钢结构表面）和室外钢结构防火涂料（用于建筑物室外或露天工程的钢结构表面）。

按分散介质可分为水基型钢结构防火涂料和溶剂型钢结构防火涂料。

按防火机理可分为膨胀型钢结构防火涂料和非膨胀型钢结构防火涂料。

钢结构防火涂料的种类不同，其耐火极限也不同。其耐火极限如表10-16所示。

表10-16　钢结构防火涂料厚度与防火极限的关系（h）

| 耐火极限，$F_r$ | 耐火性能分级代号 | |
|---|---|---|
| | 普通钢结构防火涂料，$F_P$ | 特种钢结构防火涂料，$F_t$ |
| $0.50 \leqslant F_r < 1.00$ | 0.50 | 0.50 |
| $1.00 \leqslant F_r < 1.50$ | 1.00 | 1.00 |
| $1.50 \leqslant F_r < 2.00$ | 1.50 | 1.50 |
| $2.00 \leqslant F_r < 2.50$ | 2.00 | 2.00 |
| $2.50 \leqslant F_r < 3.00$ | 2.50 | 2.50 |

续表

| 耐火极限，$F_r$ | 耐火性能分级代号 | |
| --- | --- | --- |
| | 普通钢结构防火涂料，$F_P$ | 特种钢结构防火涂料，$F_t$ |
| $F_r \geqslant 3.00$ | 3.00 | 3.50 |

注：a $F_P$采用建筑纤维类或在升温试验条件；$F_t$采用羟类（HC）火灾升温试验条件。

　　b 裸露钢材的耐火极限为15min。

### 3. 钢筋混凝土结构防火涂料

混凝土本身不会燃烧，但是钢筋混凝土的耐火耐热能力很差，在温度过高的环境中钢筋混凝土构件的性能会发生重大变化，例如抗拉强度和抗压强度，以及黏结锚固性能的损失等，造成建筑物的损坏和坍塌，因此需要对钢筋混凝土结构构件进行防火保护，特别是预应力钢筋混凝土结构和隧道结构等。

混凝土结构防火涂料是指涂覆在石油化工储罐区防火堤等建（构）筑物和公路、铁路、城市交通隧道混凝土表面，能形成耐火隔热保护层以提高其结构耐火极限的防火涂料。根据使用场所不同，混凝土结构可分为防火堤防火涂料和隧道防火涂料。其中，防火堤防火涂料用于石油化工储罐区防火堤混凝土表面的防护，隧道防火涂料用于公路、铁路、城市交通隧道混凝土结构表面的防护。

#### 10.3.4.2　防火板材

防火板材（fireproof panels）是指具有防火功能的板材，其本身具有一定的耐火性，可以保护其他构件，或者在火灾中可以阻止火势的蔓延。根据化学成分不同，防火板材可分为无机防火板材和有机防火板材两大类。其中，无机防火板材具有优良的防火性能，同时耐虫蛀、成本低廉，是应用最多的防火板材。而对于有机防火板材而言，大多数的有机材料燃烧后会释放大量的浓烟和毒气，因此其使用受到了极大的限制，还需要做进一步的研究和产品改造升级。常用的防火板材有石棉水泥板、植物纤维水泥复合板、纸面石膏板和无石棉硅酸钙板等。

#### 1. 石棉水泥板

石棉水泥板是以石棉纤维作为增强材料，以高等级水泥作为基体材料，经过压制、高温蒸养等工艺制成的建筑板材，具有质量轻、强度高、易加工以及耐腐蚀、耐热、防火性能好等优点。石棉水泥板可用于建筑的内外墙板、楼层地板、复合墙体面板以及吊顶等结构。

#### 2. 植物纤维水泥复合板

植物纤维水泥复合板（PRC板）是以木纤维、竹纤维或芦苇纤维等作为增强填充材料，以水泥为基体材料，经过热压或半干等工艺制得的建筑板材，质量轻且具有良好的隔热防火性能，通常用于隔墙板、防火门芯、吊顶天花板和防火地板等构件。

#### 3. 纸面石膏板

纸面石膏板是以石膏料浆为夹芯材料，两面用纸作为护面而制成的一种轻质板材，具有质量轻、强度高、隔声、隔热和耐火性能好的优点。石膏板配合龙骨墙体使用，可以省去砌筑和抹灰等工序，施工效率高。纸面石膏板主要用作内墙材料和钢结构保护层。

4. 无石棉硅酸钙板

无石棉硅酸钙板是指以非石棉纤维作为增强材料制成的纤维增强硅酸钙板材，其中石棉含量为零。该板材具有质量轻，隔声、隔热和防火性能好，强度高、防蛀防腐等优点，主要用于钢结构梁、柱的防火保护，以及制作吊顶和隔墙。

# 10.4 吸声和隔声材料

## 10.4.1 吸声和隔声材料概述

吸声材料（sound-absorbing materials）是指反射声能较小，吸收和穿透的声波能量较大的材料。材料的吸声性能通常以吸声系数表示。其计算公式如下。

$$\alpha = \frac{E}{E_0} \tag{10-1}$$

式中：$\alpha$——吸声系数；

$E$——材料吸收和穿透的声能；

$E_0$——传递给材料的全部入射声能。

规定选取 125Hz、250Hz、500Hz、1000Hz、2000Hz 和 4000Hz 频率的吸声系数来表示材料的特定吸声频率。上述 6 个频率的平均吸声系数大于 0.2 的材料称为吸声材料。吸声系数越大，材料吸声效果越佳。

隔声材料（sound-insulating materials）是指能够阻断声音传播或者减弱透射声能的一类材料，分为隔绝空气中传播的声音和隔绝固体中传播的声音两种。

吸声材料和隔声材料的作用原理不同。当声波入射到材料表面时，一部分入射声能发生反射，一部分进入材料内部被吸收，还有一部分穿透材料进入材料的另一侧。当大部分声能进入材料而反射声能很小时，说明材料吸声性能好；当进入材料的声能大部分被材料吸收，透过材料进入材料另一侧的声能很小时，说明材料的隔声能力强。

吸声材料和隔声材料的材质不同。吸声材料要求对入射声能的反射小，需要声能尽可能多地进入或穿透材料，因此吸声材料应为多孔和疏松结构；隔声材料要求减弱声能的透射，阻挡声音的传播，因此隔声材料应为厚重和密实结构。

## 10.4.2 常用的吸声材料及结构

吸声材料及结构主要可分为多孔吸声材料、柔性吸声材料、悬挂空间吸声体、帷幕吸声体、薄板振动吸声结构、共振腔吸声结构和穿孔板组合共振腔吸声结构。

10.4.2.1 多孔吸声材料

多孔吸声材料含有较多开放的、连通的、细小的气孔，通常由纤维材料和颗粒状材料制成。多孔吸声材料的主要原理是当声能入射到多孔材料表面后激发微孔隙中空气的振动，由空气的黏滞性在微孔隙内产生相应的黏滞阻力，使得声能不断衰减转变为热能。多孔吸声材料主要以吸收中频、高频声能为主，常用于控制厅堂内的混响时间和宽频带的噪声。

10.4.2.2 柔性吸声材料

柔性吸声材料含有密闭气孔，同时还具有一定的弹性，通常由聚氯乙烯泡沫等制成。柔性吸声材料的主要原理是材料外表面的孔隙壁与声能接触时会发生振动，克服材料内部的摩擦消耗声能而产生热能，引起声能的衰减。柔性吸声材料的特点是在一定频率范围内会出现一个或多个吸声频率。

#### 10.4.2.3 悬挂空间吸声体

悬挂空间吸声体是一种将吸声材料或结构悬挂在室内与壁面有一定距离的空中的结构，可以认为是多孔吸声材料和共振腔吸声结构的组合。该结构悬空放置，声波可以从不同角度射入吸声体，因此其吸声效果远高于贴在墙面上单面受声波入射的结构。悬挂空间吸声体对各个频率的声能吸收效果良好，不仅能够节省材料，还便于制作和安装，同时具有一定的装饰性。

#### 10.4.2.4 帘幕吸声体

帘幕吸声体是使用具有通气性能的纺织品，安装在与墙面或窗洞有一定距离处，且背后设置空气层的一种吸声结构。帘幕本身的吸声效果不佳，但是由于其后方设置了空气层，使其对于中高频声能具有一定的吸收效果。当帘幕在与墙面有 1/4 波长的奇数倍距离处悬挂时，就可得到相应频率的高吸声量。

#### 10.4.2.5 薄板振动吸声结构

薄板振动吸声结构是指将薄木板、纤维板或石膏板等四周固定在墙体或框架上，后部留有一定空气层的结构。其吸声原理为当声能与薄板接触时使得薄板发生共振产生热能从而消耗声能。薄板振动吸声结构的吸声频率窄且主要在低频区，经常用于弥补多孔材料在低频区吸声效果不佳的缺陷。

#### 10.4.2.6 共振腔吸声结构

共振腔吸声结构来源于亥姆霍兹共鸣器。其结构形状为一个封闭的大空腔，有一较小的开口孔隙，类似于一只烧瓶，而当腔口覆盖一层透气的细布或疏松的棉絮，可加宽吸声频率范围，提高吸声质量。

#### 10.4.2.7 穿孔板组合共振腔吸声结构

穿孔板组合共振腔吸声结构是由穿孔的各种薄板四周固定在龙骨上，并在背后设置空气层而形成的吸声结构。其吸声原理是多个亥姆霍兹共鸣器的组合，在共振频率附近有最大的吸声系数，适合中频声波的吸收。

### 10.4.3 常用的隔声材料及结构

隔声材料及结构主要分为空气声隔绝和固体声隔绝，对于这两种不同情况要采用不同的隔声材料和隔声结构。

空气声隔绝是指隔绝通过空气振动传播的声音，主要有说话、唱歌等。对于空气声隔绝，应采用不易振动、单位面积质量大的密实厚重材料。如果必须采用轻质墙体，应辅以填充吸声材料或采用夹层结构，以提高墙体隔声效果，但应当注意的是各层材料质量应不一致，以避免谐振。空气声隔绝主要有单层墙、双层墙和轻型墙的空气声隔绝。

固体声隔绝是指隔绝通过固体撞击或固体振动传播的声音，例如脚步声、电动机等噪声。对于固体声隔绝，应采用柔性材料以阻断声音传播路径，例如加设弹性面层、弹性垫层等方法隔声，当声能射入这些结构时，材料发生变形产生热能，从而使得声能大幅衰减。

# 10.5 防腐蚀材料

## 10.5.1 防腐蚀材料概述

材料的腐蚀是指材料与环境相互作用而导致的材料失效，其中材料包括金属材料、非金属材料、自然材料和人造材料等。建筑物在使用过程中经常会与周围环境中具有腐蚀性的介质（酸、碱和盐等）接触，发生化学腐蚀和电化学腐蚀，使得建筑物受到破坏。

腐蚀现象是十分常见的。从热力学的观点出发，大多数材料都会自发地发生腐蚀，例如钢材的锈蚀、混凝土的剥落、木材的腐烂以及岩石的风蚀。建筑材料的腐蚀会造成极为严重的后果，例如钢材锈蚀后其力学性能明显下降，严重威胁建筑结构的安全性；混凝土剥落后导致构件截面面积减小，承载力下降，同时使得内部钢筋裸露，加速了钢筋锈蚀，严重影响使用功能。不仅如此，建筑材料的腐蚀消耗了大量的资源和能源，还会引起严重的环境污染。因此对材料采取防腐措施刻不容缓。

## 10.5.2 常用的建筑防腐蚀材料

防腐蚀材料（anti-corrosion materials）是指具有抵抗环境中各种介质的腐蚀作用并保持其原有性能的一种材料。在建筑材料中，常见的防腐蚀材料主要有防腐涂料、耐腐蚀混凝土和玻璃钢防腐蚀材料。

### 10.5.2.1 防腐涂料

防腐涂料（anti-corrosion paintings）是一种能够保护建筑物避免酸、碱、盐和各类有机物侵蚀的特殊建筑材料。防腐涂料的作用机理是将被保护材料与腐蚀介质隔离开，使腐蚀介质无法与材料表面接触，从而达到保护和防腐蚀的作用。因此防腐涂料应具备以下特点：

（1）与建筑材料有良好的黏结性能，不易脱落，且具有一定的机械性能，例如涂层与钢铁基层的附着力不宜低于 5MPa，与水泥基层的附着力不宜低于 1.5MPa。

（2）具有良好的抗渗性。

（3）具有良好的化学稳定性，不与环境中的物质发生反应。

（4）有一定的装饰性，且价格合适。

防腐涂料主要由基料、颜料与填料、水、溶剂和助剂组成。常用的建筑防腐涂料有沥青类涂料、氯化橡胶涂料、环氧涂料和聚氨酯涂料。其主要成分、特点和适用范围见表 10-17。

**表 10-17 防腐涂料主要成分、特点和适用范围**

| 涂料名称 | 主要成分 | 特点 | 适用范围 |
|---|---|---|---|
| 沥青类涂料 | 石油沥青 | ①价格低廉，防腐蚀性好<br>②高温易流淌，低温易脆裂<br>③抗冲击强度低 | 主要用于石油工业，例如埋地管道的防腐蚀 |

| 涂料名称 | 主要成分 | 特点 | 适用范围 |
|---|---|---|---|
| 氯化橡胶涂料 | 氯化橡胶和改性树脂 | ①耐腐蚀性好，附着力强<br>②干燥快，耐久性好<br>③施工不受气温影响，使用方便 | 适用于各色金属构件的防锈底漆，也适用于钢结构的防腐罩面涂层 |
| 环氧涂料 | 环氧树脂 | ①耐腐蚀性好，附着力强<br>②品种多样，应用广泛<br>③用胺固化类型的涂料具有毒性 | 可用于金属和木质表面的腻平，也可用于有防腐要求的地面的涂漆 |
| 聚氨酯涂料 | 聚氨酯树脂 | ①耐磨性优良，硬度高<br>②耐油性、耐化学药性强<br>③耐腐蚀性好，附着力强<br>④无毒，使用温度范围广 | 可用于航空航天、交通运输以及民用建筑的装饰与防腐 |

#### 10.5.2.2 耐腐蚀混凝土

耐腐蚀混凝土（anti-corrosion concrete）是由耐腐蚀胶黏剂、硬化剂、耐腐蚀粉料和细骨料以及外加剂按一定比例组成，经过搅拌、成型和养护后可直接使用的一种耐腐蚀材料。混凝土本身就是一种比较耐腐蚀的材料，但是仍然会发生碳化、氯离子侵蚀、碱-骨料反应、冻融破坏和钢筋锈蚀等形式的腐蚀。耐腐蚀混凝土不仅具有优异的机械性能，还能够抵抗酸、碱和盐等介质的腐蚀。耐腐蚀混凝土通常用于浇筑耐腐蚀整体地坪、设备基础和池槽等工程。

根据胶凝材料的种类和防腐性能不同，耐腐蚀混凝土主要有水玻璃耐酸混凝土、硫黄混凝土、聚合物浸渍混凝土和聚合物水泥混凝土。

**1. 水玻璃耐酸混凝土**

水玻璃耐酸混凝土是由水玻璃、硬化剂、耐酸粉料和粗、细骨料配制而成的耐酸材料。水玻璃耐酸混凝土的硬化是由水玻璃与硬化剂反应生成的硅酸凝胶将骨料和粉料黏结在一起，因此称为化学反应型胶凝材料。水玻璃耐酸混凝土有以下特点：

（1）耐酸性强，能够抵抗各种浓度的硝酸、硫酸、盐酸、铬酸和醋酸以及有机溶剂的腐蚀；

（2）能够耐高温（600～800℃）和冷热急变；

（3）机械性能优异；

（4）不耐碱，不耐热磷酸、氢氟酸和高级脂肪酸的腐蚀；

（5）抗渗性较差。

水玻璃耐酸混凝土价格低廉，施工简便，常用于地坪、酸洗槽、储酸池和电解槽等工程。

**2. 硫黄混凝土**

硫黄混凝土是以硫黄作为胶凝材料，聚硫橡胶为增韧剂，掺入耐酸粉料和细骨料，经加热（160～170℃）熬制成硫黄砂浆，灌入粗骨料中冷却后即为硫黄混凝土。硫黄混凝土有以下特点：

（1）快硬高强；

（2）耐化学腐蚀性能好，能够抵抗浓盐酸、50％的硫酸、40％的硝酸、铵盐、氯化物等大部分有机酸、无机酸、盐及酸式盐的侵蚀；

（3）耐疲劳性能强；

（4）抗冻性能优异；

（5）在接近其熔点时发生软化和快速蠕变，因此需要注意其使用温度应低于80℃。

硫黄混凝土施工简单，适用于抢修工程，还适用于化工吸收塔基础表面防腐面层、基础设备和整体地面面层，以及贮槽、电解池等构筑物等。

3. 聚合物浸渍混凝土

由于普通水泥混凝土在硬化干燥后存在微孔隙，为改变其性能，将硬化干燥后的普通混凝土浸渍在以树脂为原料的液态单体中，与单体聚合成为一体的混凝土即为聚合物浸渍混凝土（PIC）。聚合物浸渍混凝土有以下特点：

（1）强度、弹性模量有所提高，吸水率和渗透性大幅下降；

（2）良好的耐化学腐蚀性能，抗酸、碱和盐腐蚀性能强，抗有机溶剂腐蚀能力略差。

聚合物浸渍混凝土主要用于制造以混凝土为基材的整体耐腐蚀池槽和地坪，制造耐腐蚀混凝土管道以及海洋工程中的桩、板、柱等结构构件。

4. 聚合物水泥混凝土

聚合物水泥混凝土（PCC）是指在普通水泥混凝土拌和过程中加入一种聚合物乳液共同拌和而形成的混凝土，其中聚合物乳液的掺量一般为5％～25％。聚合物水泥混凝土有以下特点：

（1）密实度高，抗拉强度高于普通混凝土；

（2）抗渗、抗冻和耐腐蚀性能优异。

聚合物水泥混凝土配制工艺简单，可作为防腐材料用于工厂和实验室等有防腐要求的建筑结构；可作为防水材料用于屋面板和游泳池等结构；可作为耐久性材料用于道路和机场跑道；可作为水工材料用于水下不离散混凝土结构构件。

#### 10.5.2.3 玻璃钢防腐蚀材料

玻璃钢防腐蚀材料是指以不饱和聚酯树脂或环氧树脂为基体，以玻璃纤维为增强材料，添加相应的固化剂和促进剂而制得的一类复合材料。玻璃钢防腐蚀材料（anti-corrosion fiberglass）有以下特点：

（1）黏结性能好，能够与水泥制品、钢材和木材等建筑材料可靠黏结；

（2）耐腐蚀性能好，能够在酸、碱、盐和有机溶剂环境中长期使用；

（3）绝缘性、绝热性好；

（4）刚度小，变形大，易起泡脱层；

（5）耐高温性能差。

玻璃钢防腐蚀材料主要用于各类非金属贮槽的衬里和贮槽的隔离层，也可用于结构构件和配件的重点保护面层。

# 10.6 耐磨材料

## 10.6.1 材料磨损概述

磨损（abrasion）的定义有很多种说法。通常意义上来说，磨损是指材料表面因与相接触的物质间产生相对运动发生摩擦，使得材料几何尺寸（或体积）变小的过程。材料磨损是两个以上物体磨损表面在法向力的作用下，相对运动及有关介质、温度环境的作用使其发生形状、尺寸组织和性能变化的过程。

材料磨损都是发生在表面。根据磨损的机理，磨损可分为七类，分别是黏着磨损、磨料磨损、磨蚀磨损、接触疲劳磨损、冲蚀磨损、微动磨损和冲击磨损。材料磨损的量度由磨损量描述。磨损量包括线性磨损量、体积磨损量、质量磨损量以及通常用的磨损率、耐磨性和相对耐磨性等。

线性磨损量是指材料在磨损前后摩擦物体表面法线方向上尺寸的变化量；体积磨损量是指材料在磨损前后的体积变化量；质量磨损量是指材料在磨损前后质量的变化量；磨损率是指材料磨损后，单位摩擦距离上质量磨损量；耐磨性是指抵抗磨损的能力，是材料磨损率的倒数；相对耐磨性是指在相同磨损条件下，标准试样的质量磨损量与试验试样的质量磨损量之比。

## 10.6.2 常用的建筑耐磨材料

耐磨材料（abrasion resistant materials）是指具有高耐磨性的材料。建筑耐磨材料主要有耐磨混凝土（abrasion resistant concrete）、耐磨石材（abrasion resistant stone）、铸石（cast stone）和耐磨陶瓷（abrasion resistant ceramics）。

### 10.6.2.1 耐磨混凝土

以抵抗砂石、车辆、机械、水流等外界因素冲磨能力来衡量其质量的混凝土称为耐磨混凝土。耐磨混凝土主要有钢屑耐磨混凝土、纤维耐磨混凝土和铁钢砂抗冲耐磨混凝土。

1. 钢屑耐磨混凝土

钢屑耐磨混凝土是指以除去油污后的钢材加工碎屑作为一部分骨料掺入拌和的水泥混凝土。对于耐磨混凝土，其胶凝材料为硅酸盐水泥，而硅酸盐水泥的矿物成分对耐磨性能有很大影响，例如硅酸二钙耐磨性最差，硅酸三钙耐磨性最强，因此在配制耐磨混凝土时应采用高硅酸三钙含量的水泥。

钢屑耐磨混凝土耐磨性强，抗压强度高，适用于受磨严重的地面、路面、楼面和楼梯踏步等结构。

2. 纤维耐磨混凝土

纤维耐磨混凝土是指以水泥混凝土为基材，以非连续短纤维或连续长纤维为增强材料所制成的水泥基复合材料。纤维耐磨混凝土可以提高混凝土的抗拉和抗冲击强度，也可以提高其耐磨性能。根据纤维的种类不同，纤维耐磨混凝土可以分为三大类：①金属纤维混凝土，例如钢纤维混凝土；②无机纤维混凝土，例如玄武岩纤维混凝土；③有机纤维混凝土，例如聚乙烯醇纤维混凝土。

纤维的掺入可以有效提高混凝土的耐磨性能，例如钢纤维耐磨混凝土的耐磨性比普通混凝土提高了2～5倍。纤维耐磨混凝土主要用于桥面、路面、飞机跑道的面层、水工建筑和抗爆工程等。

3. 铁钢砂抗冲耐磨混凝土

铁钢砂抗冲耐磨混凝土由水泥、铁钢砂、石子和水组成，其中铁钢砂填充石子空隙，构成混凝土骨架，能够减少水泥硬化收缩，并且具有强度高、耐冲磨、抗侵蚀等特点。铁钢砂是由天然矿物经机械破碎而成，主要化学成分为 $SiO_2$ 和 $Fe_2O_3$ 等。

铁钢砂抗冲耐磨混凝土被广泛应用于工程的抗冲击和抗冲磨部位。

### 10.6.2.2 耐磨石材

石材是一种古老的建筑材料，早在公元前2670年，古埃及人就以石材建起了金字塔。在中国，蜿蜒巍峨的万里长城也是由大量石材建成的。石材具有强度高、耐磨性好和来源广泛等优点。随着人类开采技术和加工技术的不断提升，石材在当今的建筑结构中被广泛应用。

石材的种类很多，但是并非所有石材都适合用于抗磨建筑材料，例如喷出岩等孔隙率较高的岩石不能用作耐磨材料。花岗岩和大理岩是较为常见的耐磨性较高的岩石，经常作为建筑板材使用。根据国家标准 GB/T 18601—2009《天然花岗石建筑板材》和 GB/T 19766—2016《天然大理石建筑板材》，其性能和特点见表10-18。

**表 10-18　耐磨石材建筑板材的性能、特点和适用范围**

| 石材 | 性能 | | | 特点 | 适用范围 |
| --- | --- | --- | --- | --- | --- |
| | 密度（kg/m³） | 抗压强度（MPa） | 吸水率（%）不大于 | | |
| 花岗岩 | 2500～2800 | 100～131 | 0.4～0.6 | ①孔隙率低 ②耐磨性好 ③耐酸性好 ④耐久性好 | 基础、挡土墙、踏步、地面、外墙饰面和雕塑等 |
| 大理岩 | 2560～2800 | 52～70 | 0.5～0.6 | ①耐磨性好 ②吸水率低 ③纹理细密 ④质地坚硬 | 墙面、地面、柱面和踏步等 |

### 10.6.2.3 铸石

铸石是一种以天然岩石（玄武岩、页岩）或工业废渣（高炉矿渣、钢渣）为主要原料，经过破碎、配料、熔化、浇筑成型、结晶和退火等工艺制得的硅酸盐结晶材料。铸石比合金钢更加坚硬耐磨，其耐磨性能比锰钢高5～10倍，比碳素钢高数十倍，其莫氏硬度为7～8，仅次于金刚石和刚玉。铸石具有较高的耐化学腐蚀和耐酸性能，同时也具有较高的强度，但是其韧性和抗冲击性能较差，切削加工困难。

铸石制品主要有铸石管、铸石复合管、铸石板和铸石料，广泛应用于各种工程的易磨损和腐蚀的部位，例如酸和碱贮存池、酸洗池、反应罐的防腐衬里，厂房的耐酸地坪和墙裙以及公共建筑的过道和踏板等。

#### 10.6.2.4　耐磨陶瓷

陶瓷是一种具有悠久历史的材料，早在公元前八千至两千年，中国人就发明了陶器。陶瓷是以黏土、氧化铝、高岭土以及各种天然矿物等为主要原料经过粉碎混炼、成型和煅烧制得的产品。陶瓷材料的硬度高、抗压强度高，耐磨损、耐腐蚀、耐高温，但是塑性变形能力差，高应力下易发生脆裂。

耐磨陶瓷是以氧化铝为主要原料，以稀有金属氧化物作为溶剂，经高温焙烧而成的特种刚玉陶瓷。其耐磨性能极高，相当于锰钢的 266 倍，高铬铸铁的 172 倍。其硬度也很高，仅次于金刚石。耐磨陶瓷的质量轻，仅为钢铁的一半，同时具有良好的可黏结性和耐热性。耐磨陶瓷作为建筑材料主要用于制作墙地砖，例如装饰等级要求较高的建筑内外墙、柱面、走廊、浴室地面等，也可用于工作台面及腐蚀工程的衬面等。

## 10.7　课后习题

1. 什么是建筑功能材料，列举五种典型的建筑功能材料。
2. 什么是绝热材料？常用的绝热材料有哪些？其绝热机理是怎样的？
3. 防水材料是如何分类的？其防水原理和性能特点是怎样的？
4. 防水卷材主要有哪些材料？其性能特点是怎样的？
5. 详述常见防水涂料的性能特点。
6. 详述防火材料应具备的性能。
7. 常用建筑防火材料的性能特点是怎样的？
8. 什么是吸声材料？什么是隔热材料？二者的作用原理是怎样的？
9. 常用的建筑防腐蚀材料有哪些？各自的性能特点是怎样的？
10. 常用的建筑耐磨材料有哪些？混凝土如何提高其耐磨性？

# 11 基于人工智能的混凝土抗压强度预测

混凝土抗压强度是评价混凝土力学性能的基本指标之一。由于混凝土组分变量较多，且与抗压强度呈现高度非线性关系，需要在实验室进行大量混凝土抗压强度测试，以得出混凝土抗压强度变化规律。人工智能算法可以自动学习这一非线性关系，因此可以利用人工智能算法对混凝土抗压强度进行预测，从而节省人力、物力和时间成本。

## 11.1 人工神经网络

人工神经网络（artificial neural network，ANN），是 20 世纪 80 年代以来人工智能领域兴起的研究热点。人工神经网络是由具有适应性的简单单元组成的广泛并行互联的网络，它的组织能够模拟生物神经系统对真实世界物体所做出的交互反应。人工神经网络是一种运算模型，由大量的节点（或称神经元）之间相互连接构成。每个节点代表一种特定的输出函数，称为激励函数（activation function）。每两个节点间的连接都代表一个对于通过该连接信号的加权值，称为权重，这相当于人工神经网络的记忆。如果某神经元内的信号超过了一个"阈值"（threshold），这个神经元就会被激活，从而向其他神经元发送信号。

### 11.1.1 神经元模型

McCulloch 和 Pitts 将生物神经元激活过程抽象为图 11-1 所示的"M-P 神经元模型"。在这个模型中，来自其他 $n$ 个神经元的输入信号被赋予不同的权重，同时传递到当前神经元，若传递过来的总输入信号大于当前神经元的阈值，总输入信号将通过"激活函数"处理并输出，否则，神经元不被激活。常用的激活函数为图 11-2 所示的 Sigmoid 函数，该函数可将输入值压缩到（0，1）范围内输出。

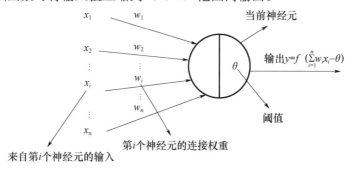

图 11-1　M-P 神经元模型

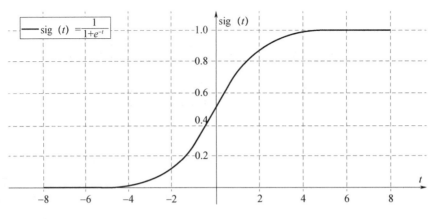

图 11-2  Sigmoid 函数

### 11.1.2  多层神经网络

把多个神经元按照一定的层次连接起来，就得到了"多层前馈神经网络"，如图 11-3所示。其中，每一层神经元与下一层神经元全互联，输入层神经元接收信号输入，隐藏层和输出层神经元对信号进行加工处理，最终结果由输出层神经元输出。神经网络通过训练已有数据，调节网络的权重和阈值，最终使得输出值与实际值误差最小，从而对新的数据进行预测。

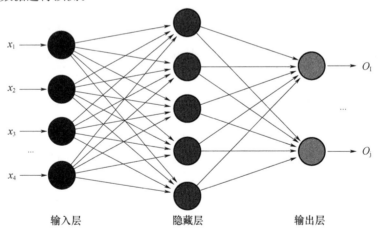

图 11-3  前馈神经网络结构

### 11.1.3  误差反向传播算法

误差反向传播算法（backpropagation，BP）是迄今为止最成功的神经网络训练算法。正向传播时，输入样本从输入层传入，经过各隐藏层逐层处理后，传向输出层。若输出层的实际输出与期望输出不符，则转入误差的反向传播阶段。误差反向传播是将输出误差以某种形式通过隐藏层向输入层逐层反传，并将误差分摊给各层的所有单元，从而获得各层的误差信号，此误差信号即作为修正单元权重的依据。这种信号正向传播与误差反向传播的各层权值调整过程周而复始地进行，权值不断调整的过程也就是网络学习训练的过程，此过程一直进行到网络输出的误差减少到可接受的程度，或进行到预先设定的学习次数为止。

### 11.1.4　训练集、验证集、测试集

在机器学习算法训练时，一般需要将样本分成独立的三部分：训练集（training set），验证集（validation set）和测试集（testing set）。其中，训练集用来估计模型，验证集用来确定网络结构或者控制模型复杂程度的参数，而测试集则检验最终选择的最优模型的性能如何。一个典型的划分比例是训练集占总样本的 50%，而其他两部分各占 25%，三部分都是从样本中随机抽取。但是，当样本总量少的时候，上面的划分就不合适了。常用的是留少部分样本做测试集，然后对其余 $N$ 个样本采用 $K$ 折交叉验证法（$K$-fold validation）进行操作。该方法就是将样本打乱，然后均匀分成 $K$ 份，轮流选择其中 $K$-1 份训练，剩余的一份做验证，计算预测误差平方和，最后把 $K$ 次的预测误差平方和再做平均作为选择最优模型结构的依据。

### 11.1.5　性能度量方法

1. 均方根误差

均方根误差（root-mean-square Error，$RMSE$）是预测值与真实值偏差的平方和与观测次数 $n$ 比值的平方根，公式如下：

$$RMSE = \sqrt{\frac{1}{n}\sum_{i=1}^{n}(y_i - \hat{y}_i)^2}$$ (11-1)

式中：$n$——样本个数；

$\quad\quad y_i$——样本真实标签值；

$\quad\quad \hat{y}_i$——样本预测标签值。

2. 回归系数

回归系数（regression coefficient，$R$）在回归方程中表示自变量 $x$ 对因变量 $y$ 影响大小的参数。回归系数越大表示 $x$ 对 $y$ 影响越大。正回归系数表示 $y$ 随 $x$ 增大而增大，负回归系数表示 $y$ 随 $x$ 增大而减小。

$$R = \frac{\sum_{i=1}^{n}(\hat{y}_i - \overline{\hat{y}})(y_i - \overline{y})}{\sqrt{\sum_{i=1}^{n}(\hat{y}_i - \overline{\hat{y}})^2}\sqrt{\sum_{i=1}^{n}(y_i - \overline{y})^2}}$$ (11-2)

式中：$\overline{\hat{y}}$——所有预测值的平均值；

$\quad\quad \overline{y}$——所有真实值的平均值。

### 11.1.6　神经网络结构确定

Hornik 等人证明，只需一个包含足够多神经元的隐藏层，多层前馈神经网络就能以任意精度逼近任意复杂度的连续函数。然而，如何设置隐藏神经元的个数问题仍然未得到很好的解决，通常以试错法进行调整。

## 11.2　算例分析

本算例利用 BPNN 预测高性能混凝土抗压强度，数据集从 UCI Machine Learning Repository 获取，总共含有 1133 组混凝土配合比数据。其中混凝土组分变量包括水泥、高炉渣、粉煤灰、水/减水剂、粗骨料和细骨料含量以及养护时间，输出变量为混凝土抗压强度。各变量统计值见表 11-1。

**表 11-1　数据库变量统计值**

| 变量 | 单位 | 最小值 | 最大值 | 平均值 | 标准差 |
|---|---|---|---|---|---|
| 水泥 | kg/m³ | 102 | 540 | 276.5 | 103.47 |
| 高炉渣 | kg/m³ | 0 | 359.4 | 74.27 | 84.25 |
| 粉煤灰 | kg/m³ | 0 | 260 | 62.81 | 71.58 |
| 水 | kg/m³ | 121.75 | 247 | 182.98 | 21.71 |
| 减水剂 | kg/m³ | 0 | 32.2 | 6.42 | 5.8 |
| 粗骨料 | kg/m³ | 708 | 1145 | 964.83 | 82.79 |
| 细骨料 | kg/m³ | 594 | 992.6 | 770.49 | 79.37 |
| 养护时间 | day | 1 | 365 | 44.06 | 60.44 |
| 抗压强度 | MPa | 2.33 | 82.6 | 35.84 | 16.1 |

将数据库分为 70%训练集和 30%测试集，在训练集上对 BPNN（1 层隐藏层，10 个神经元）进行训练，在测试集上对训练好的 BPNN 进行测试。图 11-4（a）表示算法在训练集上的收敛图，可以看出在最开始几次迭代时，误差随着迭代次数急剧下降，误差曲线在 10 次内基本收敛，说明反向传播算法在混凝土抗压强度数据库上可以有效找到神经网络的最优权重和阈值。从图 11-4（b）可以看出，算法在训练集和测试集上的 $RMSE$ 分别为 4.3MPa 和 6.2MPa，均较小且比较接近，说明算法在数据集上未产生过拟合。BPNN 算法在测试集上的回归系数 $R$ 较高，为 0.94，说明 BPNN 可以正确找到高性能混凝土抗压强度和组分变量之间的关系，可以用于高强混凝土抗压强度预测。

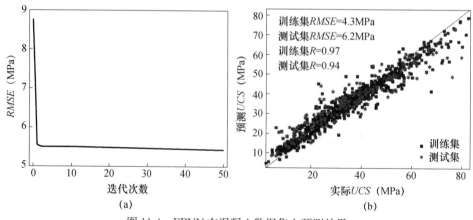

图 11-4　BPNN 在混凝土数据集上预测效果
（a）BPNN 在训练集上收敛图；（b）训练集和测试集上预测值和实际值对比散点图

## 11.3 课后习题

1. 自己编程实现一个 BPNN，在混凝土坍落度数据集上测试，数据集从 UCI 数据库中下载：https://archive.ics.uci.edu/ml/datasets/Concrete＋Slump＋Test。

2. 利用其他混凝土抗压强度预测经验或半经验公式预测 UCI 数据集上高性能混凝土抗压强度，并与 BPNN 预测结果在测试集上进行比较。

3. 利用在 UCI 混凝土抗压强度数据集上训练的 BPNN 模型，通过敏感性分析方法，计算高性能混凝土每个组分变量的重要性。

# 附录 土木工程材料试验

## 试验 1 钢筋的拉伸试验

### 1 试验目的

(1) 掌握钢筋拉伸试验方法，观察拉力与变形之间的变化。确定应力与应变之间的关系曲线，评定钢筋的强度等级。

(2) 测定低碳钢的屈服强度、抗拉强度与伸长率等各项指标。

### 2 试验仪器

(1) 拉力试验机，示值差小于 1%，试验时所有荷载应在拉力试验机最大荷载的 20%～80% 的范围内；

(2) 钢筋划线机、游标卡尺（精确至 0.1mm）、天平等。

### 3 试件处理

(1) 钢筋拉力试件如附图 1-1 所示。

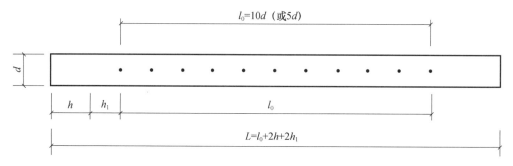

附图 1-1 钢筋拉力试件图

$d$—试件直径；$l_0$—标距长度；$h_1$—0.5～$1d$；$h$—夹具长度

(2) 试件在 $l_0$ 范围内，按 10 等分画线、分格、定标距，量出标距长度 $l_0$，精确至 0.1mm。

(3) 测试试件的质量和长度。

(4) 不经车削的试件按如式 1-1 计算截面面积。

$$A_0 = \frac{1000Q}{7.85l} \tag{1-1}$$

式中：$A_0$——试件计算截面面积，$mm^2$；

$\quad\quad Q$——试件质量，g；

$l$——试件长度，$g/cm^2$；

7.85——钢材密度，$g/cm^3$。

计算钢筋强度时，截面面积采用公称横截面面积，故计算截面面积取靠近公称横截面面积 $A$，见附表 1-1。

附表 1-1 钢筋的公称横截面积

| 公称直径（mm） | 公称横截面积（mm²） | 公称直径（mm） | 公称横截面积（mm²） |
| --- | --- | --- | --- |
| 8 | 50.27 | 22 | 380.1 |
| 10 | 78.54 | 25 | 490.9 |
| 12 | 113.1 | 28 | 615.8 |
| 14 | 153.9 | 32 | 804.2 |
| 16 | 201.1 | 36 | 1018 |
| 18 | 254.5 | 40 | 1257 |
| 20 | 314.2 | 50 | 1964 |

## 4 试验步骤

（1）将试件上端固定在试验机夹具内，调整试验机零点，装好描绘器、纸、笔等，再用下夹具固定试件下端。

（2）开动试验机进行拉伸，测屈服点时，屈服前的应力增加速率按附表 1-2 的规定，并保持试验机控制器固定于这一速率位置上，直至该性能测出为止；屈服后或只需测定抗拉强度时，试验机活动夹头在荷载下的移动速度不大于 $0.5Lc/min$，直至试样发生破坏。

附表 1-2 屈服前的加荷速率

| 金属材料的弹性模量（MPa） | 应力速率（MPa/s） | |
| --- | --- | --- |
| | 最小 | 最大 |
| <150000 | 2 | 20 |
| ≥150000 | 6 | 60 |

注：热轧带肋钢筋的弹性模量约为 $2×10^5 MPa$。

（3）拉伸过程中，描绘器自动绘出荷载-变形曲线，由荷载-变形曲线和刻度盘指针读出屈服荷载 $F_s$（N）（指针停止转动或开始回转时至恒定最大或最小负荷读数）与最大极限荷载 $F_b$（N）。

（4）量出拉伸后的标距长度 $l_1$。将已拉断的试件在拉断处紧密对齐，尽量使轴线位于一条直线上。如拉断处到邻近标距端点的距离 $>l_0/3$，可用卡尺直接测量得到拉伸后的标距长度 $l_1$；如拉断处到邻近标距端点的距离 $\leqslant l_0/3$，可按移位法确定 $l_1$，具体步骤如下所述：

在长段上自断点起取等于短段格数得 $B$ 点，再取等于长段所余格数［偶数如附图 1-2（a）所示］之半得 $C$ 点，或者取所余格数［奇数如附图 1-2（b）所示］减 1 与加 1 之半得 $C$ 与 $C_1$ 点。移位后的 $l_1$ 分别为 $AB+2BC$ 或 $AB+BC+BC_1$。

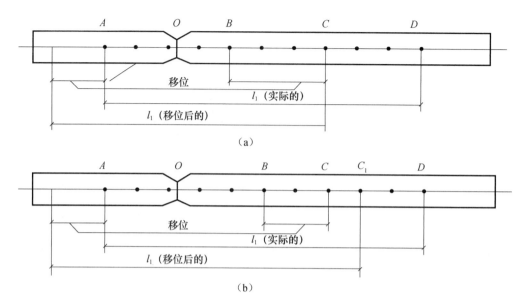

附图 1-2　用移位法计算标距

(a) 偶数时；(b) 奇数时

(5) 若试样在标距端点上或标距外断裂，则试验结果无效，需重新进行试验。

## 5　结果计算与评定

(1) 屈服强度（精确至 5MPa）：

$$f_y = \frac{F_s}{A_0} \tag{1-2}$$

式中：$F_s$——相当于所求应力的负荷，N；

$A_0$——试样的原始横截面面积，$mm^2$；

$f_y$——屈服强度，MPa。

硬钢和线材的屈服强度（精确至 5MPa）：

$$f_{y(0.2)} = \frac{F_{0.2}}{A_0} \tag{1-3}$$

式中：$F_{0.2}$——相当于所求应力的负荷，N；

$A_0$——试样的原始横截面面积，$mm^2$；

$f_{y(0.2)}$——硬钢和线材的屈服强度，MPa。

(2) 抗拉强度（精确至 5MPa）：

$$f_u = \frac{F_b}{A_0} \tag{1-4}$$

式中：$F_b$——试样拉断前的最大负荷，N；

$A_0$——试样的原始横截面面积，$mm^2$；

$f_u$——试样的抗拉强度，MPa。

(3) 伸长率 $\delta$（精确至 0.5%）：

$$\delta = \frac{l_1 - l_0}{l_0} \times 100\% \tag{1-5}$$

式中：$l_1$——试样拉断后标距间距，mm；

$\quad\quad l_0$——试样原标记长度，mm；

$\quad\quad \delta$——试样伸长率，%。

# 试验 2　骨料试验

## 1　取样方法及数量

（1）细骨料的取样方法和数量。细骨料的取样应按批进行，每批总量不宜超过 $400\text{m}^3$ 或 600t。

在料堆取样时，取样部位应均匀分布。取样前应将取样部位表层铲除，然后由各部位抽取大致相等的试样共 8 份，组成一组试样。进行各项试验的每组试样应不小于附表 2-1 规定的最小取样量。

试验时需按四分法分别缩取各项试验所需的数量，其步骤是：将每组试样在自然状态下于平板上拌匀，并堆成厚度约为 2cm 的圆饼，以垂直直径的方式把饼分成大致相等的四份，取其对角的两份重新按上述四分法缩取，直至缩分后试样量略多于该项试验所需的量为止。试样缩分也可用分料器进行。

（2）粗骨料的取样方法和数量。粗骨料的取样也按批进行，每批总量不宜超过 $400\text{m}^3$ 或 600t。

在料堆取样时，应在料堆的顶部、中部和底部各均匀分布 5 个（共计 15 个）取样部位，取样前先将取样部位的表层铲除，然后由各部位抽取大致相等的式样共 15 份组成一组试样。进行各项试验的每组样品数量应不小于附表 2-1 规定的最小取样量。

试验时需将每组试样分别缩分至各项试验所需的数量，其步骤是：将每组试样在自然状态下于平板上拌匀，并堆成锥体，然后按四分法缩取，直至缩分后试样量略多于该项试验所需的量为止。试样的缩分也可用分料器进行。

附表 2-1　每项试验所需试样的最少取样量

| 种类 | 细骨料（g） | 粗骨料（kg） | | | | | | | |
| --- | --- | --- | --- | --- | --- | --- | --- | --- | --- |
| | | 骨料最大粒径（mm） | | | | | | | |
| | | 9.5 | 16.0 | 19.0 | 26.5 | 31.5 | 37.5 | 63.0 | 75.0 |
| 筛分析 | 4400 | 10 | 15 | 20 | 20 | 30 | 40 | 60 | 80 |
| 表观密度 | 2600 | 8 | 8 | 8 | 8 | 12 | 16 | 24 | 24 |
| 堆积密度 | 5000 | 40 | 40 | 40 | 40 | 80 | 80 | 120 | 120 |
| 含水率 | 1000 | 2 | 2 | 2 | 2 | 2 | 2 | 4 | 6 |

## 2　骨料筛分析试验

骨料筛分析试验所需的筛的规格应根据相应的标准加以选用。一般情况下，可使用如下筛孔的标准筛（mm）：75、63、53、37.5、31.5、26.5、19、16、9.5、4.75、2.36、1.18、0.6、0.3、0.15、0.075。

### 2.1 细骨料的筛分析试验

（1）主要仪器设备。

① 试验筛：筛孔直径为（mm）：9.5、4.75、2.36、1.18、0.600、0.300、0.150的方孔套筛以及筛的底盘和盖各一个。

② 托盘天平：称量1kg，感量不小于0.5g。

③ 摇筛机：带拍。

④ 烘箱：能控制温度在105±5℃。

⑤ 浅盘和硬、软毛刷等。

（2）试样制备。以水泥混凝土用砂的筛分析试验为例，试样应先筛除大于9.5mm颗粒，并记录其筛余百分率。如试样含泥量超过5%，应先用水洗。然后将试样充分拌匀，用四分法缩分至每份不少于550g的试样两份，在105±5℃下烘干至恒重，冷却至室温后备用。

（3）试验步骤。

① 准确称取烘干试样500g，置于按筛孔大小顺序排列的套筛最上一只筛上，将套筛装入筛机摇筛约10min（无摇筛机可采用手摇）。然后取下套筛，按孔径大小顺序逐个在清洁的浅盘上进行手筛，直至每分钟的筛出量不超过试样总量的0.1%为止。通过的颗粒并入下一号筛中一起过筛。按此顺序进行，至各号筛全部筛完为止。

② 称量各号筛筛余试样的质量，精确至0.5g。所有各号筛的筛余试样质量和底盘中剩余试样质量的总和与筛余前的试样总质量相比其差值不得超过1%。

（4）试验结果计算。

① 分计筛余百分率即各号筛上的筛余量除以试样总质量的百分率（精确至0.1%）。

② 累计筛余百分率即该号筛上的分计筛余百分率与大于该号筛的各号筛上的分计筛余百分率之总和（精确至0.1%）。

③ 根据各筛的累计筛余百分率，绘制筛分曲线评定颗粒级配。

④ 结算细度系数 $\mu_f$（精确至0.01）。

$$\mu_f = \frac{(A_2 + A_3 + A_4 + A_5 + A_6) - 5A_1}{100 - A_1} \tag{2-1}$$

式中，$A_1 \sim A_6$ 依次为筛孔直径4.75～0.150mm筛上累计筛余百分率。

⑤ 筛分析试验应采用两个试样进行平行试验，并以其试验结果的算术平均值作为测定值。如两次试验所得细度模数之差大于0.20，应重新进行试验。

### 2.2 粗骨料的筛分析试验

（1）主要仪器设备。

① 试验筛：方孔筛（带筛底）一套。

② 托盘天平或台秤：称量随试样质量而定，感量不大于试样质量的0.1%。

③ 烘箱、浅盘等。

（2）试样制备。试验所需的试样量按最大粒径应不少于附表2-2的规定，用四分法把试样缩分到略重于试验所需的量，烘干或风干后备用。

**附表 2-2 粗骨料筛分析试验所需试样最小量**

| 最大粒径（mm） | 4.5 | 9.5 | 16.0 | 19.0 | 26.5 | 31.5 | 37.5 | 63.0 | 75.0 |
|---|---|---|---|---|---|---|---|---|---|
| 筛分析试样质量（kg） | 0.5 | 1.0 | 1.0 | 2.0 | 2.5 | 4.0 | 5.0 | 8.0 | 10.0 |

（3）试验步骤。

① 按附表 2-2 称量，并记录烘干或风干试样质量。

② 按要求选用所需筛孔直径的一套筛，并按孔径大小将试样顺次过筛，直至每分钟的通过不超过试样质量的 0.1%。但在筛分过程中，应注意每号筛上的筛余层厚度应不大于试样最大粒径的尺寸；如超过此尺寸，应将该号筛上的筛余分成两份，分别再进行筛分，并以其筛余量之和作为该号筛的余量。当试样粒径大于 19mm 时，筛分时允许用手拨动试样颗粒，使其通过筛孔。

③ 称取各筛筛余的质量，精确至试样总质量的 0.1%。分计筛余量和筛底剩余量的总和与筛分前试样总量相比，其相差不得超过 0.5%。

（4）试验结果计算。计算分级筛余百分率和累计筛余百分率（精确至 0.1%）。计算方法同细骨料的筛分析试验，根据各筛的累计筛余百分率，评定试样的颗粒级配。

2.3 骨料表观密度试验

骨料表观密度试验可采用标准试验方法或简易试验方法进行。

# 3 细骨料表观密度试验（标准法）

（1）主要仪器。

① 托盘天平：称量 1kg，感量不大于 1g。

② 容量瓶：500mL。

③ 烘箱、干燥器、温度计、料勺等。

（2）试样制备。将缩分至约 1000g 的试样，在（105±5）℃烘箱中烘至恒重，并在干燥器中冷却至室温后分成两份试样备用。

（3）试验步骤。

① 称取烘干试样 300g（$m_0$），装入盛有半瓶冷开水的容量瓶中，摇动容量瓶，使试样充分搅拌以排除气泡，塞紧瓶塞。

② 静置 24h 后打开瓶塞，用滴管添水使水面与瓶颈刻线平齐。塞紧瓶塞，擦干瓶外水分，称其质量（$m_1$）。

③ 倒出容量瓶中的水和试样，清洗瓶内外，再注入与上一项水温相差不超过 2℃的冷开水至瓶颈刻线。塞紧瓶塞，擦干瓶外水分，称其质量（$m_2$）。

④ 试验过程中应测量并控制水温。各项称量可以在 15～25℃的温度范围内进行。从试样加水静置的最后 2h 起直至试验结束，其温差不超过 2℃。

（4）试验结果计算。表观密度$\rho_{os}$应按下式计算（精确至小数点后 3 位）：

$$\rho_{os} = \left( \frac{m_0}{m_0 + m_2 - m_1} - a_t \right) \times 1000 (kg/m^3) \tag{2-2}$$

式中：$m_1$——瓶＋试样＋水总质量，g；

$m_2$——瓶＋水总质量，g；

　　　　$m_0$——烘干试样质量，g；

　　　　$a_t$——水温修正系数，见附表2-3。

　　表观密度以两次测定结果的算术平均值为测定值，如两次结果之差大于0.01g/cm³，应重新取样进行试验。

附表2-3　水温修正系数 $a_t$

| 水温（℃） | 15 | 16 | 17 | 18 | 19 | 20 | 21 | 22 | 23 | 24 | 25 |
|---|---|---|---|---|---|---|---|---|---|---|---|
| $a_t$ | 0.002 | 0.003 | 0.003 | 0.004 | 0.004 | 0.005 | 0.005 | 0.006 | 0.006 | 0.007 | 0.007 |

## 4　粗骨料表观密度试验（简易法）

此法可用于最大粒径不大于37.5mm的粗骨料表观密度的测试。

（1）主要仪器设备。

① 天平称量：应满足试样数量称量要求，感量不大于最大称量的0.05%。

② 容量瓶：1000mL，也可用磨口的广口瓶代替，并带玻璃片。

③ 筛（孔径4.75mm）、烘箱、金属丝刷、浅盘、带盖容器、毛巾等。

（2）试样制备。将试样筛去4.75mm以下的颗粒，用四分法缩分至所需数量，洗刷干净后，分成两份备用。

（3）试验步骤。

① 取试样一份装入容量瓶（广口瓶）中，注入洁净的水（可滴入洗涤灵），水面高出试样，轻轻摇动容量瓶，使附着在试样上的气泡逸出。在室温下浸水24h（水温应在15～20℃范围内，浸水最后2h内的水温相差不得超过2℃）。

② 向瓶中加水至水面凸出瓶口，然后盖上容量瓶塞，或用玻璃片沿瓶口迅速滑行，使其紧贴在瓶口水面，玻璃片与水面之间不得有空隙。

③ 确定瓶中没有气泡，擦干瓶外水分，称出试样、水、瓶和玻璃片的总质量（$m_1$）。

④ 将瓶中试样倒入浅盘中，置于温度为105±5℃的烘箱中烘干至恒重，然后取出置于带盖的容器中冷却至室温后称出试样的质量（$m_0$）。

⑤ 将瓶洗净，重新注入洁净水，盖上容量瓶塞，或用玻璃片紧贴广口瓶瓶口水面。玻璃片与水面之间不得有空隙。确定瓶中没有气泡，擦干瓶外水分后称出质量（$m_2$）。

（4）试验结果计算。试样的表观密度$\rho_{og}$按下式计算（精确至小数点后3位）：

$$\rho_{og} = \left( \frac{m_0}{m_0 + m_2 - m_1} - a_t \right) \times 1000 \, (\text{kg/m}^3) \qquad (2\text{-}3)$$

式中：$m_0$——烘干后试样质量，g；

　　　　$m_1$——试样、水、瓶和玻璃瓶的总质量，g；

　　　　$m_2$——水、瓶和玻璃片总质量，g；

　　　　$a_t$——水温修正系数，见附表2-3。

　　表观密度应用两份试样测定两次，并以两次测定结果的算术平均值作为测定值，如两次结果之差值大于20kg/m³，应重新取样试验。对颗粒材质不均匀的试样，如两次结果之差值超过20kg/m³，可取四次测定结果的算术平均值作为测定值。

## 5 骨料的堆积密度试验

5.1 细骨料的堆积密度和紧密密度试验

(1) 主要仪器。

① 台秤：称量 5kg，感量 5g。

② 容量：金属质圆柱形，内径 105mm，净高 109mm，筒壁厚 2mm，容积约为 1L，筒底厚 5mm。容量筒应先校正容积，以 20±5℃的饮用水装满容量筒，用玻璃板沿筒口滑移，使其紧贴水面并擦干筒外壁水分，然后称量。用下式计算容量筒容积（$V$）：

$$V = G_2 - G_1 \tag{2-4}$$

式中：$V$——容量筒体积，L；

　　$G_1$——筒和玻璃板总质量，kg；

　　$G_2$——筒、玻璃板和水总质量，kg。

③ 烘箱、漏斗或料勺、直尺、浅盘等。

(2) 试样制备。取缩分试样约 5kg，在 105±5℃的烘箱中烘干至恒重，取出冷却至室温，过 4.75mm 的筛后，分成大致相等两份备用。烘干试样中如有结块，应先捏碎。

(3) 试验步骤。

① 堆积密度：取试样一份，将试样用料勺或漏斗徐徐装入容量筒内，出料口距容量筒口不应超过 5cm，直至试样装满超出筒口成锥形为止。用直尺将多余的试样沿筒口中心线向两个相反方向刮平。称容量筒连试样总质量（$m_2$）。

② 紧密密度：取试样一份分两层装入容量筒。装完一层后，在筒底垫放一根直径为 10mm 的钢筋。将筒按住，左右交替颠击地面各 25 下，然后再装入第二层；第二层装满后用同样的方法（筒底所垫钢筋方向应与第一次时方向垂直）颠实后，加料至试样超出容量筒筒口，然后用直尺将多余试样沿筒口中心线向两个相反的方向刮平，称质量（$m_2$）。

(4) 测定结果计算。细骨料的堆积密度或紧密密度 $\rho_{fs}$ 按下式计算（精确至 10kg/m³）：

$$\rho_{fs} = \frac{m_2 - m_1}{V} \times 1000 (kg/m^3) \tag{2-5}$$

式中：$m_1$——容量筒质量，kg；

　　$m_2$——容量筒连试样总质量，kg；

　　$V$——容量筒容积，L。

以两次测定结果的算术平均值作为测定值。

5.2 粗骨料的堆积密度和紧密密度试验

(1) 主要仪器设备。

① 天平或台秤：感量不大于称量的 0.1%。

② 容量筒：金属质，规格见附表 2-4。试验前应校正容积，方法同细骨料的堆积密度试验。

③ 烘箱、平头铁铲、振动台等。

附表 2-4　粗骨料容量筒规格要求

| 粗骨料最大粒径 (mm) | 容量筒容积 (L) | 容量筒规格（mm） | | 筒壁厚度 (mm) |
|---|---|---|---|---|
| | | 内径 | 净高 | |
| ≤4.75 | 3 | 155±2 | 160±2 | 3 |
| 9.5～26.5 | 10 | 205±2 | 305±2 | 3 |
| 31.5～37.5 | 15 | 255±5 | 295±5 | 3 |
| ≥53 | 20 | 355±5 | 305±5 | 3 |

（2）试样制备。取数量不少于附表 2-1 规定的试样，在 105±5℃的烘箱中烘干或摊于洁净的地面上风干、拌匀后，分为大致相等的两份试样备用。

（3）试验步骤。

① 自然堆积密度：取试样一份，至于平整、干净的地板（或铁板）上，用铁铲将试样自距筒口 5cm 左右处自由落入容量筒，装满容量筒。可以取出凸出筒表面的颗粒，并以较合适的颗粒填充凹陷空隙，使表面凸起部分和凹陷部分的体积基本相等。称容量筒连同试样的总质量（$m_2$）。

② 紧密密度：将式样分三层装入容量筒；装完一层后，在筒底垫放一根直径为 25mm 的钢筋，将筒按住，左右交替颠击地面各 25 下；再装入第二层，用同样方法（筒底所垫钢筋方向应与第一次时方向垂直）颠实；再装入第三层，如法颠实；待三层试样装填完毕后，加料至试样超出容量筒筒口，用钢筋沿筒口边缘滚转，刮下高出筒口的颗粒，以较合适的颗粒填充凹陷空隙，使表面凸起部分和凹陷部分的体积基本相等。称出容量筒连同试样的总质量（$m_2$）。

（4）试验结果计算。粗骨料试样的自然堆积密度或紧实密度 $\rho_{fg}$ 按下式计算（精确至 $10kg/m^3$）：

$$\rho_{fg}=\frac{m_2-m_1}{V}\times1000(kg/m^3) \tag{2-6}$$

式中：$m_1$——容量筒质量，kg；

$\quad\quad m_2$——试样和容量筒总质量，kg；

$\quad\quad V$——容量筒容积，L。

以两份试样进行试验，并以两次测定结果的算术平均值作为测定值。

# 试验 3　普通混凝土试验

## 1　拌和物试验拌和方法

### 1.1　一般规定

（1）拌制混凝土的原材料应符合技术要求，并与施工实际用料相同，在拌和前材料的温度应与室温（应保持 20±5℃）相同。

（2）拌制混凝土的材料用量以质量计。称量的精确度，骨料为±1%，水、水泥及混合材料、外加剂为±0.5%。

### 1.2　主要仪器设备

(1) 混凝土搅拌机：容量 50～100L，转速 18～20r/min。

(2) 磅秤：称量 50～100kg，感量 50g。

(3) 其他用具：架盘天平（称量 1kg，感量 0.5g）、量筒（200cm³，1000cm³）、拌铲、拌板（1.5m×2m 左右，厚 5cm 左右）、盛器等。

### 1.3　拌和方法

混凝土的拌和方法，宜与生产时使用的方法相同。一般采用机械搅拌法，搅拌量不应小于搅拌机额定搅拌量的 1/4。

(1) 按所定配合比计算每盘混凝土各材料用量后备料。

(2) 预拌一次，即用按配合比的水泥、砂和水组成的砂浆及少量石子，在搅拌机中进行刷膛，然后倒出并刮去多余的砂浆。其目的是避免正式拌和时影响拌和物的实际配合比。

(3) 开动搅拌机，向搅拌机内依次加入石子、砂和水泥，干拌均匀，再将水徐徐加入，全部加料时间不超过 2min，水全部加入后，继续拌和 2min。

(4) 将拌和物自搅拌机卸出，倾倒在拌板上，再经人工拌和 1～2min，即可进行测试或试件成型。从开始加水时算起，全部操作必须在 30min 内完成。

## 2　拌和物稠度试验

### 2.1　坍落度法

本方法适用于骨料最大粒径不大于 40mm、坍落度值不小于 10mm 的混凝土拌和物稠度测定。

(1) 主要仪器设备。

① 坍落度筒：由 1.5mm 厚的钢板或其他金属制成的圆台形筒（附图 3-1）。底面和顶面应互相平行并与锥体的轴线垂直。在筒外 2/3 高度处安有两个手把，下端应焊脚踏板。筒的内部尺寸为：

底部直径为 200±2mm。

顶部直径为 100±2mm。

高度为 300±2mm。

② 捣棒：直径 16mm、长 600mm 的钢棒，端部应磨圆。

③ 小铲、直尺、拌板、镘刀等。

(2) 试验步骤。

① 润湿坍落度筒及其他用具，并把筒放在不吸水的刚性水平底板上，然后用脚踩住两边的脚踏板，使坍落筒在装料时保持位置固定。

② 把按要求取得的混凝土试样用小铲分三层均匀地装入筒内，使捣实后每层高度为筒高的 1/3 左右。每层用捣棒插捣 25 次，插捣应沿螺旋方向由外向中心进行，各次插捣应在截面上均匀分布。插捣筒边混凝土时，捣棒可以稍稍倾斜，插捣底层时，捣棒应贯穿整个深度，插捣第二层和顶层时，捣棒应插透本层至下一层表面。

浇灌顶层时，混凝土应灌到高出筒口。插捣过程中，如混凝土沉落到低于筒口，则应随时添加。顶层插捣完后，刮去多余的混凝土并用抹刀抹平。

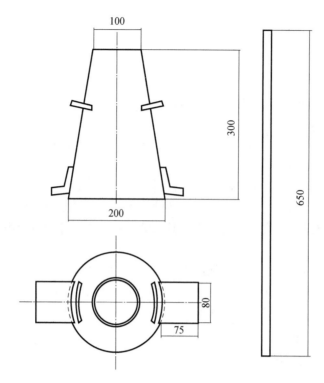

附图 3-1　坍落度筒及捣棒

③ 清除筒边底板上的混凝土后，垂直平稳地提起坍落度筒。坍落度筒的提离过程应在 5～10s 内完成。从开始装料到提起坍落度筒的整个过程应不间断地进行，并应在 150s 完成。

④ 提起坍落度筒后，量测筒高与坍落后混凝土试件最高点之间的高度差，即为该混凝土拌和物的坍落度值（测量精确至 1mm，结果表达约为 5mm）。

⑤ 坍落度筒提离后，如发生试件崩塌或一边剪坏现象，则应重新取样进行测定。如第二次仍出现这种现象，则表示该拌和物和易性不好，应予记录备查。

⑥ 观察坍落后混凝土拌和物试件的黏聚性和保水性。

黏聚性：用捣棒在已坍落的拌和物锥体侧面轻轻敲打，如果锥体逐渐下沉，表示黏聚性良好，如果锥体倒塌，部分崩裂或出现离析现象，即为黏聚性不好。

保水性：提起坍落度筒后如有较多的稀浆从底部析出，锥体部分的拌和物也因失浆而骨料外露，则表明此拌和物保水性不好。如无这种现象，则表明保水性良好。

### 2.2　维勃稠度法

本方法用于骨料最大料径不大于 40mm，维勃稠度在 5～30s 的混凝土拌和物稠度测定。

（1）主要仪器设备

① 维勃稠度仪。如附图 3-2 所示，由以下部分组成。

振动台：台面长 380mm，宽 260mm。振动频率为 50±3Hz。装有空容器时，台面的振幅应为 0.5±0.1mm。

容器台：内径为 240±5mm，高为 200±2mm。

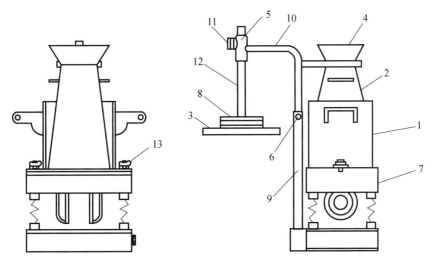

附图 3-2 维勃稠度仪

1—容器；2—坍落度筒；3—透明圆盘；4—喂料斗；5—套筒；6—定位螺丝；

7—振动台；8—荷重；9—支柱；10—旋转架；11—测杆螺丝；12—测杆；13—固定螺丝

旋转架：与测杆及喂料斗相连。测杆下部安装有透明且水平的圆盘。透明圆盘直径为 $230\pm2$mm，厚 $10\pm2$mm。由测杆、圆盘及荷重组成的滑动部分总质量应为 $2750\pm50$g。

坍落度筒及捣棒同坍落度试验，但筒没有脚踏板。

② 秒表、小铲、拌板、镘刀等。

（2）测定步骤。

① 将维勃稠度仪放置在坚实水平的基面上，用湿布将容器、坍落度筒、喂料斗内壁及其他用具擦湿。就位后，测杆、喂料斗的轴线均应和容器的轴线重合。然后拧紧固定螺钉。

② 将混凝土拌和物经喂料斗分三层装入坍落度筒。装料及捣插的方法同坍落度试验。

③ 将喂料斗转离，小心并垂直提起坍落度筒，此时应注意不使混凝土试件产生横向的扭动。

④ 将透明圆盘转到混凝土圆台体上方，放松测杆螺钉，降下圆盘，使它轻轻地接触到混凝土顶面。拧紧定位螺丝，并检查测杆螺钉是否完全松开。

⑤ 同时开启振动台和秒表，在透明圆盘的底面被水泥浆布满的瞬间立即停表计时并关闭振动台。

⑥ 由秒表读得的时间（s）即为该混凝土拌和物的维勃稠度值（读数精确至 1s）。

（3）拌和物稠度的调整。在进行混凝土配合比试配时，若试拌得出的混凝土拌和物的坍落度或维勃稠度不能满足要求，或黏聚性和保水性不好，应在保证水灰比不变的条件下相应调整用水量和砂率，直到符合要求为止。

## 3 立方体抗压强度试验

本试验采用立方体试件，以同一龄期者为一组，每组至少有三个同时制作并同时养护的混凝土试件。试件尺寸按骨料的最大颗粒直径规定，见附表 3-1。

附表 3-1　立方体抗压强度试验

| 试件尺寸（mm） | 骨料最大粒径（mm） | 每层插捣次数（次） | 抗压强度换算系数 |
|---|---|---|---|
| 100×100×100 | 30 | 12 | 0.95 |
| 150×150×150 | 40 | 25 | 1 |
| 200×200×200 | 60 | 50 | 1.05 |

（1）主要仪器设备。

① 压力试验机：试验机的精度（示值的相对误差）应为±1%，其量程应能使试件的预期破坏荷载值不小于全量程的 20%，也不大于全量程 80%。试验机应按计量仪表使用规定进行定期检查，以确保试验机工作的准确性。

② 振动台：试验所用振动台的振动频率为 50±3Hz，空载振幅约为 0.5mm。

③ 试模：试模由铸铁或钢制成，应具有足够的刚度并拆装方便。试模内表面应机械加工，其不平度应为每 100mm 不超过 0.05mm，组装后各相邻面的不垂直度应不超过±0.5°。

④ 捣棒、小铁铲、金属直尺、镘刀等。

（2）试件的制作。

① 每一组试件所用的拌和物根据不同要求应从同一盘搅拌或同一车运送的混凝土中取出，或在试验室用机械或人工单独拌制。用于检验现浇混凝土工程或预制构件质量的试件分组及取样原则，应按有关规定执行。

② 试件制作前，应将试模擦拭干净并将试模的内表面涂一薄层矿物油脂。

③ 坍落度不大于 70mm 的混凝土宜用振动台振实。将拌和物一次装入试模，并稍有富余，然后将试模放在振动台上，开动振动台振动至拌和物表面出现水泥浆为止。记录振动时间。振动结束后用镘刀沿试模边缘将多余的拌和物刮去，并随即用镘刀将表面抹平。

坍落度大于 70mm 的混凝土，宜用人工捣实。混凝土拌和物分两层装入试模，每层厚度大致相等，插捣时按螺旋方向由边缘向中心均匀进行。插捣底层时，捣棒应达到试模底面，插捣上层时，捣棒应穿入下层深度 20~30mm。插捣时捣棒保持垂直不得倾斜，并用抹刀沿试模内壁插入数次，以防止试件产生麻面。每层插捣次数见附表 3-1，一般每 100cm³ 面积应不少于 12 次。然后刮除多余的混凝土，并用镘刀抹平。

（3）试件的养护。

① 采用标准养护的试件成型后覆盖表面，以防止水分蒸发，并应在温度为 20±5℃ 情况下静置一昼夜至两昼夜，然后编号拆模。

拆模后的试件应立即放在温度为 20±2℃，相对湿度为 95% 以上的标准养护室中养护。在标准养护室内试件应放在架上，彼此间隔为 10~20mm，并应避免用水直接冲淋试件。

② 无标准养护室时，混凝土试件可在温度为 20±2℃ 的不流动水中养护。水的 pH 值不应小于 7。

③ 与构件同条件养护的试件成型后，应覆盖表面。试件的拆模时间可与实际构件

的拆模时间相同。拆模后，试件仍需保持同条件养护。

（4）抗压强度试验。

① 试件自养护室取出后，应尽快进行试验。将试件表面擦拭干净，并且量出其尺寸（精确至 1mm），据以计算试件的受压面积 $A$（mm²）。

② 将试件安放在下承压板上，试件的承压面应与成型时的顶面垂直。试件的中心应与试验机下压板中心对准。开动试验机，当上压板与试件接近时，调整球座，使接触均衡。

③ 加压时，应连续而均匀地加荷。加荷速度应为：当混凝土强度等级＜C30 时，取每秒钟 0.3～0.5MPa；当混凝土强度等级≥C30 且＜C60 时，取每秒钟 0.5～0.8MPa；当混凝土强度等级≥C60 时，取每秒钟 0.8～1.0MPa。当试件接近破坏而开始迅速变形时，停止调整试验机油门，直至试件破坏。记录破坏荷载 $P$（N）。

（5）试验结果计算。

① 混凝土立方体试件的抗压强度按下式计算（精确至 0.1MPa）：

$$f_{cc} = \frac{P}{A} \tag{3-1}$$

式中：$f_{cc}$——混凝土立方体试件抗压强度，MPa；

　　　$P$——破坏荷载，N；

　　　$A$——试件承压面积，mm²。

② 以三个试件测值的算术平均值作为该组试件的抗压强度值（精确至 0.1MPa）。如果三个试件测值中的最小值或最大值中有一个与中间值的差异超过中间值的 15%，则把最大值及最小值一并舍除，取中间值作为该组试件的抗压强度。如最大值和最小值与中间值相差均超过 15%，则该组试件试验结果无效。

③ 混凝土的抗压强度是以 150mm×150mm×150mm 的立方体试件的抗压强度为标准，其他尺寸试件测定结果，均应换算成边长为 150mm 立方体的标准抗压强度，换算时均应分别乘以附表 3-1 中的尺寸换算系数。

## 4 混凝土劈裂抗拉强度试验

混凝土劈裂抗拉强度试验是在立方体试件的两个相对的表面素线上作用均匀分布的压力，使在荷载所作用的竖向平面内产生均匀分布的拉伸应力；当拉伸应力达到混凝土极限抗拉强度时，试件将被劈裂破坏，从而可以测出混凝土的劈裂抗拉强度。

（1）主要仪器设备。

① 垫层：应为木质三合板。其尺寸为：宽 $b=20$mm，厚 $t=3\sim4$mm，长 $L\geq$立方体试件的边长。垫层不得重复使用。

② 垫条：在试验机的压板和垫层之间必须加放直径为 150mm 的钢制弧形垫条，其长度不得短于试件边长，其截面尺寸如附图 3-3（a）所示。

③ 压力机、试模等与混凝土抗压强度试验中的规定相同。

（2）测定步骤。

① 试件从养护中取出后，应及时进行试验，在试验前试件应保持与原养护地点相似的干湿状态。

② 先将试件擦干净，在试件侧面中部画线定出劈裂面的位置，劈裂面应与试件成型时的顶面垂直。

③ 量出劈裂面的边长（精确至 1mm），计算出劈裂面积（$A$）。

④ 将试件放在压力机下压板的中心位置。在上、下压板与试件之间加垫层和垫条，使垫条的接触母线与试件上的荷载作用线准确对齐 ［附图 3-3 (b)］。

⑤ 加荷时必须连续而均匀地进行，使荷载通过垫条均匀地传至试件上。加荷速度为：当混凝土强度等级＜C30 时，取每秒钟 0.2～0.5MPa；当混凝土强度等级≥C30 且＜C60 时，取每秒钟 0.5～0.8MPa；当混凝土强度等级≥C60 时，取每秒钟 0.8～1.0MPa。

⑥ 在试件临近破坏开始急速变形时，停止调整试验机油门，继续加荷直至试件破坏，记录破坏荷载 $P$（N）。

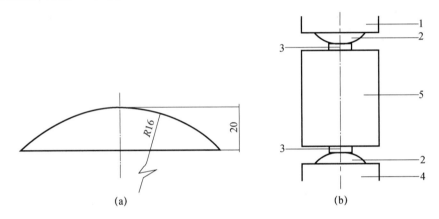

附图 3-3　混凝土劈裂抗拉强度试验装置图

(a) 垫条示意图；(b) 装置示意图

1，4—压力机上、下压板；2—垫条；3—垫层；5—试件

（3）试验结果计算。

① 混凝土劈裂抗拉强度按下式计算（计算至 0.01MPa）：

$$f_{ts}=\frac{2P}{\pi A}=0.637\times\frac{P}{A} \tag{3-2}$$

式中：$f_{ts}$——混凝土劈裂抗拉强度，MPa；

$\quad\quad P$——破坏荷载，N；

$\quad\quad A$——试件劈裂面积，$mm^2$。

② 以三个试件测值的算术平均值作为该组试件的劈裂抗拉强度值（精确至 0.01MPa）。如果三个试件测值中的最小值或最大值中有一个与中间值的差异超过中间值的 15% 时，则把最大值及最小值一并舍除，取中间值作为该组试件的抗拉强度值。如最大值和最小值与中间值相差均超过 15%，则该组试件试验结果无效。

③ 采用边长为 150mm 的立方体试件作为标准试件。如采用边长为 100mm 的立方体非标准试件，测得的强度应乘以尺寸换算系数 0.85。

## 5　混凝土抗折（抗弯拉）强度试验

水泥混凝土抗折强度试件为直角棱柱体小梁，标准试件尺寸为 150mm×150mm×

550mm（或 600mm），粗骨料粒径应不大于 40mm；如确有需要，允许采用 100mm×100mm×400mm 的试件，骨料粒径应不大于 31.5mm。抗折强度试件应取同龄期者为一组，每组为同条件制作和养护的试件三块。

（1）主要仪器设备。

① 试验机：50～300kN 抗折试验机或万能试验机。

② 抗折试验装置：如附图 3-4 所示。

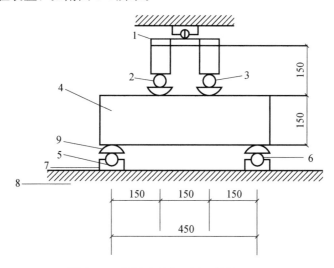

附图 3-4　抗折试验装置图（单位：mm）

1、2、6——一个铜球；3、5——两个钢球；4—试件；7—活动支座；8—机台；9—活动船形垫块

（2）试验步骤。

① 试验前先检查试件，如试件中部 1/3 长度内有蜂窝（大于 $\phi7mm×2mm$），该试件应即作废，否则应在记录中注明。

② 在试件中部量出其宽度和高度，精确至 1mm。

③ 调整两个可移动支座，使其与试验机下压头中心距离为 225mm，并旋紧两支座。将试件安放在支座上，试件成型时的侧面朝上，几何对中后，缓缓加一初荷载（约 1kN），而后以 0.5～0.7MPa/s 的加荷速度，均匀而连续地加荷（低强度等级时用降低速度）；当试件接近破坏而开始迅速变形，应停止调整试验机油门，直至试件破坏，记下最大荷载。

（3）试验结果计算。

① 当断面发生在两个加荷点之间时，抗折强度 $f_f$（以 MPa 计）按下式计算：

$$f_f = \frac{FL}{bh^2} \tag{3-3}$$

式中：$F$——极限荷载，N；

　　　$L$——支座间距离，$L=450mm$；

　　　$b$——试件宽度，mm；

　　　$h$——试件高度，mm。

② 以三个试件测值的算术平均值作为该组试件的抗折强度值。三个试件测值中的最大值或最小值中，如有一个与中间值的差值超过中间值的 15%，则把最大值或最小

值一并舍除，取中间值为该组试件的抗折强度。如有两个测值与中间值的差均超过中间值的 15%，则该组试件的试验结果无效。

③ 如断面位于加荷点外侧，则该试件之结果无效，取其余两个试件试验结果的算术平均值作为抗折强度；如有两个试件之结果无效，则该组试验作废。

注：断面位置在试件断块短边一侧的底面中轴线上量得。

④ 采用 100mm×100mm×400mm 的非标准试件时，在三分点加荷的试验方法同前，但所取得的抗折强度应乘以尺寸换算系数 0.85。

# 参考文献

[1] 中国国家标准化管理委员会. 天然石材试验方法 第3部分：吸水率、体积密度、真密度、真气孔率试验：GB/T 9966.3—2020 [S]. 北京：中国标准出版社，2020.

[2] 中国国家标准化管理委员会. 水泥密度测定方法：GB/T 208—2014 [S]. 北京：中国标准出版社，2014.

[3] 梅塔 P K，蒙蒂罗 P J M. 混凝土微观结构、性能和材料 [M]. 欧阳东，译. 北京：中国建筑工业出版社，2016.

[4] 李云凯. 金属材料学 [M]. 北京：北京理工大学出版社，2006.

[5] 杨海鹏. 金属材料与热处理 [M]. 北京：化学工业出版社，2020.

[6] 沈祖炎，等. 钢结构基本原理 [M]. 3版. 北京：中国建筑工业出版社，2018.

[7] 陈绍蕃. 钢结构设计原理 [M]. 4版. 北京：科学出版社，2016.

[8] 袁志钟，等. 金属材料学 [M]. 3版. 北京：化学工业出版社，2019.

[9] 马春来，王学武. 金属材料 [M]. 北京：机械工业出版社，2013.

[10] 董军. 钢结构基本原理 [M]. 重庆：重庆大学出版社，2011.

[11] 中国国家标准化管理委员会. 耐火材料 热膨胀试验方法：GB/T 7320—2018 [S]. 北京：中国标准出版社，2018.

[12] 中国国家标准化管理委员会. 碳素结构钢：GB/T 700—2006 [S]. 北京：中国标准出版社，2006.

[13] 中国国家标准化管理委员会. 金属材料 拉伸试验 第1部分：室温试验方法：GB/T 228.1—2010 [S]. 北京：中国标准出版社，2010.

[14] 中华人民共和国住房和城乡建设部. 建筑钢结构防火技术规范：GB 51249—2017 [S]. 北京：中国计划出版社，2018.

[15] 中国国家标准化管理委员会. 低合金高强度结构钢：GB/T 1591—2018 [S]. 北京：中国标准出版社，2018.

[16] 中国国家标准化管理委员会. 优质碳素结构钢：GB/T 699—2015 [S]. 北京：中国标准出版社，2015.

[17] 中国国家标准化管理委员会. 金属材料 夏比摆锤冲击试验方法：GB/T 229—2020 [S]. 北京：中国标准出版社，2020.

[18] 中国国家标准化管理委员会. 金属材料 弯曲试验方法：GB/T 232—2010 [S]. 北京：中国标准出版社，2010.

[19] 中国国家标准化管理委员会. 金属材料 布氏硬度试验 第1部分：试验方法：GB/T 231.1—2018 [S]. 北京：中国标准出版社，2018.

[20] 中国国家标准化管理委员会. 钢筋混凝土用钢 第1部分：热轧光圆钢筋：GB/T 1499.1—2017 [S]. 北京：中国标准出版社，2017.

[21] 中国国家标准化管理委员会. 钢筋混凝土用钢 第2部分：热轧带肋钢筋：GB/T 1499.2—2018 [S]. 北京：中国标准出版社，2018.

[22] 中国国家标准化管理委员会. 冷轧带肋钢筋：GB/T 13788—2017 [S]. 北京：中国标准出版

社，2017.

[23] 中国国家标准化管理委员会. 预应力混凝土用钢丝：GB/T 5223—2014 [S]. 北京：中国标准出版社，2014.

[24] 中国国家标准化管理委员会. 热轧型钢：GB/T 706—2016 [S]. 北京：中国标准出版社，2016.

[25] 中国国家标准化管理委员会. 建筑石膏：GB/T 9776—2008 [S]. 北京：中国标准出版社，2008.

[26] 中华人民共和国工业和信息化部. 建筑生石灰：JC/T 479—2013 [S]. 北京：中国建材工业出版社，2013.

[27] 中华人民共和国工业和信息化部. 建筑消石灰：JC/T 481—2013 [S]. 北京：中国建材工业出版社，2013.

[28] 中国国家标准化管理委员会. 通用硅酸盐水泥：GB 175—2020 [S]. 北京：中国标准出版社，2020.

[29] 中国国家标准化管理委员会. 硫铝酸盐水泥：GB 20472—2006 [S]. 北京：中国标准出版社，2006.

[30] 中国国家标准化管理委员会. 铝酸盐水泥：GB/T 201—2015 [S]. 北京：中国标准出版社，2015.

[31] 中国国家标准化管理委员会. 白色硅酸盐水泥：GB/T 2015—2017 [S]. 北京：中国标准出版社，2017.

[32] 中国国家标准化管理委员会. 抗硫酸盐硅酸盐水泥：GB/T 748—2005 [S]. 北京：中国标准出版社，2005.

[33] 中国国家标准化管理委员会. 中热硅酸盐水泥、低热硅酸盐水泥：GB/T 200—2017 [S]. 北京：中国标准出版社，2017.

[34] 中国国家标准化管理委员会. 道路硅酸盐水泥：GB/T 13693—2017 [S]. 北京：中国标准出版社，2017.

[35] 林宗寿. 水泥工艺学 [M]. 武汉：武汉理工大学出版社，2012.

[36] 李立权. 混凝土配合比设计手册 [M]. 广州：华南理工大学出版社，1999.

[37] H. F. W. Taylor. Cement Chemistry [M]. American：Lightning Source Inc.，1997.

[38] Z. Li. Advanced Concrete Technology [Z]. New Jersey：John Wiley & Sons Inc.，2011.

[39] 朱宏军，等. 特种混凝土和新型混凝土 [M]. 北京：化学工业出版社，2004.

[40] 马国伟，等. 水泥基材料 3D 打印关键技术 [M]. 北京：中国建材工业出版社，2020.

[41] 李秋义，等. 混凝土再生骨料 [M]. 北京：中国建筑工业出版社，2011.

[42] 中国国家标准化管理委员会. 轻集料及其试验方法 第 1 部分：轻集料：GB/T 17431.1—2010 [S]. 北京：中国标准出版社，2010.

[43] 中华人民共和国住房和城乡建设部. 轻骨料混凝土应用技术标准：JGJ/T 12—2019 [S]. 北京：中国建筑工业出版社，2019.

[44] 中国国家标准化管理委员会. 轻集料及其试验方法 第 2 部分：轻集料试验方法：GB/T 17431.2—2010 [S]. 北京：中国标准出版社，2010.

[45] 中华人民共和国住房和城乡建设部. 轻骨料混凝土应用技术标准：JGJ/T 12—2019 [S]. 北京：中国建筑工业出版社，2019.

[46] 中华人民共和国住房和城乡建设部. 泡沫混凝土：JG/T 266—2011 [S]. 北京：中国建筑工业出版社，2011.

[47] 中国工程建设标准化协会. 乡村建筑屋面泡沫混凝土应用技术规程 [附条文说明]：CECS 299：2011 [S]. 北京：中国计划出版社，2011.

[48] 中华人民共和国住房和城乡建设部．再生骨料应用技术规程［附条文说明］：JGJ/T 240—2011 ［S］．北京：中国建筑工业出版社，2011.

[49] 中国工程建设标准化协会．再生骨料混凝土耐久性控制技术规程［附条文说明］：CECS 385：2014［S］．北京：中国计划出版社，2014.

[50] 中国土木工程学会标准．自密实混凝土设计与施工指南：CCES 02—2004［S］．北京：中国建筑工业出版社，2004.

[51] 中华人民共和国住房和城乡建设部．自密实混凝土应用技术规程［附条文说明］：JGJ/T 283—2012［S］．北京：中国建筑工业出版社，2012.

[52] 中华人民共和国住房和城乡建设部．玻璃纤维增强水泥（GRC）建筑应用技术标准［附条文说明］：JGJ/T 423—2018［S］．北京：中国建筑工业出版社，2018.

[53] 中国国家标准化管理委员会．纤维增强混凝土及其制品的纤维含量试验方法：GB/T 35843—2018［S］．北京：中国标准出版社，2018.

[54] 中国国家标准化管理委员会．水泥混凝土和砂浆用合成纤维：GB/T 21120—2018［S］．北京：中国标准出版社，2018.

[55] 中华人民共和国工业和信息化部．混凝土用钢纤维：YB/T 151［S］．北京：冶金工业出版社，2017.

[56] 中华人民共和国住房和城乡建设部．纤维增强混凝土装饰墙板：JG/T 348—2011［S］．北京：中国建筑工业出版社，2011.

[57] 中国国家标准化管理委员会．混凝土用钢纤维：GB/T 39147—2020［S］．北京：中国标准出版社，2020.

[58] 中国工程建设标准化协会．超高性能混凝土（UHPC）技术要求：T/CECS 10107—2020［S］．北京：中国标准出版社，2020.

[59] 河北省市场监督管理局．河北省超高性能混凝土制备与工程应用技术规程：DB 13/T 2946—2019［S］．北京：中国建材工业出版社，2019.

[60] 中国国家标准化管理委员会．活性粉末混凝土：GB/T 31387—2015［S］．北京：中国标准出版社，2015.

[61] 中华人民共和国住房和城乡建设部．重晶石防辐射混凝土应用技术规范［附条文说明］：GB/T 50557—2010［S］．北京：中国计划出版社，2010.

[62] 中国国家标准化管理委员会．混凝土用再生粗骨料：GB/T 25177—2010［S］．北京：中国标准出版社，2010.

[63] 中国国家标准化管理委员会．混凝土和砂浆用再生细骨料：GB/T 25176—2010［S］．北京：中国标准出版社，2010.

[64] 中国工程建设标准化协会．混凝土 3D 打印技术规程：T/CECS 786—2020［S］．北京：中国计划出版社，2020.

[65] 中国国家标准化管理委员会．防辐射混凝土：GB/T 34008—2017［S］．北京：中国标准出版社，2017.

[66] 中华人民共和国住房和城乡建设部．纤维混凝土应用技术规程：JGJ/T 221—2010［S］．北京：中国建筑工业出版社，2010.

[67] 吴智勇，刘翔．建筑装饰材料［M］．北京：北京理工大学出版社，2010：74-77.

[68] 蔡丽朋，赵磊，闻韵．建筑装饰材料［M］．2 版．北京：化学工业出版社，2012：51-53.

[69] 王燕谋，苏慕珍，路永华，等．中国特种水泥［M］．北京：中国建材工业出版社，2012：127-169.

[70] 中交路桥技术有限公司．公路沥青路面设计规范：JTG D50—2017［S］．北京：人民交通出版社

股份有限公司，2017.

[71] 交通运输部公路科学研究院．公路工程沥青及沥青混合料试验规程：JTG E20—2011 [M]．北京：人民交通出版社，2011.

[72] 张金升，贺中国，王彦敏，等．道路沥青材料 [M]．哈尔滨：哈尔滨工业大学出版社，2013.

[73] 贺行洋，秦景燕，等．防水涂料 [M]．北京：化学工业出版社，2012.

[74] 刘尚乐．聚合物沥青及其建筑防水材料 [M]．北京：中国建材工业出版社，2003.

[75] 《沥青生产与应用技术手册》编委会．沥青生产与应用技术手册 [M]．北京：中国石化出版社，2010.

[76] 常宏宏．煤沥青粉和煤沥青水浆的制备技术 [M]．北京：国防工业出版社，2014.

[77] 马鸿文．工业矿物与岩石 [M]．北京：化学工业出版社，2011.

[78] 东南大学，同济大学，郑州大学．砌体结构 [M]．北京：中国建筑工业出版社，2011.

[79] 中国建筑标准设计研究院．砌体填充墙结构构造 [M]．北京：中国计划出版社，2010.

[80] 徐峰，等．建筑保温隔热材料与应用 [M]．北京：中国建筑工业出版社，2007.

[81] 张德信．建筑保温隔热材料 [M]．北京：化学工业出版社，2007.

[82] 钟祥璋．建筑吸声材料与隔声材料 [M]．2版．北京：化学工业出版社，2012.

[83] 张亮．防火材料及其应用 [M]．北京：化学工业出版社，2016.

[84] 秦景燕，贺行洋．防水材料学 [M]．北京：中国建筑工业出版社，2020.

[85] 杨永起，王爱勤．防水材料及质量控制 [M]．北京：化学工业出版社，2014.

[86] 王国建，王凤芳．建筑防火材料 [M]．北京：中国石化出版社，2006.

[87] 钟祥璋．建筑吸声材料与隔声材料 [M]．北京：化学工业出版社，2005.

[88] 孙齐磊，等．材料腐蚀与防护 [M]．北京：化学工业出版社，2015.

[89] 中华人民共和国住房和城乡建设部．泡沫混凝土应用技术规程：JGJ/T 341—2014 [S]．北京：中国建筑工业出版社，2014.

[90] 中国国家标准化管理委员会．纳米孔气凝胶复合绝热制品：GB/T 34336—2017 [S]．北京：中国标准出版社，2017.

[91] 中国国家标准化管理委员会．绝热材料及相关术语：GB/T 4132—2015 [S]．北京：中国标准出版社，2015.

[92] 中国国家标准化管理委员会．绝热用岩棉、矿渣棉及其制品：GB/T 11835—2016 [S]．北京：中国标准出版社，2016.

[93] 中国国家标准化管理委员会．绝热用玻璃棉及其制品：GB/T 13350—2017 [S]．北京：中国标准出版社，2017.

[94] 中国国家标准化管理委员会．膨胀珍珠岩绝热制品：GB/T 10303—2015 [S]．北京：中国标准出版社，2015.

[95] 中华人民共和国工业和信息化部．膨胀蛭石：JC/T 441—2009 [S]．北京：中国建材工业出版社，2009.

[96] 中华人民共和国工业和信息化部．膨胀蛭石制品：JC/T 442—2009 [S]．北京：中国建材工业出版社，2009.

[97] 中国国家标准化管理委员会．绝热用挤塑聚苯乙烯泡沫塑料（XPS）：GB/T 10801.2—2018 [S]．北京：中国标准出版社，2018.

[98] 中华人民共和国国家质量监督检验检疫总局．绝热用模塑聚苯乙烯泡沫塑料：GB/T 10801.1—2002 [S]．北京：中国标准出版社，2002.

[99] 中国国家标准化管理委员会．绝热用硬质酚醛泡沫制品（PF）：GB/T 20974—2014 [S]．北京：中国标准出版社，2014.

[100] 中国国家标准化管理委员会. 弹性体改性沥青防水卷材：GB 18242—2008 [S]. 北京：中国标准出版社，2008.

[101] 中国国家标准化管理委员会. 塑性体改性沥青防水卷材：GB 18243—2008 [S]. 北京：中国标准出版社，2008.

[102] 中国国家标准化管理委员会. 改性沥青聚乙烯胎防水卷材：GB 18967—2009 [S]. 北京：中国标准出版社，2009.

[103] 中国国家标准化管理委员会. 聚氯乙烯（PVC）防水卷材：GB 12952—2011 [S]. 北京：中国标准出版社，2011.

[104] 中华人民共和国国家质量监督检验检疫总局. 氯化聚乙烯防水卷材：GB 12953—2003 [S]. 北京：中国标准出版社，2003.

[105] 中华人民共和国国家质量监督检验检疫总局. 聚氨酯防水涂料：GB/T 19250—2013 [S]. 北京：中国标准出版社，2003.

[106] 中华人民共和国国家发展和改革委员会. 丙烯酸酯建筑密封胶：JC/T 484—2006 [S]. 北京：中国建材工业出版社，2006.

[107] 中华人民共和国国家发展和改革委员会. 聚氨酯建筑密封胶：JC/T 482—2003 [S]. 北京：中国建材工业出版社，2003.

[108] 中国国家标准化管理委员会. 硅酮和改性硅酮建筑密封胶：GB/T 14683—2017 [S]. 北京：中国标准出版社，2017.

[109] 中国国家标准化管理委员会. 高分子防水材料 第2部分：止水带：GB 18173.2—2014 [S]. 北京：中国标准出版社，2014.

[110] 中国国家标准化管理委员会. 建筑门窗、幕墙用密封胶条：GB/T 24498—2009 [S]. 北京：中国标准出版社，2009.

[111] 中华人民共和国住房和城乡建设部. 建筑设计防火规范：GB 50016—2014 [S]. 北京：中国计划出版社，2014.

[112] 中国国家标准化管理委员会. 建筑材料及制品燃烧性能分级：GB 8624—2012 [S]. 北京：中国标准出版社，2012.

[113] 中国国家标准化管理委员会. 饰面型防火涂料：GB 12441—2018 [S]. 北京：中国标准出版社，2018.

[114] 中国国家标准化管理委员会. 钢结构防火涂料：GB 14907—2018 [S]. 北京：中国标准出版社，2018.

[115] 中国国家标准化管理委员会. 混凝土结构防火涂料：GB 28375—2012 [S]. 北京：中国标准出版社，2012.

[116] 中华人民共和国住房和城乡建设部. 工业建筑防腐蚀设计标准：GB/T 50046—2018 [S]. 北京：中国计划出版社，2018.

[117] 中国国家标准化管理委员会. 氯化橡胶防腐涂料：GB/T 25263—2010 [S]. 北京：中国标准出版社，2010.

[118] 中国国家标准化管理委员会. 环氧沥青防腐涂料：GB/T 27806—2011 [S]. 北京：中国标准出版社，2011.

[119] 中国国家标准化管理委员会. 天然花岗石建筑板材：GB/T 18601—2009 [S]. 北京：中国标准出版社，2009.

[120] 中国国家标准化管理委员会. 天然大理石建筑板材：GB/T 19766—2016 [S]. 北京：中国标准出版社，2016.

[121] KOHONEN T. An introduction to neural computing [J]. Neural Networks, 1988, 1 (1):

3-16.

［122］MCCULLOCH W S，PITTS W. A logical calculus of the ideas immanent in nervous activity ［J］. The Bulletin of Mathematical Biophysics，1943，5 (4)：115-133.

［123］HECHT-NIELSEN R. Theory of the backpropagation neural network ［M］. Harry Wechsle：Academic Press，1992：65-93.

［124］周志华. 机器学习 ［M］. 北京：清华大学出版社，2016：97-120.

［125］HORNIK K，STINCHCOMBE M，WHITE H. Multilayer feedforward networks are universal approximators ［J］. Neural Networks，1989，2 (5)：359-366.

［126］YEH I C. UCI Machine Learning Repository：Concrete Slump Test Data Set，2008. https：//archive. ics. uci. edu/ml/datasets/Concrete＋Slump＋Test.